“十三五”国家重点出版物出版规划项目
高等教育网络空间安全规划教材
北京高校优质本科教材课件奖

信息安全概论
第3版

李 剑 主编

机械工业出版社
CHINA MACHINE PRESS

本书是信息安全专业知识的普及教材，以教育部高等学校网络空间安全专业教学指导委员会所列知识点为基础，以帮助信息安全、网络空间安全专业学生全面了解信息安全知识为目的而编写。全书共 19 章，第 1 章讲解信息安全概述；第 2 章讲解网络安全基础；第 3 章讲解网络扫描与监听；第 4 章讲解黑客攻击技术；第 5 章讲解网络后门与网络隐身；第 6 章讲解计算机病毒与恶意软件；第 7 章讲解物理环境与设备安全；第 8 章讲解防火墙技术；第 9 章讲解入侵检测技术；第 10 章讲解虚拟专用网技术；第 11 章讲解 Windows 操作系统安全；第 12 章讲解 UNIX 与 Linux 操作系统安全；第 13 章讲解密码学基础；第 14 章讲解 PKI 原理与应用；第 15 章讲解数据库系统安全；第 16 章讲解信息安全管理与法律法规；第 17 章讲解信息安全等级保护与风险管理；第 18 章讲解信息系统应急响应；第 19 章讲解数据备份与恢复。

本书可作为高等院校信息安全、网络空间安全、计算机类相关专业的教材，也可作为从事信息安全工作的专业人员或爱好者的参考用书。

本书配有授课电子课件，需要的教师可登录 www. cmpedu. com 免费注册，审核通过后下载，或联系编辑索取（微信：13146070618，电话：010-88379739）。

图书在版编目（CIP）数据

信息安全概论/李剑主编．—3 版．—北京：机械工业出版社，2023. 8 (2025. 2 重印)

“十三五”国家重点出版物出版规划项目　高等教育网络空间安全规划教材

ISBN 978-7-111-73449-9

Ⅰ. ①信…　Ⅱ. ①李…　Ⅲ. ①信息安全-高等学校-教材　Ⅳ. ①TP309

中国国家版本馆 CIP 数据核字（2023）第 122184 号

机械工业出版社（北京市百万庄大街 22 号　邮政编码 100037）
策划编辑：郝建伟　　责任编辑：郝建伟　解　芳
责任校对：肖　琳　陈　越　　责任印制：常天培
河北鑫兆源印刷有限公司印刷
2025 年 2 月第 3 版第 6 次印刷
184mm×260mm · 16 印张 · 396 千字
标准书号：ISBN 978-7-111-73449-9
定价：69. 90 元

电话服务	网络服务
客服电话：010-88361066	机　工　官　网：www. cmpbook. com
010-88379833	机　工　官　博：weibo. com/cmp1952
010-68326294	金　书　网：www. golden-book. com
封底无防伪标均为盗版	机工教育服务网：www. cmpedu. com

前　　言

2014 年，随着斯诺登事件的不断发酵，世界各国更加重视网络安全。2014 年 2 月，中央网络安全和信息化领导小组宣告成立。

在网络空间安全学科建设方面，2015 年 6 月，国务院学位委员会、教育部决定在“工学”门类下增设“网络空间安全”一级学科，学科代码为“0839”，授予“工学”学位。2016 年初，国务院学位委员会正式下发《国务院学位委员会关于同意增列网络空间安全一级学科博士学位授权点的通知》，共有包括清华大学、北京邮电大学等 29 所高校获得我国首批网络空间安全一级学科博士学位授权点。由此可见国家对信息安全的重视程度。

为了解决平时所遇到的信息安全问题，达到“普及信息安全知识”这一目的，编者编写了本书。本书包含了目前信息安全领域常用的攻击技术和防护技术，以及信息安全管理的知识。在授课时，教师可以根据授课对象来选择教学的内容以及讲述的深度。对于那些没有学过计算机网络课程的学生，可以在课前适当介绍一些计算机网络和信息安全方面的知识。

本书共 19 章，第 1 章是信息安全概述，主要讲述了什么是信息安全、信息安全的历史、信息安全威胁等；第 2 章是网络安全基础，主要讲述了网络的 OSI 参考模型、TCP/IP 参考模型、常用的网络服务以及网络命令等；第 3 章是网络扫描与监听，主要讲述了黑客的概念、网络扫描技术、网络监听技术等；第 4 章是黑客攻击技术，主要讲述了黑客攻击的流程以及常见的攻击行为；第 5 章是网络后门与网络隐身，主要讲述了木马攻击、网络后门等；第 6 章是计算机病毒与恶意软件，主要讲述了计算机病毒的概念、原理、特征，常见的计算机病毒、恶意软件等；第 7 章是物理环境与设备安全，主要讲述了信息系统的物理层安全知识；第 8 章是防火墙技术，主要讲述了防火墙的概念、作用、结构等；第 9 章是入侵检测技术，主要讲述了入侵检测的概念、误用入侵检测、异常入侵检测、主机入侵检测、网络入侵检测等；第 10 章是虚拟专用网技术，主要讲述了虚拟专用网的概念、作用、原理及虚拟专用网应用举例等；第 11 章是 Windows 操作系统安全，主要讲述了常见的 Windows 操作系统安全配置；第 12 章是 UNIX 与 Linux 操作系统安全，主要讲述了 UNIX 和 Linux 操作系统安全配置；第 13 章是密码学基础，主要讲述了什么是密码学、密码学的发展历史、古典密码学、对称密码学、公钥密码学、散列函数等；第 14 章是 PKI 原理与应用，主要讲述了什么是 PKI、PKI 的体系结构、CA 证书等；第 15 章是数据库系统安全，主要讲述了针对数据库系统的攻击、数据库攻击的防范措施等；第 16 章是信息安全管理与法律法规，主要讲述了信息安全管理的模式及意义、BS 7799、常见信息安全法律法规等；第 17 章是信息安全等级保护与风险管理，主要讲述了信息系统的脆弱性、等级保护、风险管理、风险评估等；第 18 章是信息系统应急响应，主要讲述了信息系统应急响应的阶段、方法、组织，Windows 操作系统下的应急响应方法，计算机犯罪取证等；第 19 章是数据备份与恢复，主要讲述了数据备份和数据恢复。可通过扫描书中二维码，观看相关知识点的讲解视频。

本书第 3 版在第 2 版的基础上，加入了个人隐私泄露引起的攻击、智能手机遭受攻击、网络刷票、量子密码等内容。同时，每章给出素养目标。本书第 4、5、10~19 章由北京邮电大学王娜博士后编写；其余各章由北京邮电大学李剑教授编写。

感谢北京邮电大学杨义先教授、钮心忻教授、罗群教授，上海交通大学李建华教授，他们对本书的写作提出了宝贵的意见和建议。感谢作者的博士生导师北京理工大学的曹元大教授对于本书的写作给予的极大支持与帮助。

其他参与本书审阅工作的还有孟玲玉等，这里一并表示感谢。

本书于 2019 年底在北京市教委组织的第一届北京市优质本科教材课件评比中，获得“北京高校优质本科教材课件奖”。

本书是国家自然科学基金（No. U1636106、No. 61472048）的资助成果。

由于编者水平有限，书中疏漏与不妥之处在所难免，恳请广大同行和读者指正。编者的电子邮箱是 lijian@ bupt. edu. cn。

编　者

目　　录

第 1 章 信息安全概述

本章从一些疑问和一个故事说起，进而讲述了信息安全的定义、信息的安全威胁，然后讲述了信息安全的需求与实现，最后讲述了信息安全发展过程。

● **知识与能力目标**

1）了解信息安全的重要性。

2）认知信息安全的概念。

3）掌握 P^2DR^2 安全模型。

4）了解信息安全的威胁是永远存在的。

5）熟悉信息安全的发展过程。

● **素养目标**

1）培养学生爱国情怀。

2）让学生知道“没有网络安全就没有国家安全”。

3）让学生了解各种针对网络的安全威胁是实时存在的，要有防范意识。

1.1 一些疑问

在使用计算机的时候，经常会遇到各种各样的安全疑问，比如：

1）现在市面上的杀毒软件这么多，国外的有诺顿、卡巴斯基、McAfee 等，国内的有江民、金山、瑞星等，究竟安装哪一款杀病毒软件，查杀病毒的效果会更好一些？

2）为什么 U 盘里经常会出现 Autorun. inf、RECYCLER、RavMonE. exe 等病毒相关文件？如何防止这些病毒的感染与发作？图 1-1 所示为 U 盘病毒。

3）为什么计算机硬盘里经常会出现一个名为“runauto. .”的病毒文件夹，并且怎么删除都删除不掉？图 1-2 所示为 runauto. . 文件夹。

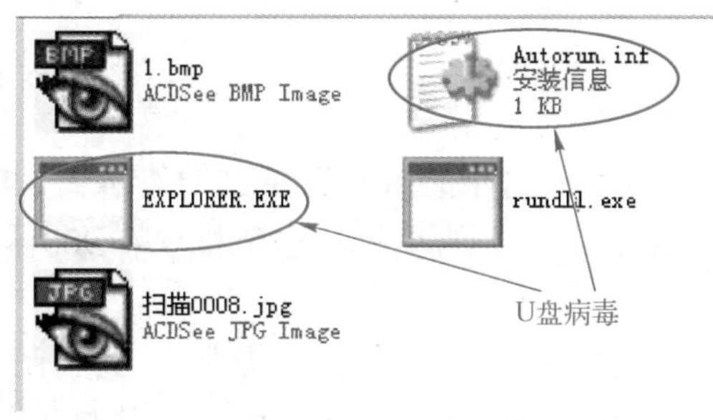

图 1-1 U 盘病毒

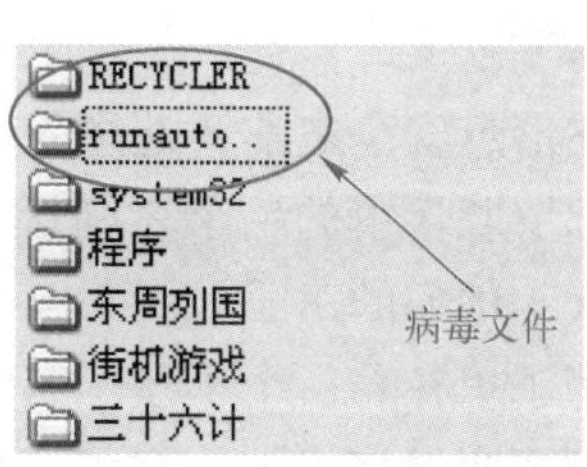

图 1-2 runauto. . 文件夹

4）为什么刚安装好的 Windows 操作系统的计算机当中 C 盘、D 盘、E 盘等硬盘全是共享的，并且还有 IPC $空连接？如何去掉这些共享？图 1-3 所示为使用 "net share" 命令看到的操作系统中的共享信息。

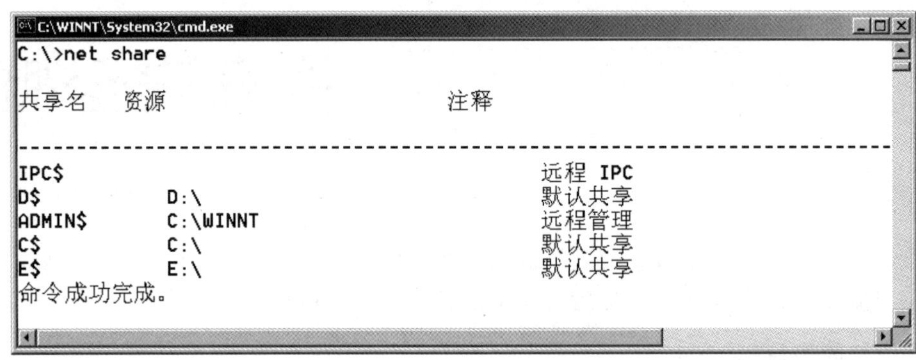

图 1-3　操作系统中的共享信息

5）如果有一天，发现自己的计算机运行很慢，光标乱动，并且硬盘灯在不停地闪动，这时怀疑自己的计算机中了病毒，那么应该怎样做应急处理？怎样找出病毒隐藏在什么地方？

6）如果有一天，自己的计算机在运行过程中死机了，重新启动不起来，安全模式也进不去。如果重新安装计算机的话，会删除计算机里许多重要的文件，这时应该怎样处理？

7）如何安装一台新的计算机？安装哪些软件才能使它更安全一些？安装的步骤是什么？对计算机的操作系统应该做怎样的设置？

8）如何一次性将计算机的所有补丁都安装上，而不是使用互联网慢慢下载，一个一个地安装？

9）如何使用软件防火墙来封锁一个 IP 地址或一个端口？

10）当信息系统遭受攻击的时候，为什么经常会查到攻击人的 IP 地址在日本、美国或是在欧洲？难道真的有日本人、美国人或是欧洲人在攻击信息系统吗？

诸如此类的一系列安全问题，经常困扰着使用计算机的人们。以上这些问题正是本书要解决的问题。

1.2　一个故事

1. 故事的开始

在讲述信息安全之前，这里先讲述一个故事。这个故事发生在 2004 年 4 月 29 日。地点是德国北部罗滕堡镇的一个名叫沃芬森（Waffensen）的小村，这个村仅有 900 余人。其中住着一家人，他们的房子如图 1-4 所示。

这个房子里住着一个小孩，名叫斯文・雅尚（Sven Jaschan），如图 1-5 所示。

他的母亲叫维洛妮卡，开了一个不算大的以计算机维护修理为主的计算机服务部。2004 年 4 月 29 日这一天是他 18 岁的生日。几天前，为了庆祝自己的生日，他在网上下载了一些代码，修改之后将代码放到了互联网上。

图 1-4　德国沃芬森村的一个房子

图 1-5　斯文·雅尚

2. 故事的发展

第二天，这些代码开始在互联网上以一种“神不知鬼不觉”的特殊方式传遍全球。“中招”后，计算机开始反复自动关机、重启，网络资源基本上被程序消耗，运行极其缓慢。如图 1-6 所示，计算机反复自动关机。如图 1-7 所示，病毒占用大量系统资源。

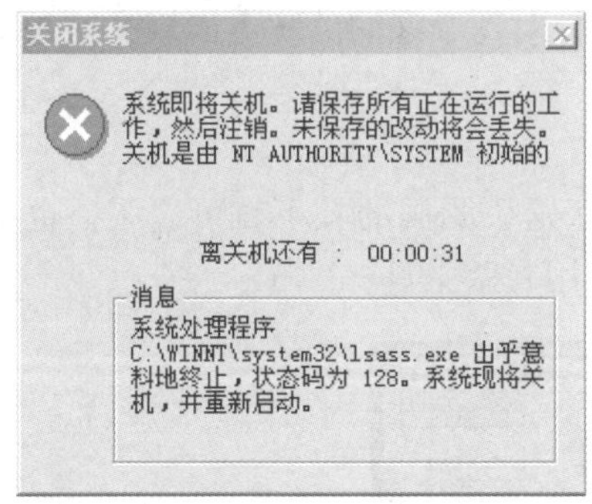

图 1-6　计算机反复自动关机

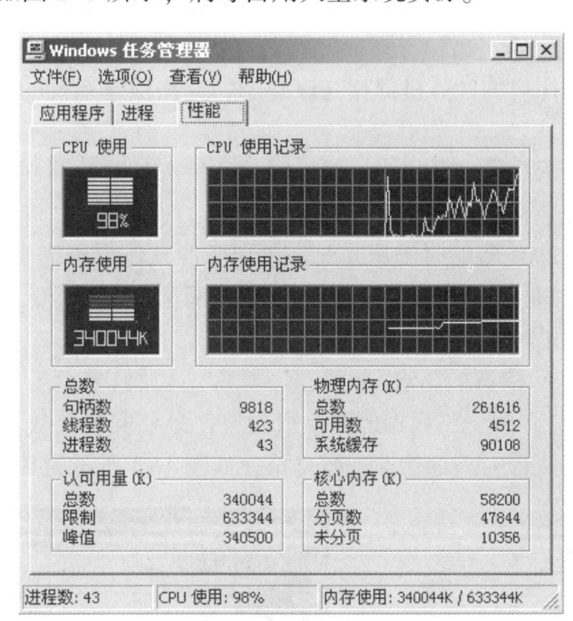

图 1-7　病毒占用大量系统资源

这就是全球著名的“震荡波”（Worm. Sasser）蠕虫病毒。自“震荡波”于 2004 年 5 月 1 日开始传播以来，据不完全统计，全球已有约 1800 万台计算机报告感染了这一病毒。

2004 年 5 月 3 日，“震荡波”病毒出现第一个发作高峰，当天先后出现了 B、C、D 三个变种，德国已有数以十万计的计算机感染了这一病毒。微软公司悬赏 25 万美元寻找元凶！

在我国，“五一”长假后的第一天，“震荡波”病毒的第二个高峰汹涌而来。仅 5 月 8

日上午 9 时到 10 时的短短一个小时内，瑞星公司就接到用户的求助电话 2815 个，且 30%为企业局域网用户，其中不乏大型企业局域网、机场、政府部门、银行等重要单位。5 月 9 日，“震荡波”病毒疫情依然没有得到缓解。

2004 年 5 月的第一个星期（也就是“震荡波”迅速传播的时候），微软公司德国总部的热线电话就从每周 400 个猛增到 3.5 万个。

3. 故事的结束

开始时，有报道称是俄罗斯人编写了这种病毒。因为斯文·雅尚在编写这个病毒的过程中，加了一段俄语。

2004 年 5 月 7 日，斯文·雅尚的同学为了 25 万美元，将其告发。斯文·雅尚被警察逮捕。

其实，斯文·雅尚在最开始，并不是为了编写出一种病毒来危害别人，而是为了清除和对付“我的末日”（MyDoom）和“贝果”（Bagle）等计算机病毒。谁知，在编写病毒程序的过程中，他设计出一种名为“网络天空 A”（Net-sky）的病毒变体。在朋友的鼓动下，他对“网络天空 A”进行了改动，最后形成了“震荡波”病毒程序。

最后，由于斯文·雅尚在“传播”病毒的时候不到 18 岁，所以没有受到过重的惩罚。再后来，据说他成了一名反病毒专家。

4. 病毒发作的原因

“震荡波”病毒是通过微软在 2004 年 4 月初发布的高危漏洞——LSASS 漏洞（微软 MS04-011 公告）进行传播的，危害性极大。当时的 Windows 2000/XP/Server 2003 等操作系统的用户的计算机都存在该漏洞，这些操作系统的用户只要一上网，就有可能受到该病毒的攻击。

只是大多数用户，对于微软所发布的这些漏洞没有注意，或没有引起高度重视，从而不去安装补丁，进而引起病毒的发作。

2004 年的时候从漏洞公布到病毒发作大概需要 1 个月左右的时间。现在这个时间段已经缩短到 1 天之内了。也就是说，漏洞公布的当天就有针对这个漏洞的病毒出现，这是多么可怕的事情。

5. 病毒的防治

“震荡波”病毒的防治很简单，只要安装上微软关于这个漏洞的补丁就可以了。也可以使用流行的杀毒软件进行查杀。如图 1-8 所示为瑞星专用查杀工具。

图 1-8　瑞星专用查杀工具

由于这种病毒太古老，已经不太可能入侵我们的计算机了。大家只要在计算机上安装 360 安全卫士等杀毒软件，基本上就不太可能感染早期的病毒了。

1.3　信息与信息安全

安全概念辨析

1.3.1　信息的定义

信息是一种消息，通常以文字、声音或图像的形式来表现，是数据按有意义的关联排列的结果。信息由意义和符号组成。信息就是指以声音、语言、文字、图像、动画、气味等方式所表示的实际内容。信息是客观事物状态和运动特征的一种普遍形式，客观世界中大量地存在、产生和传递着以这些方式表示出来的各种各样的消息。在谈到信息的时候，就不可避免地会遇到信息的安全问题。

1.3.2　信息安全的定义

信息安全是指信息网络的硬件、软件及其系统中的数据受到保护，不受偶然的或者恶意的原因而遭到破坏、更改、泄露，系统连续、可靠、正常地运行，信息服务不中断。

信息安全是一门涉及计算机科学、网络技术、通信技术、密码技术、信息安全技术、应用数学、数论、信息论等多门学科的综合性学科。

从广义来说，凡是涉及信息的保密性、完整性、可用性等的相关技术和理论都是信息安全的研究领域。

信息安全本身包括的范围很大，大到国家军事政治等机密安全，小到如防范商业企业机密泄露、防范青少年对不良信息的浏览、防止个人信息的泄露等。网络环境下的信息安全体系是保证信息安全的关键，包括计算机安全操作系统、各种安全协议、安全机制（如数字签名、信息认证和数据加密等），直至安全系统，其中任何一个安全漏洞都可以威胁全局安全。

1.3.3　P^2DR^2安全模型

基于闭环控制的动态信息安全理论模型在 1995 年开始逐渐形成并得到了迅速发展，学术界先后提出了 PDR、P^2DR 等多种动态风险模型，随着互联网技术的飞速发展，企业网的应用环境千变万化，现有模型存在诸多待发展之处。

P^2DR^2（Policy，Protection，Detection，Response，Restore）动态安全模型研究的是基于企业网对象、依时间及策略特征的动态安全模型结构，由策略、防护、检测、响应和恢复等要素构成，是一种基于闭环控制、主动防御的动态安全模型，通过区域网络的路由及安全策略分析与制定，在网络内部及边界建立实时检测、监测和审计机制，采取实时、快速动态响应安全手段，应用多样性系统灾难备份恢复、关键系统冗余设计等方法，构造多层次、全方位和立体的区域网络安全环境，如图 1-9 所示。

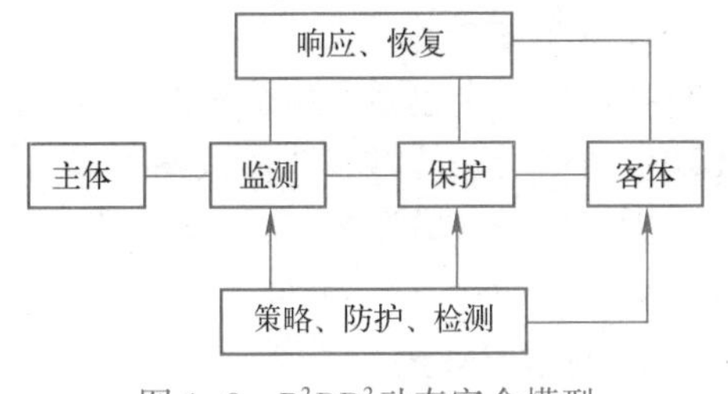

图 1-9　P^2DR^2动态安全模型

一个良好的网络安全模型应在充分了解网络系统安全需求的基础上，通过安全模型表达安全体系架构，通常具备以下性质：精确、无歧义、简单和抽象，具有一般性，充分体现安全策略。

该理论的最基本原理认为，信息安全相关的所有活动，包括攻击行为、防护行为、检测行为和响应行为等都要消耗时间。因此可以用时间来衡量一个体系的安全性和安全能力。

作为一个防护体系，当入侵者要发起攻击时，每一步都需要花费时间。攻击成功花费的时间就是安全体系提供的防护时间 P*t*；在入侵发生的同时，检测系统也在发挥作用，检测到入侵行为也要花费时间——检测时间 D*t*；在检测到入侵后，系统会做出应有的响应动作，这也要花费时间——响应时间 R*t*。

P^2DR^2模型可以用一些典型的数学公式来表达安全的要求。

公式 1：$Pt>Dt+Rt$。

P*t* 代表系统为了保护安全目标设置各种保护后的防护时间；或者理解为在这样的保护下，黑客（入侵者）攻击安全目标所花费的时间。D*t* 代表从入侵者发动入侵开始，系统能够检测到入侵行为所花费的时间。R*t* 代表从发现入侵行为开始，系统能够做出足够的响应，将系统调整到正常状态的时间。那么，针对需要保护的安全目标，如果满足上述数学公式，即防护时间大于检测时间加上响应时间，那么在入侵者危害到安全目标之前就能被检测到并及时处理。

公式 2：$Et=Dt+Rt$，如果 $Pt=0$。

公式的前提是假设防护时间为 0。D*t* 代表从入侵者破坏了安全目标系统开始，系统能够检测到破坏行为所花费的时间。R*t* 代表从发现遭到破坏开始，系统能够做出足够的响应，将系统调整到正常状态的时间。比如，对网页服务器被破坏的页面进行恢复。那么，D*t* 与 R*t* 的和就是该安全目标系统的暴露时间 E*t*。针对需要保护的安全目标，如果 E*t* 越小，系统就越安全。

通过上面两个公式的描述，实际上给出了一个对安全的全新的定义：“及时的检测和响应就是安全”“及时的检测和恢复就是安全”。而且，这样的定义为安全问题的解决给出了明确的方向：增加系统的防护时间 P*t*，缩短检测时间 D*t* 和响应时间 R*t*。

1.3.4　信息安全体系结构

在考虑具体的网络信息安全体系时，把安全体系划分为一个多层面的结构，每个层面都是一个安全层次。根据信息系统的应用现状情况和网络的结构，可以把信息安全问题定位在五个层次：物理层安全、网络层安全、系统层安全、应用层安全和管理层安全。如图 1-10 所示为信息安全体系结构以及这些结构层次之间的关系。

1. 物理层安全

物理层安全包括通信线路的安全、物理设备的安全、机房的安全等。物理层的安全主要体现在通信线路的可靠性（线路备份、网管软件、传输介质）、软硬件设备安全性（替换设备、拆卸设备、增加设备）、设备的备份、防灾害能力、防干扰能力、设备的运行环境（温度、湿度、烟尘）、不间断电源保障等。

2. 网络层安全

网络层安全问题主要体现在网络方面的安全性，包括网络层身份认证、网络资源的访问

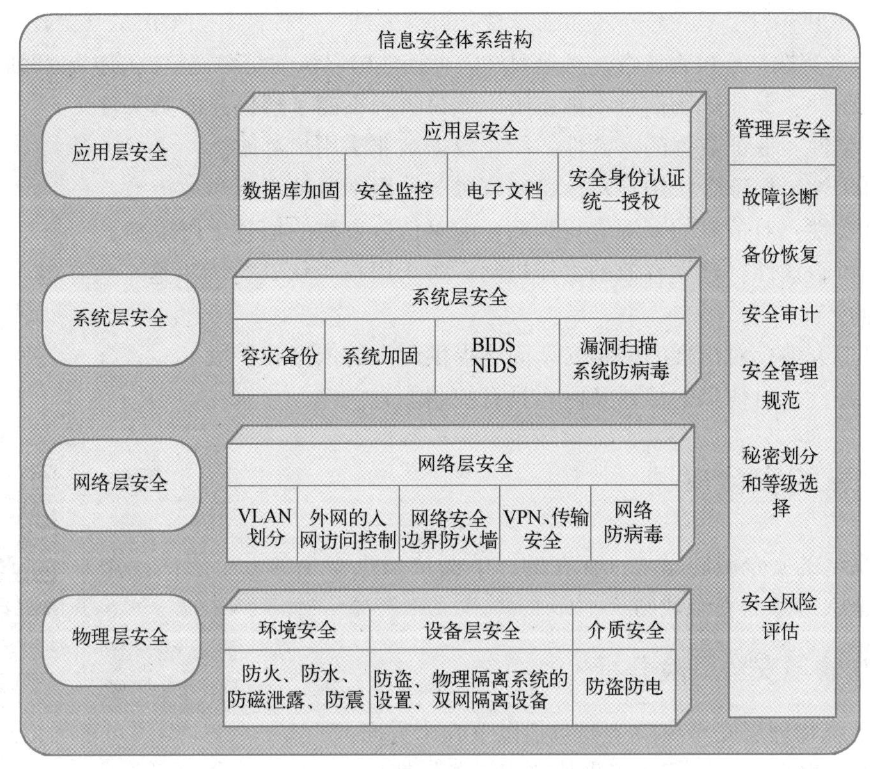

图 1-10　信息安全体系结构

控制、数据传输的保密性与完整性、远程接入的安全、域名系统的安全、路由系统的安全、入侵检测的手段、网络设施防病毒等。网络层常用的安全工具包括防火墙系统、入侵检测系统、VPN 系统、网络蜜罐等。

3. 系统层安全

系统层安全问题来自网络内使用的操作系统的安全。其主要表现在三个方面，一是操作系统本身的缺陷带来的不安全因素，主要包括身份认证、访问控制、系统漏洞等；二是对操作系统的安全配置问题；三是病毒对操作系统的威胁。

4. 应用层安全

应用层的安全考虑所采用的应用软件和业务数据的安全性，包括数据库软件、Web 服务、电子邮件系统等。此外，还包括病毒对系统的威胁，因此要使用防病毒软件。

5. 管理层安全

俗话说“三分技术，七分管理”，管理层安全从某种意义上来说要比以上 4 个安全层次更重要。管理层安全包括安全技术和设备的管理、安全管理制度、部门与人员的组织规则等。管理的制度化程度极大地影响着整个网络的安全，严格的安全管理制度、明确的部门安全职责划分、合理的人员角色定义都可以在很大程度上降低其他层次的安全威胁。

1.3.5　信息安全的目标

开始的时候，信息安全具有三个目标 CIA（Confidentiality，Integrity，Availability），即保密性、完整性和可用性。后来，对信息安全的目标进行了扩展，将 CIA 三个目标扩展为保密性、完整性、可用性、真实性、不可否认性、可追究性、可控性共7个信息安全技术目标。其中所增加的真实性、不可否认性、可追究性、可控性可以认为是对完整性的扩展和细化。

1）保密性：保证机密信息不被窃听，或窃听者不能了解信息的真实含义。

2）完整性：保证数据的一致性，防止数据被非法用户篡改。

3）可用性：保证合法用户对信息和资源的使用不会被不正当地拒绝。

4）真实性：对信息的来源进行判断，能对伪造来源的信息予以鉴别。

5）不可否认性：建立有效的责任机制，防止用户否认其行为。这一点在电子商务中是极其重要的。

6）可追究性：对出现的网络安全问题提供调查的依据和手段。

7）可控性：对信息的传播及内容具有控制能力。

1.4　信息的安全威胁

信息安全防护的基本原则

信息系统的安全威胁是永远存在的，下面从信息安全的五个层次，介绍信息安全中信息的安全威胁。

1.4.1　物理层安全风险分析

信息系统物理层安全风险主要包括以下几个方面。

- 地震、水灾、火灾等环境事故造成设备损坏。
- 电源故障造成设备断电以致操作系统引导失败或数据库信息丢失。
- 设备被盗、被毁造成数据丢失或信息泄露。
- 电磁辐射可能造成数据信息被窃取或偷阅。
- 监控和报警系统的缺乏或者管理不善可能造成原本可以防止的事故。

1.4.2　网络层安全风险分析

1. 数据传输风险分析

数据在传输过程中，线路搭载、链路窃听可能造成数据被截获、窃听、篡改和破坏，数据的保密性、完整性无法保证。

2. 网络边界风险分析

如果在网络边界上没有强有力的控制，则外部黑客就可以随意出入企业总部及各个分支机构的网络系统，从而获取各种数据和信息，那么泄露问题就无法避免。

3. 网络服务风险分析

一些信息平台运行Web服务、数据库服务等，如不加防范，各种网络攻击可能对业务系统服务造成干扰、破坏，如最常见的DoS攻击和DDoS攻击。

1.4.3　系统层安全风险分析

系统安全通常指操作系统的安全，操作系统的安全以正常工作为目标，在通常的参数、服务配置中，默认开放的端口中，存在很大安全隐患和风险。

而操作系统在设计和实现方面本身存在一定的安全隐患，无论是Windows操作系统还是

UNIX 操作系统，都不能排除开发商留有后门（Back-Door）。

同时，系统层的安全还包括数据库系统以及相关商用产品的安全漏洞。

病毒也是系统安全的主要威胁，病毒大多利用了操作系统本身的漏洞，通过网络迅速传播。

1.4.4　应用层安全风险分析

1. 业务服务安全风险

在信息系统上运行着用于业务数据交互和信息服务的重要应用服务，如果不加以保护，不可避免地会受到来自网络的威胁、入侵、病毒的破坏，以及数据的泄密。

2. 数据库服务器的安全风险

信息系统通常需要基于数据库服务器提供业务服务，数据库服务器安全风险如下。

- 非授权用户的访问、通过口令猜测获得系统管理员权限。
- 数据库服务器本身存在漏洞容易受到攻击等。
- 数据库中数据由于意外而导致数据错误或者不可恢复等。

3. 信息系统访问控制风险

对于信息系统来说，在没有任何访问控制的情况下，非法用户的非法访问可能会给信息系统造成严重干扰和破坏。因此，要采取一定的访问控制手段，防范来自非法用户的攻击，严格控制合法用户才能访问合法资源，以防范以下风险。

- 非法用户非法访问。
- 合法用户非授权访问。
- 假冒合法用户非法访问。

1.4.5　管理层安全风险分析

管理层安全是网络中安全得以保证的重要组成部分，是防止来自内部网络入侵必需的部分。责权不明、管理混乱、安全管理制度不健全及缺乏可操作性等都可能引起管理层安全的风险。

信息系统无论从数据的安全性、业务服务的保障性和系统维护的规范性等角度，都需要严格的安全管理制度，从业务服务的运营维护和更新升级等层面加强安全管理能力。

1.5　信息安全的需求与实现

安全需求

1.5.1　信息安全的需求

信息安全研究涵盖多项内容，其中包括网络自身的可用性、网络的运营安全、信息传递的保密性、有害信息传播控制等大量问题。然而，通信参与的不同实体对网络安全关心的内容不同，对网络与信息安全又有不同的需求。在这里按照国家、用户、运营商以及其他实体来描述安全需求。

1. 国家对网络与信息安全的需求

国家对网络与信息安全有网络与应用系统可靠性和生存性要求、网络传播信息可控性要求以及网络传送信息可知性要求。

1）网络与应用系统可靠性和生存性要求：国家要求网络与应用系统具有必要的可靠性，防范可能的入侵和攻击并具有必要的信息对抗能力，在攻击和灾难中具有应急通信能力，保障人民群众通信自由的需求以及重要信息系统持续可靠。

2）网络传播信息可控性要求：国家应当有能力通过合法监听得到通信内容；对于所得到的特定内容应当能获取来源与去向；在必要的条件下控制特定信息的传送与传播；此外，国家应当制定必要的法律法规来规范网络行为。

3）网络传送的信息可知性要求：国家应当有能力在海量的信息中筛选出需要的内容，分析并使用相应的信息内容。

2. 用户（企业用户、个人用户）对网络与信息安全的需求

用户包括企业用户和个人用户，对网络与信息安全有通信内容保密性要求、用户信息隐私性要求、网络与应用系统可信任要求以及网络与应用系统可用性要求。

1）通信内容保密性要求：用户希望通信的内容应当通过加密或者隔离等手段，除国家授权机关以外只有通信对端能够获取并使用。

2）用户信息隐私性要求：用户希望留在网络上的个人信息、网络行为以及行为习惯等内容不被非授权第三方获取。

3）网络与应用系统可信任要求：用户希望网络能确认通信对端是希望与之通信的对端，应用系统应当有能力并有义务承担相应的责任。

4）网络与应用系统可用性要求：用户希望网络与应用系统达到所承诺的可用性，网络/应用系统不应具有传播病毒、发送垃圾信息和传播其他有害信息等行为。

3. 运营商（ISP、ICP等）对网络与信息安全的需求

运营商对网络与信息安全的要求包括满足国家安全需求、满足用户安全需求以及自身对网络与应用系统的可管理可运营需求。

1）满足国家安全需求：运营商满足国家安全需求包括应当提供合法监听点、对内容做溯源、控制特定信息的传送传播、提供必要的可用性等。

2）满足用户安全需求：运营商满足用户安全需求包括必要的认证和加密、有效的业务架构和商务模式保证双方有能力并有义务承担相应的责任、提供必要的可用性等。

3）网络与应用系统的可管理可运营需求：运营商要求物力与系统资源只能由授权用户使用；资源由授权管理者调度；安全程度可评估可预警；风险可控；有效的商务模式保证用户和其他合作方实现承诺。

4. 其他实体对网络与信息安全的需求

其他参与实体对网络与信息安全还有如数字版权等安全需求。

1.5.2　信息安全的实现

信息安全的实现需要有一定的信息安全策略，它是指为保证提供一定级别的安全保护所必须遵守的规则。实现信息安全，不但靠先进的技术，也得靠严格的安全管理、法律约束和安全教育。

1. 先进的信息安全技术是网络安全的根本保证

用户对自身面临的威胁进行风险评估，决定其所需要的安全服务种类，选择相应的安全机制，然后集成先进的安全技术，形成一个全方位的安全系统。

2. 严格的安全管理

各计算机网络使用机构、企业和单位应建立相应的网络安全管理办法，加强内部管理，建立合适的网络安全管理系统，加强用户管理和授权管理，建立安全审计和跟踪体系，提高整体网络安全意识。

3. 制定严格的法律、法规

相对来说，计算机网络是一种新生事物。虽然目前已经有《网络安全法》等法律、法规，但许多网络上模糊的犯罪仍无法可依，无章可循，导致网络上计算机某些犯罪很难管理。面对日趋严重的网络犯罪，必须建立与网络安全相关的法律、法规，使非法分子慑于法律，不敢轻举妄动。

1.6　信息安全发展过程

自古以来，信息安全就是受到人们关注的问题，但在不同的发展时期，信息安全的侧重点和控制方式有所不同。大致来说，信息安全在其发展过程中经历了三个阶段。

第一阶段：早在 20 世纪初期，通信技术还不发达，面对电话、电报、传真等信息交换过程中存在的安全问题，人们强调的主要是信息的保密性，对安全理论和技术的研究也只侧重于密码学，这一阶段的信息安全可以简单称为通信安全，即 COMSEC（Communication Security）。

第二阶段：20 世纪 60 年代后，半导体和集成电路技术的飞速发展推动了计算机软硬件的发展，计算机和网络技术的应用进入了实用化和规模化阶段，人们对安全的关注已经逐渐扩展为以保密性、完整性和可用性为目标的信息安全阶段，即 INFOSEC（Information Security），具有代表性的成果是美国的 TCSEC 和欧洲的 ITSEC。

第三阶段：20 世纪 80 年代开始，由于互联网技术的飞速发展，信息无论是对内还是对外都得到极大开放，由此产生的信息安全问题跨越了时间和空间，信息安全的焦点已经不仅仅是传统的保密性、完整性和可用性三个原则了，由此衍生出了诸如可控性、抗抵赖性、真实性等其他的原则和目标，信息安全也从单一的被动防护向全面且动态的防护、检测、响应、恢复等整体体系建设方向发展，即所谓的信息保障（Information Assurance）。这一点，在美国的 IATF 规范中有清楚的表述。

1.7　习题

1. 请说出平时在使用计算机的时候遇到的各种安全问题，以及当时的解决方案。
2. 什么是信息安全？
3. 什么是 P^2DR^2 动态安全模型？
4. 信息系统的安全威胁有哪些？
5. 实现信息安全需要什么样的策略？
6. 信息安全的发展可以分为哪几个阶段？

第 2 章 网络安全基础

本章将介绍最基本的网络安全参考模型、TCP/IP 协议族、常用的网络服务和网络命令等，这些都是信息安全的基础知识。如果本章的内容已在其他课程中学习过，则可以选讲或不讲。

- **知识与能力目标**

1）了解网络 OSI 参考模型。
2）了解网络 TCP/IP 参考模型。
3）熟悉常用的网络服务。
4）掌握常用的网络命令。

- **素养目标**

1）培养学生大国工匠精神。
2）培养学生国家使命感。
3）培养学生追求极致的职业品质。

2.1 OSI 参考模型

在计算机网络产生之初，每个计算机厂商都有一套自己的网络体系结构，它们之间互不相容。为此，国际标准化组织（ISO）在 1979 年建立了一个分委员会来专门研究一种用于开放系统互联（Open System Interconnection，OSI）的体系结构。“开放”这个词表示只要遵循 OSI 标准，一个系统就可以和位于世界上任何地方的、也遵循 OSI 标准的其他任何系统进行连接。这个分委员会提出了开放系统互联（OSI）参考模型，它定义了连接异种计算机的标准框架。

OSI 参考模型分为七层，分别是物理层、数据链路层、网络层、传输层、会话层、表示层和应用层，图 2-1 所示为 OSI 参考模型及通信协议，其中 IMP 表示接口报文处理机(Interface Message Processor)。

在 OSI 七层模型中，每一层都为其上一层提供服务，并为其上一层提供一个访问接口或界面。不同主机之间的相同层次称为对等层，如主机 A 中的表示层和主机 B 中的表示层互为对等层，主机 A 中的会话层和主机 B 中的会话层互为对等层。

对等层之间互相通信需要遵守一定的规则，如通信的内容、通信的方式，通常将其称为协议（Protocol）。

某个主机上运行的某种协议的集合称为协议栈，主机正是利用这个协议栈来接收和发送数据的。OSI 参考模型通过将协议栈划分为不同的层次，可以简化问题的分析、处理过程以及降低网络系统设计的复杂性。各层的主要功能如下。

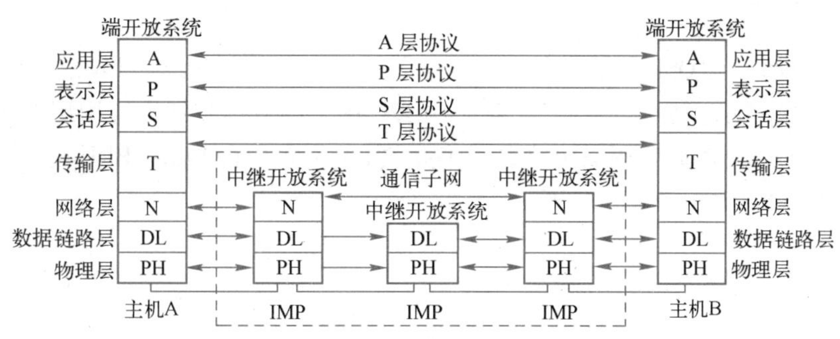

图 2-1　OSI 参考模型及通信协议

1. 物理层（Physical Layer）

要传递信息就要利用一些物理媒介，如双绞线、同轴电缆等，但具体的物理媒介并不在 OSI 的七层之内，有人把物理媒介当作第 0 层。物理层的任务就是为它的上一层提供一个物理连接，以及它们的机械、电气、功能和过程特性，如规定使用电缆和接头的类型、传送信号的电压等。在这一层，数据还没有被组织，仅作为原始的比特流或电气电压处理，单位是比特。

2. 数据链路层（Data Link Layer）

数据链路层负责在两个相邻节点间的线路上，无差错地传送以帧为单位的数据。每一帧包括一定数量的数据和一些必要的控制信息。和物理层相似，数据链路层要负责建立、维持和释放数据链路的连接。在传送数据时，如果接收方检测到所传送数据中有差错，就要通知发送方重发这一帧。

3. 网络层（Network Layer）

在计算机网络中进行通信的两个计算机之间可能会经过很多个数据链路，也可能还要经过很多个通信子网。网络层的任务就是选择合适的网间路由和交换节点，确保数据及时传送。网络层将数据链路层提供的帧组成数据包，包中封装有网络层包头，其中含有逻辑地址信息，包括源站点和目的站点的网络地址。

4. 传输层（Transport Layer）

传输层的任务是根据通信子网的特性最佳地利用网络资源，并以可靠和经济的方式，为两个端系统（也就是源站点和目的站点）的会话层之间，提供建立、维护和取消传输连接的功能，可靠地传输数据。在这一层，信息的传送单位是报文。

5. 会话层（Session Layer）

会话层也可以称为会晤层，在会话层及以上的高层中，数据传送的单位不再另外命名，统称为报文。会话层不参与具体的传输，它提供包括访问验证和会话管理在内的建立和维护应用之间通信的机制，如服务器验证用户登录便是由会话层完成的。

6. 表示层（Presentation Layer）

表示层主要解决用户信息的语法表示问题。它将欲交换的数据从适合于某一用户的抽象语法，转换为适合于 OSI 系统内部使用的传送语法，即提供格式化的表示和转换数据服务。数据的压缩和解压缩、加密和解密等工作都由表示层负责。

7. 应用层（Application Layer）

应用层确定进程之间通信的性质以满足用户需要，以及提供网络与用户应用软件之间的接口服务。

如图2-2所示，在OSI参考模型中，当一台主机需要传送用户的数据（Data）时，数据首先通过应用层的接口进入应用层。在应用层，用户的数据被加上应用层的报头（Application Header，AH），形成应用层协议数据单元（Protocol Data Unit，PDU），然后被递交到下一层——表示层。

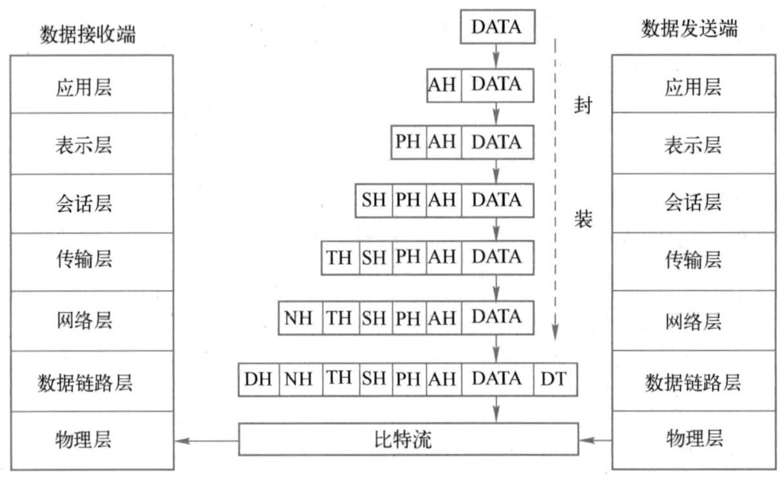

图2-2　数据封装过程

表示层并不“关心”上层——应用层的数据格式，而是把整个应用层递交的数据包看成是一个整体进行封装，即加上表示层的报头（Presentation Header，PH）。然后，递交到下一层——会话层。

同样，会话层、传输层、网络层、数据链路层也都要分别给上层递交下来的数据加上自己的报头。它们分别是会话层报头（Session Header，SH）、传输层报头（Transport Header，TH）、网络层报头（Network Header，NH）和数据链路层报头（Data link Header，DH）。其中，数据链路层还要给网络层递交的数据加上数据链路层报尾（Data link Termination，DT），形成最终的一帧数据。

当一帧数据通过物理层传送到目标主机的物理层时，该主机的物理层把它递交到上一层——数据链路层。数据链路层负责去掉数据帧的帧头部DH和尾部DT，同时进行数据校验。如果数据没有出错，则递交到上一层，即网络层。

同样，网络层、传输层、会话层、表示层、应用层也要做类似的工作。最终，原始数据被递交到目标主机的具体应用程序中。

2.2　TCP/IP参考模型

由于ISO制定的OSI参考模型过于庞大、复杂招致了许多批评。与此对照，由技术人员自己开发的TCP/IP协议栈则获得了更为广泛的应用。图2-3是TCP/IP参考模型和OSI参考模型的对比示意图。

TCP/IP协议栈是美国国防部高级研究计划局计算机网（Advanced Research Projects

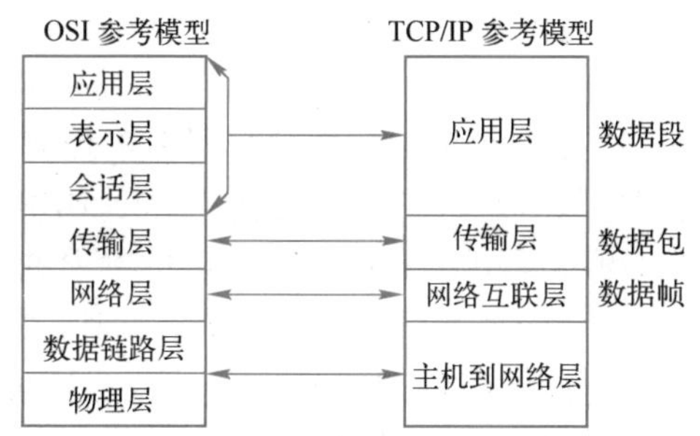

图 2-3　TCP/IP 参考模型和 OSI 参考模型的对比示意图

Agency Network，ARPANET）和其后继——因特网使用的参考模型。ARPANET 是由美国国防部赞助的研究网络。最初，它只连接了美国境内的四所大学。随后的几年中，它通过租用的电话线连接了数百所大学和政府部门。最终，ARPANET 发展成为全球规模最大的互联网络——Internet。最初的 ARPANET 于 1990 年被永久性地关闭。

TCP/IP 参考模型分为四个层次：应用层、传输层、网络互联层和主机到网络层，如图 2-4 所示。

<table>
<tr><td>应用层</td><td colspan="3">FTP、Telnet、HTTP</td><td>SNMP、TFTP、NTP</td></tr>
<tr><td>传输层</td><td colspan="3">TCP</td><td>UDP</td></tr>
<tr><td>网络互联层</td><td colspan="4">IP</td></tr>
<tr><td rowspan="2">主机到网络层</td><td rowspan="2">以太网</td><td rowspan="2">令牌环网</td><td>802.2</td><td>HDLC、PPP、Frame、Relay</td></tr>
<tr><td>802.3</td><td>EIA/TIA-232、449、V.35、V.21</td></tr>
</table>

图 2-4　TCP/IP 参考模型的层次结构

在 TCP/IP 参考模型中，去掉了 OSI 参考模型中的会话层和表示层（这两层的功能被合并到应用层实现）。同时将 OSI 参考模型中的数据链路层和物理层合并为主机到网络层。下面，分别介绍各层的主要功能。

1. 主机到网络层

实际上 TCP/IP 参考模型没有真正描述这一层的实现，只是要求能够提供给其上层——网络互联层一个访问接口，以便在其上传递 IP 分组。由于这一层未被定义，所以其具体的实现方法将随着网络类型的不同而不同。

2. 网络互联层

网络互联层是整个 TCP/IP 协议栈的核心，它的功能是把分组发往目标网络或主机。同时，为了尽快地发送分组，可能需要沿不同的路径同时进行分组传递。因此，分组到达的顺序和发送的顺序可能不同，这就需要上层对分组进行排序。

网络互联层定义了分组格式和协议，即 IP（Internet Protocol）。网络互联层除了需要完成路由的功能外，也可以完成将不同类型的网络（异构网）互联的任务。除此之外，网络互联层还需要完成拥塞控制的功能。

3. 传输层

在TCP/IP参考模型中，传输层的功能是使源端主机和目标端主机上的对等实体可以进行会话。在传输层定义了两种服务质量不同的协议，即传输控制协议（Transmission Control Protocol，TCP）和用户数据报协议（User Datagram Protocol，UDP）。

TCP是一个面向连接的、可靠的协议。它将一台主机发出的字节流无差错地发往互联网上的其他主机。在发送端，它负责把上层传送下来的字节流分成报文段并传递给下层；在接收端，它负责把收到的报文进行重组后递交给上层。TCP还要处理端到端的流量控制，以避免缓慢接收的接收方没有足够的缓冲区接收发送方发送的大量数据。

UDP是一个不可靠的、无连接协议，主要适用于不需要对报文进行排序和流量控制的场合。

4. 应用层

TCP/IP参考模型将OSI参考模型中的会话层和表示层的功能合并到应用层来实现。应用层面向不同的网络应用引入了不同的应用层协议。其中，有基于TCP的，如文件传输协议（File Transfer Protocol，FTP）、虚拟终端协议（Telnet）、超文本链接协议（Hyper Text Transfer Protocol，HTTP）；也有基于UDP的，如SNMP等。

2.3 常用的网络服务

网络上的服务很多，这里介绍常用的四个服务，即Web服务、FTP服务、电子邮件服务和Telnet服务。

2.3.1 Web服务

Web服务也称为WWW（World Wide Web）服务，主要功能是提供网上信息浏览服务。WWW也可以简称为Web，中文名字为“万维网”，它起源于1989年3月，是由欧洲量子物理实验室（CERN）所开发出来的主从结构分布式超媒体系统。通过万维网，人们只要使用简单的方法，就可以很迅速方便地获取丰富的信息资料。由于用户在通过Web浏览器访问信息资源的过程中，无须关心一些技术性的细节，而且界面非常友好，因而Web在Internet上一经推出就受到了热烈的欢迎，并迅速得到了爆炸性的发展。图2-5所示为采用WWW方式浏览新浪网页。

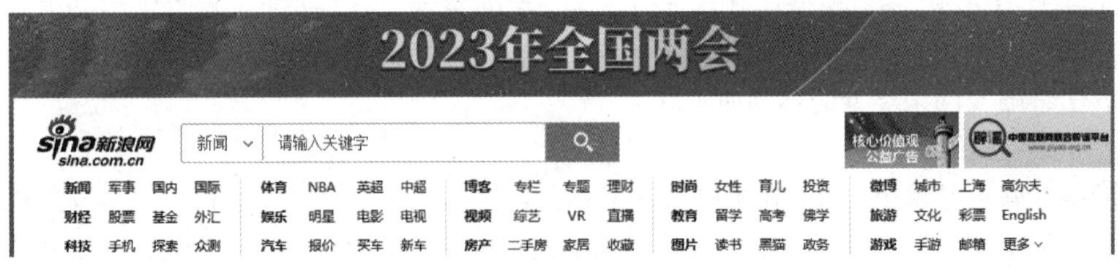

图2-5　采用WWW方式浏览新浪网页

在UNIX和Linux平台下使用最广泛的免费Web服务器是W3C、NCSA和Apache服务器，而Windows平台使用IIS的Web服务器。选择Web服务器应考虑的特性因素有性能、安全性、日志和统计、虚拟主机、代理服务器、缓冲服务和集成应用程序等。下面介绍几种常用的 Web 服务器。

1. Microsoft IIS

Microsoft 的 Web 服务器产品为 Internet Information Server（IIS），IIS 是允许在公共 Intranet 或 Internet 上发布信息的 Web 服务器。IIS 是目前最流行的 Web 服务器产品之一，很多著名的网站都建立在 IIS 平台上。IIS 提供了一个图形界面的管理工具，称为 Internet 服务管理器，可用于监视、配置和控制 Internet 服务。图 2-6 所示为微软的 IIS 服务。

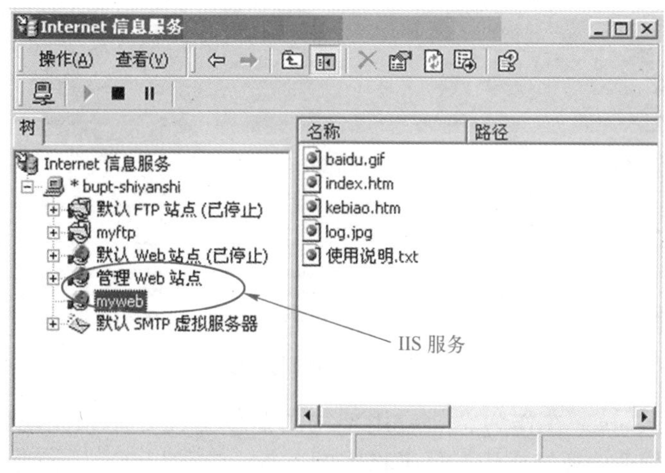

图 2-6　微软的 IIS 服务

IIS 是一种 Web 服务组件，其中包括 Web 服务器、FTP 服务器、NNTP 服务器和 SMTP 服务器，分别用于网页浏览、文件传输、新闻服务和邮件发送等方面，它使得在网络（包括互联网和局域网）上发布信息成了一件很容易的事情。它提供 ISAPI（Intranet Server API）作为扩展 Web 服务器功能的编程接口；同时，它还提供一个 Internet 数据库连接器，可以实现对数据库的查询和更新。

2. IBM WebSphere

WebSphere Application Server 是一种功能完善、开放的 Web 应用程序服务器，是 IBM 电子商务计划的核心部分，它基于 Java 的应用环境，用于建立、部署和管理 Internet 与 Intranet Web 应用程序。这一整套产品进行了扩展，以适应 Web 应用程序服务器的需要，范围从简单、高级直到企业级。

WebSphere 针对以 Web 为中心的开发人员，他们都是基于 HTTP 服务器和 CGI 编程技术成长起来的。IBM 提供 WebSphere 产品系列，通过提供综合资源、可重复使用的组件、功能强大并易于使用的工具，以及支持 HTTP 和 IIOP 通信的可伸缩运行时环境，帮助这些用户从简单的 Web 应用程序转移到电子商务世界。

3. BEA WebLogic

BEA WebLogic Server 是一种多功能、基于标准的 Web 应用服务器，为企业构建自己的应用提供了坚实的基础。各种应用开发、部署等所有关键性的任务，无论是集成各种系统和数据库，还是提交服务、跨 Internet 协作，起始点都是 BEA WebLogic Server。由于它具有全面的功能、对开放标准的遵从性、多层架构、支持基于组件的开发，所以基于 Internet 的企业都选择它来开发、部署最佳的应用。图 2-7 所示为 WebLogic 管理界面。

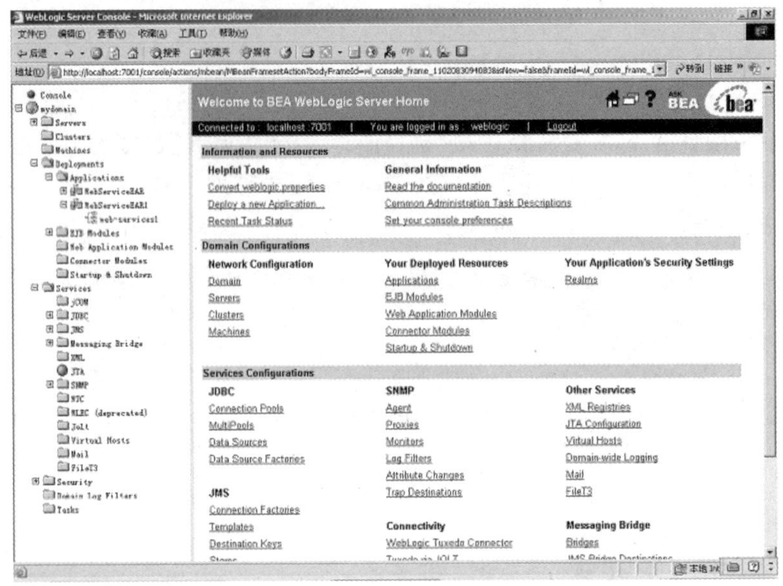

图 2-7　WebLogic 管理界面

BEA WebLogic Server 在作为企业应用架构的基础方面处于领先地位。BEA WebLogic Server 为构建集成化的企业级应用提供了稳固的基础，它们以 Internet 为基础，在联网的企业之间共享信息、提交服务，实现协作自动化。

4. Apache

Apache 是世界上用得最多的 Web 服务器，市场占有率达 60%左右。它源于 NCSA httpd 服务器，在 NCSA WWW 服务器项目停止后，那些使用 NCSA WWW 服务器的人们开始交换用于此服务器的补丁，这也是 Apache 名称的由来（a patchy）。世界上很多著名的网站都是 Apache 的产物，它的成功之处主要在于它的源代码开放、有一支开放的开发队伍、支持跨平台的应用（可以运行在几乎所有的 UNIX、Windows、Linux 系统平台上）以及它的可移植性等。图 2-8 所示为 Windows 下 Apache 服务启动后的界面。

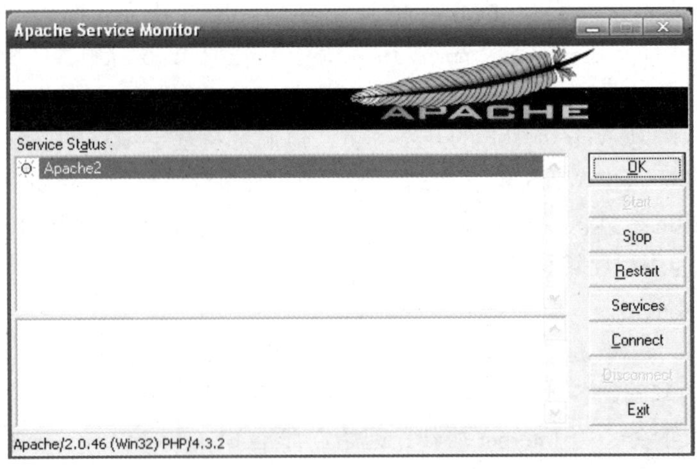

图 2-8　Windows 下 Apache 服务启动后的界面

5. Tomcat

Tomcat 是一个开放源代码、运行 Servlet 和 JSP Web 应用软件的基于 Java 的 Web 应用软件容器。Tomcat Server 是根据 Servlet 和 JSP 规范进行执行的，因此可以说 Tomcat Server 也实行了 Apache-Jakarta 规范且比绝大多数商业应用软件服务器要好。Tomcat 的 Logo 如图 2-9 所示。

图 2-9　Tomcat 的 Logo

Tomcat 是 Java Servlet 和 JavaServer Pages 技术的标准实现，是基于 Apache 许可证下开发的自由软件。Tomcat 是完全重写的 Servlet API 和 JSP 兼容的 Servlet/JSP 容器。Tomcat 使用了 JavaServlet 的一些代码，特别是 Apache 服务适配器。随着 Catalina Servlet 引擎的出现，Tomcat 的性能得到了提升，使得它成为一个颇具竞争力的 Servlet/JSP 容器，因此目前许多 Web 服务器都是采用 Tomcat。

2.3.2　FTP 服务

FTP（File Transfer Protocol）是文件传输协议的简称。正如其名，FTP 的主要作用就是让用户连接上一个远程计算机（这些计算机上运行着 FTP 服务器程序），查看远程计算机有哪些文件，然后把文件从远程计算机上复制到本地计算机，或把本地计算机的文件传送到远程计算机上。

FTP 是 Internet 文件传送的基础，它由一系列规格说明文档组成，目标是提高文件的共享性，提供非直接使用远程计算机，使存储介质对用户透明和可靠高效地传送数据。简单地说，FTP 就是完成两台计算机之间的复制，若从远程计算机复制文件至自己的计算机上，称之为“下载（download）”文件；若将文件从自己的计算机中复制到远程计算机上，则称之为“上传（upload）”文件。在 TCP/IP 中，FTP 标准命令 TCP 端口号为 21，Port 方式数据端口号为 20。

FTP 支持两种模式，一种方式叫作 Standard（也就是 Port——主动方式），另一种是 Passive（也就是 PASV——被动方式）。Standard 模式 FTP 的客户端发送 PORT 命令到 FTP 服务器；Passive 模式 FTP 的客户端发送 PASV 命令到 FTP 服务器。

常用的 FTP 工具有很多，如 CuteFTP、LeapFTP、FlashFXP、TurboFTP、ChinaFTP、AceFTP 等。CuteFTP 5.0 界面如图 2-10 所示。

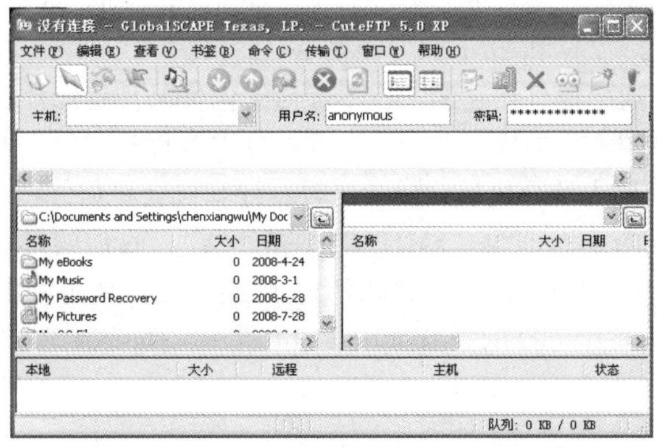

图 2-10　CuteFTP 5.0 界面

另外，微软也提供FTP服务，如图2-11所示。

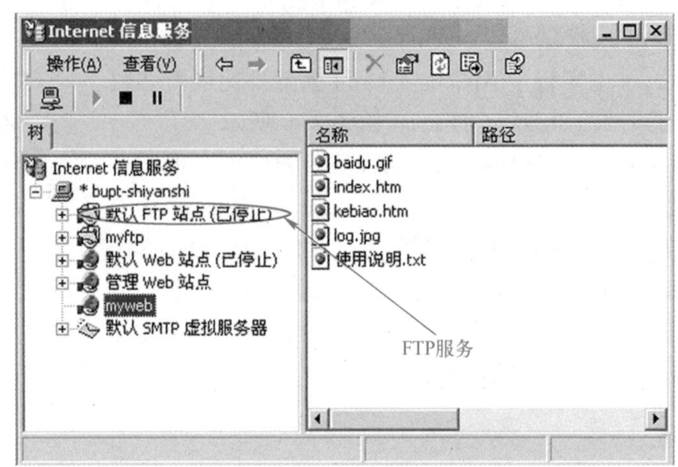

图2-11　微软的FTP服务

2.3.3　电子邮件服务

电子邮件是Internet应用最广的服务。通过网络的电子邮件系统，可以用非常低廉的价格（不管发送到哪里，都只需负担电话费和网费），以非常快速的方式（几秒钟之内可以发送到世界上任何指定的目的地），与世界上任何一个角落的网络用户联系，这些电子邮件可以是文字、图像、声音等各种方式。同时，您可以得到大量免费的新闻、专题邮件，并轻松实现信息搜索。这是任何的传统方式无法相比的。正是由于电子邮件的使用简易、投递迅速、收费低廉、易于保存、全球畅通无阻等特性，使得电子邮件被广泛地应用，它使人们的交流方式得到了极大的改变。

每一个申请Internet账户的用户都会有一个电子邮件地址，它是一个类似于用户家门牌号码的邮箱地址，或者更准确地说，相当于在邮局租用了一个信箱。传统的信件由邮递员送到用户家门口，而电子邮件则需要自己去查看信箱，只是用户不用跨出家门一步。

电子邮件地址的典型格式是abc@ xyz，@之前是用户选择代表本人的字符组合或代码，@之后是为用户提供电子邮件服务的服务商名称，如lijian@ sina. com。常用的邮件系统包括Outlook Express（见图2-12）和Foxmail（见图2-13）等。

电子邮件不同于普通的信件，它的工作不像传统信件的传输那样仅仅需要火车或飞机就够了。但是，电子邮件的工作原理又和传统邮件的处理流程有相似之处。

首先，当将E-mail输入计算机后开始发送时，计算机会将信件“打包”，送到所属服务商的邮件服务器（发信的邮局即为“SMTP邮件服务器”，收信的邮局即为“POP3邮件服务器”）上，这就相当于平时将信件投入邮筒后，邮递员把信从邮筒中取出来并按照地区分类。Foxmail软件上的邮件服务器的设置如图2-14所示，Outlook软件上邮件服务器的设置如图2-15所示。

图 2-12　Outlook Express 邮件系统

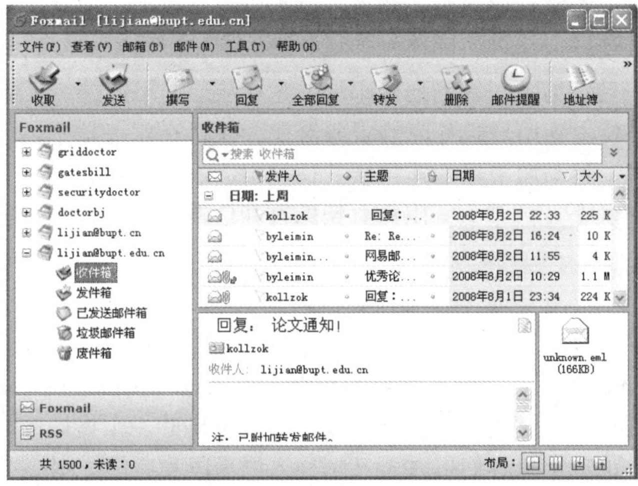

图 2-13　Foxmail 邮件系统

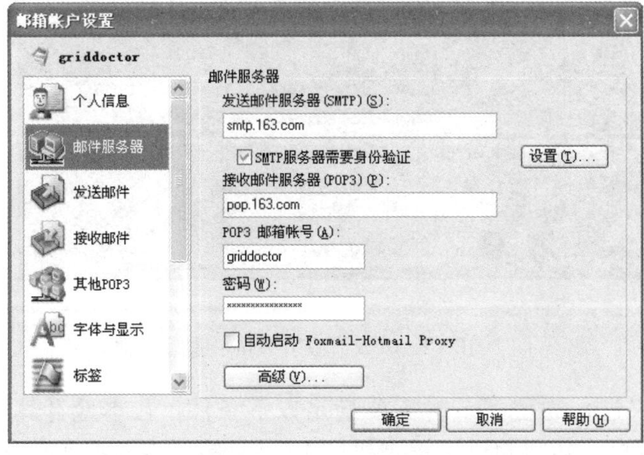

图 2-14　Foxmail 中的 SMTP 和 POP3 设置

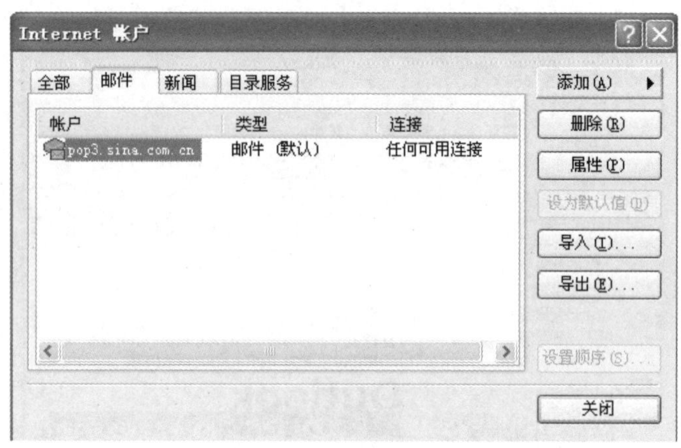

图 2-15　Outlook 中的 SMTP 和 POP3 设置

然后，邮件服务器根据收件人地址，按照当前网上传输的情况，寻找一条最不拥挤的路径，将信件传送到下一个邮件服务器。接着，这个服务器也如法炮制，将信件往下传送。这一步相当于邮局之间的转运信件，即当邮件被分类以后，由始发地邮局运往目的地的省会邮局，然后由省会邮局转运给下一级的地区邮局，这样层层向下传递，最终到达用户手中。

最后，E-mail 被传送到用户服务商的服务器上，保存在服务器上的用户 E-mail 信箱中。用户个人终端计算机通过与服务器的连接从其信箱中读取自己的 E-mail。这一步相当于信件已经被传送到了用户的个人信箱中，用户拿钥匙打开信箱就可以读取信件了。

2.3.4　Telnet 服务

Telnet 是 TCP/IP 网络的登录和仿真程序，它最初是由 ARPANET 开发的，现在主要用于 Internet 会话。Telnet 的基本功能是允许用户登录进入远程主机系统。起初，Telnet 只是让用户的本地计算机与远程计算机连接，从而成为远程主机的一个终端。Telnet 的应用方便了用户进行远程登录，但也给黑客们提供了又一种入侵手段和后门。图 2-16 所示为在 DOS 下使用 Telnet 进行登录。

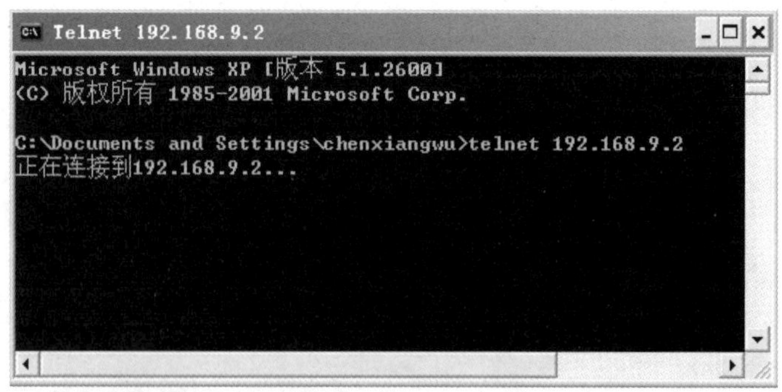

图 2-16　在 DOS 下使用 Telnet 进行登录

使用 Telnet 协议进行远程登录时需要满足以下条件：在本地计算机上必须装有包含 Telnet 协议的客户程序；必须知道远程主机的 IP 地址或域名；必须知道登录标识与口令。Telnet 远程登录服务分为以下 4 个过程。

1）本地与远程主机建立连接。该过程实际上是建立一个 TCP 连接，用户必须知道远程主机的 IP 地址或域名。

2）将本地终端上输入的用户名和口令以及以后输入的任何命令或字符以 NVT（Net Virtual Terminal）格式传送到远程主机。该过程实际上是从本地主机向远程主机发送一个 IP 数据包。

3）将远程主机输出的 NVT 格式的数据转化为本地所接受的格式送回本地终端，包括输入命令回显和命令执行结果。

4）最后，本地终端对远程主机进行撤销连接，该过程是撤销一个 TCP 连接。

2.4　常用的网络命令

Windows 是从简单的 DOS 字符界面发展而来的，虽然平时在使用 Windows 操作系统的时候，主要是对图形界面进行操作，但是 DOS 命令仍然非常有用，特别是在计算机安全故障诊断与排除过程中，这些命令就显得更为重要。本节主要介绍这些命令的功能，同时学习如何使用这些命令的技巧。

2.4.1　ping 命令

ping 是 DOS 命令，一般用于检测网络是否通畅以及网络连接速度，其结果值越大，说明速度越慢。ping 发送一个 ICMP 回声请求消息给目的地，并报告是否收到所希望的 ICMP 回声应答，它使用网络层的 ICMP。

对一个网络管理员或者黑客来说，ping 命令是第一个必须掌握的 DOS 命令，它所利用的原理是这样的：网络上的机器都有唯一确定的 IP 地址，给目标 IP 地址发送一个数据包，对方就要返回一个同样大小的数据包，根据返回的数据包可以确定目标主机的存在，可以初步判断目标主机的操作系统和连接对方主机的速度等。下面是 ping 命令一些常用的使用方法。

1. ping IP

例如 ping 127.0.0.1，如图 2-17 所示。

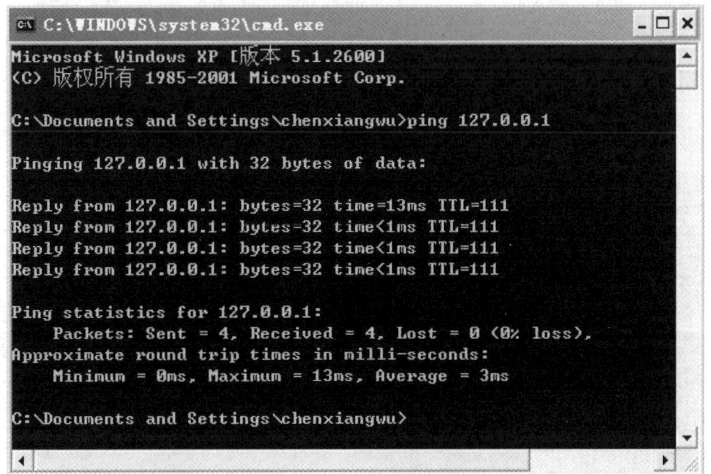

图 2-17　ping IP 命令的使用

2. ping URL

例如 ping www. sina. com. cn，如图 2-18 所示。

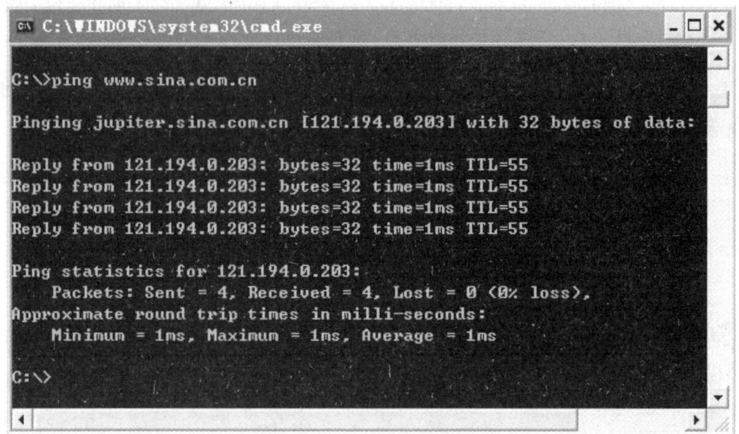

图 2-18　ping 新浪网站

3. ping IP -t

连续对 IP 地址执行 ping 命令，直到被用户以〈Ctrl+C〉键中断。例如 ping 127. 0. 0. 1 -t，如图 2-19 所示。中断如图 2-20 所示。

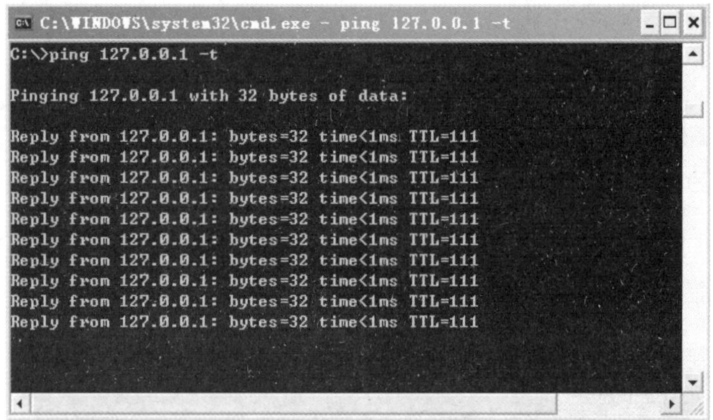

图 2-19　使用 ping IP -t 命令

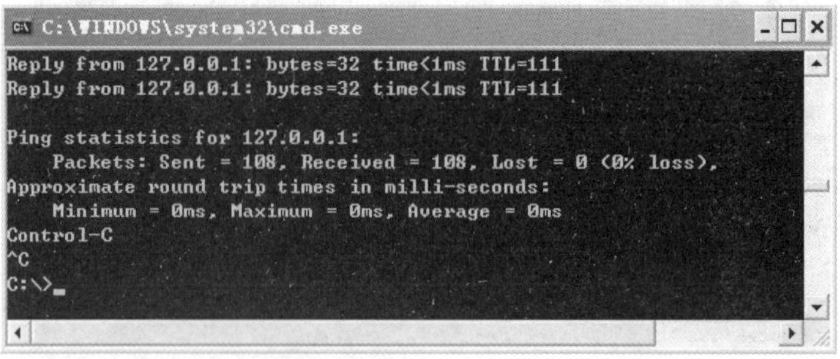

```
C:\WINDOWS\system32\cmd.exe
Reply from 127.0.0.1: bytes=32 time<1ms TTL=111
Reply from 127.0.0.1: bytes=32 time<1ms TTL=111

Ping statistics for 127.0.0.1:
    Packets: Sent = 108, Received = 108, Lost = 0 (0% loss),
Approximate round trip times in milli-seconds:
    Minimum = 0ms, Maximum = 0ms, Average = 0ms
Control-C
^C
C:\>_
```

图 2-20　使用〈Ctrl+C〉键中断 ping IP -t 命令

4. ping IP -l 3000

指定 ping 命令中的数据长度为 3000 字节，而不是默认的 32 字节。该命令的使用如图 2-21 所示。

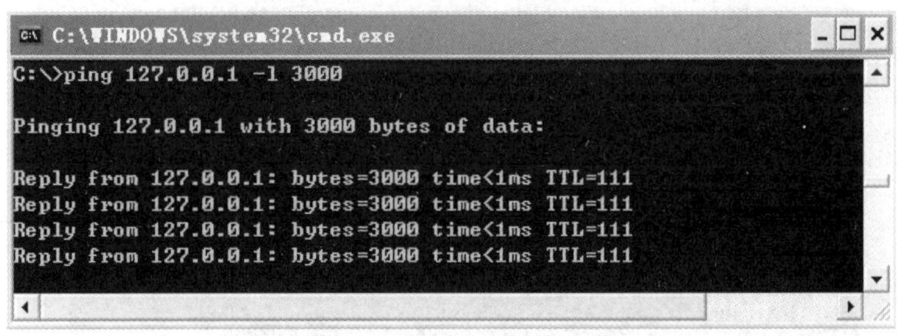

图 2-21　使用 ping IP -l 3000 命令

5. ping IP -n count

执行特定次数（count 次）的 ping 命令。图 2-22 所示为执行 100 次的 ping 命令。

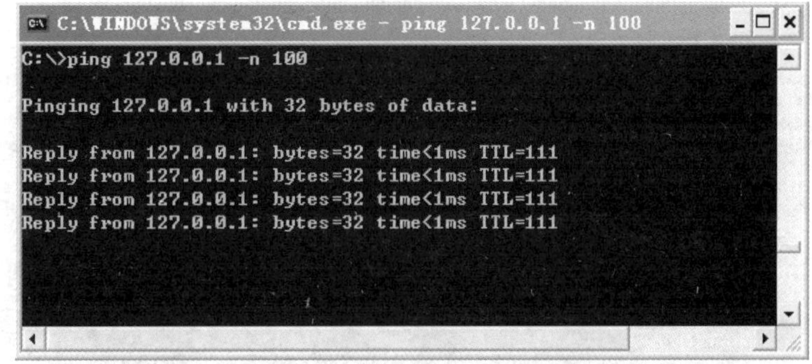

图 2-22　执行 100 次的 ping 命令

2.4.2　ipconfig 命令

ipconfig 可用于显示当前的 TCP/IP 配置的设置值，这些信息一般用来检验人工配置的 TCP/IP 设置是否正确。如果计算机和所在的局域网使用了动态主机配置协议（DHCP），这个程序所显示的信息会更加实用。这时，ipconfig 可以了解自己的计算机是否成功地租用到一个 IP 地址，如果租用到则可以了解它目前分配到的是什么地址。了解计算机当前的 IP 地址、子网掩码和默认网关实际上是进行测试和故障分析的必要项目。ipconfig 最常用的使用方法如下。

1. ipconfig

当使用 ipconfig 不带任何参数选项时，它为每个已经配置了的接口显示 IP 地址、子网掩码和默认网关值。如图 2-23 所示，显示的 IP 地址为 59.64.158.190，子网掩码为 255.255.252.0，默认网关为 59.64.156.1。

2. ipconfig /all

当使用 all 参数时，ipconfig 能为 DNS 和 WINS 服务器显示它已经配置、所要使用的附加信息（如 IP 地址等），并且显示内置于本地网卡中的物理地址（MAC）。如果 IP 地址是从

DHCP 服务器租用的，ipconfig 将显示 DHCP 服务器的 IP 地址和租用地址预计失效的日期。图 2-24 所示为 ipconfig /all 命令的使用。

```
C:\WINDOWS\system32\cmd.exe
C:\>ipconfig

Windows IP Configuration


Ethernet adapter 无线网络连接:

        Media State . . . . . . . . . . . : Media disconnected

Ethernet adapter 本地连接:

        Connection-specific DNS Suffix  . : bupt.edu.cn
        IP Address. . . . . . . . . . . . : 59.64.158.190
        Subnet Mask . . . . . . . . . . . : 255.255.252.0
        Default Gateway . . . . . . . . . : 59.64.156.1

C:\>_
```

图 2-23　ipconfig 命令的使用

```
C:\WINDOWS\system32\cmd.exe
C:\>ipconfig /all
Windows IP Configuration
        Host Name . . . . . . . . . . . . : chenxinagwu
        Primary Dns Suffix  . . . . . . . :
        Node Type . . . . . . . . . . . . : Mixed
        IP Routing Enabled. . . . . . . . : No
        WINS Proxy Enabled. . . . . . . . : No
        DNS Suffix Search List. . . . . . : bupt.edu.cn
Ethernet adapter 无线网络连接:
        Media State . . . . . . . . . . . : Media disconnected
        Description . . . . . . . . . . . : Intel(R) PRO/Wireless 2200BG Network
 Connection
        Physical Address. . . . . . . . . : 00-13-CE-F0-4D-8A
Ethernet adapter 本地连接:
        Connection-specific DNS Suffix  . : bupt.edu.cn
        Description . . . . . . . . . . . : Broadcom NetXtreme 57xx Gigabit Cont
roller
        Physical Address. . . . . . . . . : 00-14-22-D3-05-9F
        Dhcp Enabled. . . . . . . . . . . : Yes
        Autoconfiguration Enabled . . . . : Yes
        IP Address. . . . . . . . . . . . : 59.64.158.190
        Subnet Mask . . . . . . . . . . . : 255.255.252.0
        Default Gateway . . . . . . . . . : 59.64.156.1
        DHCP Server . . . . . . . . . . . : 211.68.71.4
        DNS Servers . . . . . . . . . . . : 211.68.71.4
                                            211.68.71.5
        Lease Obtained. . . . . . . . . . : 2008年8月3日 15:39:46
        Lease Expires . . . . . . . . . . : 2008年8月3日 18:39:46
```

图 2-24　ipconfig /all 命令的使用

2.4.3　netstat 命令

netstat 用于显示与 IP、TCP、UDP 和 ICMP 相关的统计数据，一般用于检验本机各端口的网络连接情况。几种最常见的使用方法如下。

1. netstat -a

netstat -a 命令用于显示一个所有的有效连接信息列表，包括已建立的连接（ESTABLISHED），也包括监听连接请求（LISTENING）的那些连接，如图 2-25 所示。

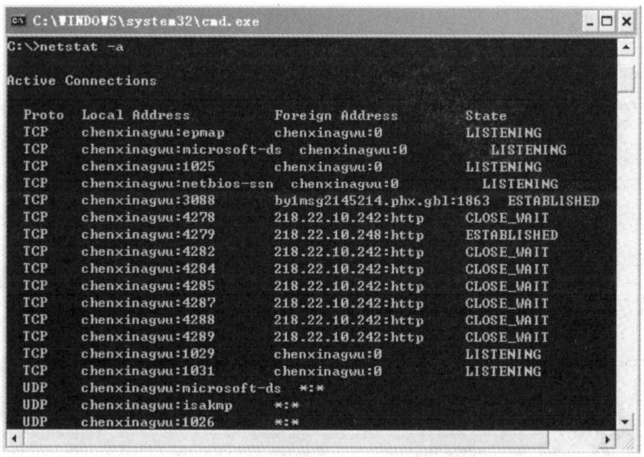

C:\WINDOWS\system32\cmd.exe
C:\>netstat -a
Active Connections
Proto Local Address Foreign Address State
TCP chenxinagwu:epmap chenxinagwu:0 LISTENING
TCP chenxinagwu:microsoft-ds chenxinagwu:0 LISTENING
TCP chenxinagwu:1025 chenxinagwu:0 LISTENING
TCP chenxinagwu:netbios-ssn chenxinagwu:0 LISTENING
TCP chenxinagwu:3088 by1msg2145214.phx.gbl:1863 ESTABLISHED
TCP chenxinagwu:4278 218.22.10.242:http CLOSE_WAIT
TCP chenxinagwu:4279 218.22.10.248:http ESTABLISHED
TCP chenxinagwu:4282 218.22.10.242:http CLOSE_WAIT
TCP chenxinagwu:4284 218.22.10.242:http CLOSE_WAIT
TCP chenxinagwu:4285 218.22.10.242:http CLOSE_WAIT
TCP chenxinagwu:4287 218.22.10.242:http CLOSE_WAIT
TCP chenxinagwu:4288 218.22.10.242:http CLOSE_WAIT
TCP chenxinagwu:4289 218.22.10.242:http CLOSE_WAIT
TCP chenxinagwu:1029 chenxinagwu:0 LISTENING
TCP chenxinagwu:1031 chenxinagwu:0 LISTENING
UDP chenxinagwu:microsoft-ds *:*
UDP chenxinagwu:isakmp *:*
UDP chenxinagwu:1026 *:*

图 2-25　netstat -a 命令的使用

2. netstat -n

netstat -n 命令用于显示所有已建立的有效连接，如图 2-26 所示。

C:\WINDOWS\system32\cmd.exe
C:\>netstat -n
Active Connections
Proto Local Address Foreign Address State
TCP 59.64.158.190:4339 207.46.108.14:1863 ESTABLISHED
TCP 59.64.158.190:4367 222.130.241.157:4072 ESTABLISHED
C:\>

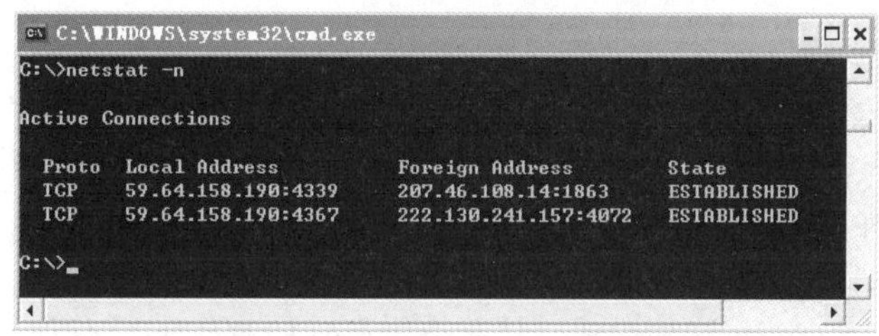

图 2-26　netstat -n 命令的使用

3. netstat -r

netstat -r 命令用于显示关于路由表的信息，类似于后面所讲的使用 route print 命令时看到的信息。除了显示有效路由外，还显示当前有效的连接，如图 2-27 所示。

C:\WINDOWS\system32\cmd.exe
C:\>netstat -r
Route Table
Interface List
0x1 .... MS TCP Loopback interface
0x2 ...00 13 ce f0 4d 8a ...... Intel(R) PRO/Wireless 2200BG Network Connection - 数据包计划程序微型端口
0x3 ...00 14 22 d3 05 9f ...... Broadcom NetXtreme 57xx Gigabit Controller - 数据包计划程序微型端口
Active Routes:
Network Destination Netmask Gateway Interface Metric
0.0.0.0 0.0.0.0 59.64.156.1 59.64.158.190 20
59.64.156.0 255.255.252.0 59.64.158.190 59.64.158.190 20
59.64.158.190 255.255.255.255 127.0.0.1 127.0.0.1 20
59.255.255.255 255.255.255.255 59.64.158.190 59.64.158.190 20
127.0.0.0 255.0.0.0 127.0.0.1 127.0.0.1 1
224.0.0.0 240.0.0.0 59.64.158.190 59.64.158.190 20
255.255.255.255 255.255.255.255 59.64.158.190 59.64.158.190 1
255.255.255.255 255.255.255.255 59.64.158.190 2 1
Default Gateway: 59.64.156.1
Persistent Routes:
None
C:\>

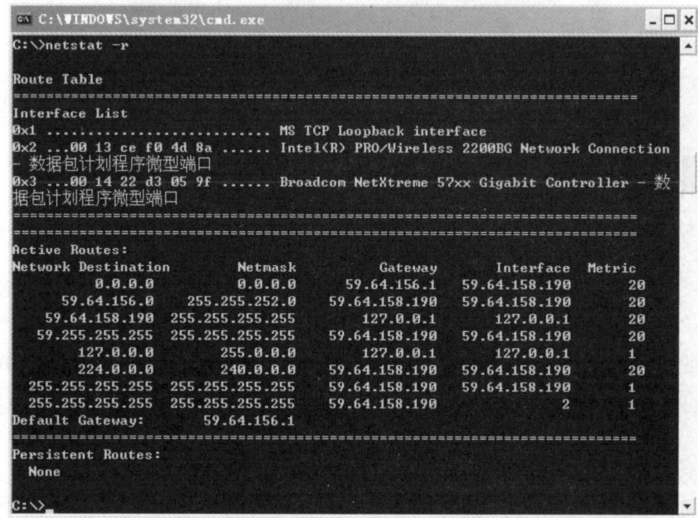

图 2-27　netstat -r 命令的使用

这些命令也可以一起使用，如 netstat -an，如图 2-28 所示。

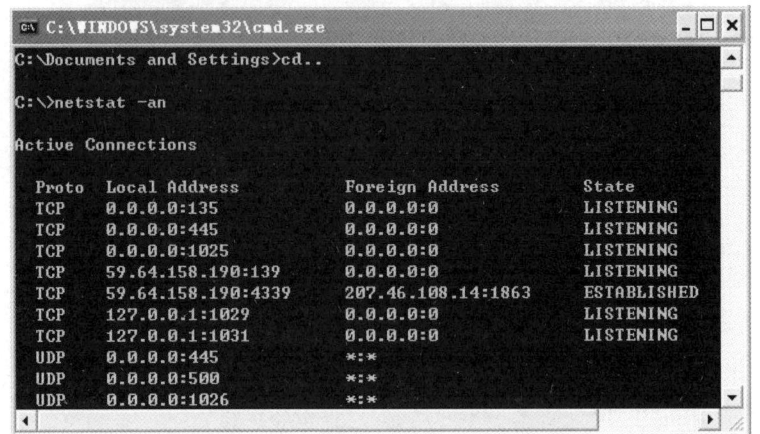
```
C:\Documents and Settings>cd..

C:\>netstat -an

Active Connections

  Proto  Local Address          Foreign Address        State
  TCP    0.0.0.0:135            0.0.0.0:0              LISTENING
  TCP    0.0.0.0:445            0.0.0.0:0              LISTENING
  TCP    0.0.0.0:1025           0.0.0.0:0              LISTENING
  TCP    59.64.158.190:139      0.0.0.0:0              LISTENING
  TCP    59.64.158.190:4339     207.46.108.14:1863     ESTABLISHED
  TCP    127.0.0.1:1029         0.0.0.0:0              LISTENING
  TCP    127.0.0.1:1031         0.0.0.0:0              LISTENING
  UDP    0.0.0.0:445            *:*
  UDP    0.0.0.0:500            *:*
  UDP    0.0.0.0:1026           *:*
```

图 2-28　netstat -an 命令的使用

2.4.4　arp 命令

arp 是地址转换协议的意思，它也是一个重要的命令，用于确定对应 IP 地址的网卡物理地址。使用 arp 命令，能够查看本地计算机或另一台计算机的 arp 高速缓存中的当前内容。此外，也可以使用 arp 命令以人工方式输入静态的网卡物理/IP 地址对，通常会使用这种方式为默认网关和本地服务器等常用主机进行设置，这样有助于减少网络上的信息量。最常见的使用方法为 arp -a 或 arp -g 这种形式，用于查看高速缓存中的所有项目，-a 和-g 参数的执行结果是一样的。如图 2-29 所示，可以看到 IP 地址和物理地址。

```
C:\>arp -a

Interface: 59.64.158.190 --- 0x3
  Internet Address      Physical Address      Type
  59.64.156.1           00-04-96-18-d9-a0     dynamic
  59.64.159.250         00-50-cf-99-46-dd     dynamic

C:\>
```

图 2-29　arp -a 命令的使用

2.4.5　net 命令

net 命令有很多函数用于核查计算机之间的 NetBIOS 连接，可以查看管理网络环境、服务、用户、登录等信息内容。关于 net 命令的使用参数也很多，如 net view、net user、net use、net time、net start、net share、net print、net name、net group、net computer、net accounts 等。两种最常见的使用方法如下。

1. net share

net share 命令用来创建、删除或显示共享资源。如图 2-30 所示为查看系统中的共享资源，图中显示了一个 IPC $ 空连接共享。

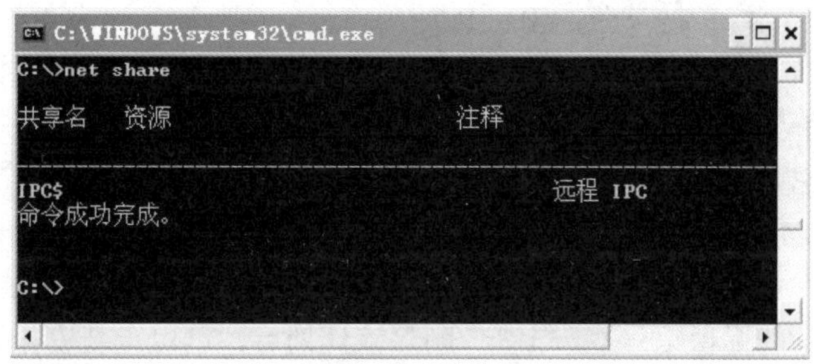

图 2-30　net share 命令的使用

2. net start

net start 命令的作用是启动服务，或显示已启动服务的列表。命令格式为 net start，如图 2-31 所示。

图 2-31　net start 命令的使用

2.4.6　at 命令

at 命令是 Windows 系列操作系统中内置的命令。at 命令可在指定时间和日期、在指定计算机上运行命令和程序。单击“开始”→“运行”，在出现的 DOS 提示符下面输入 at 命令。下面就来看看 at 命令的一些实例分析。

1. 定时关机

命令：at 22：00 ShutDown-S-T40

该命令运行后，到了 22：00，计算机会出现“系统关机”对话框，并默认 40 s 延时自动关机。

2. 定时提醒

命令：at 11：00 net send 10. 10. 36. 122“与朋友约会的时间到了，快点准备出发吧！”其中，net send 是 Windows 内部程序，可以将消息发送给网络上的其他用户、计算机。10. 10. 36. 122 是本机的 IP 地址。这个功能在 Windows 中也称作“信使服务”。

3. 自动运行批处理文件

如果公司的数据很重要，要求在指定的日期/时间进行备份，那么可以运行以下命令。

命令：at 2：00 AM /Every：Saturday BackUp. bat

这样，在每个周六的早上2：00，计算机定时启动 BackUp. bat 批处理文件。BackUp. bat 是一个自行编制的批处理文件，它包含能对系统进行数据完全备份的多条命令。

4. 取消已经安排的计划

命令：at 5 /delete

有时候，已经安排好的计划可能临时变动，这样可以及时地用上述命令删除该计划（5 为指派给已计划命令的标识编号），当然，删除该计划后，可以重新安排计划。

at 是 Windows 中的命令，然而在入侵当中是一个不可或缺的服务，它可以让某一个程序在一定的时间里自动执行，从而操控计算机。下面介绍它的几个实际用法，假设 hacker. exe 是一个程序。

1）如果想让对方在指定时间里启动某个程序，可在命令行里输入：

at \\127. 0. 0. 1 23:00 c:\winnt \system32 /hacker. exe

提示：新加了一份作业，作业 id=1。

2）让对方的计算机在每周一和周二的23：00启动某个程序，那么可以输入：

at \\127. 0. 0. 1 23:00 /every:一,二 c：\winnt \system32 \hacker. exe

提示：新加了一份作业，作业 id=2。

3）删除对方计算机上作业 id 为1的任务：

at \\127. 0. 0. 1 1 /delete /yes

4）删除所有的任务：

at \\127. 0. 0. 1 /delete

提示：是否要删除所有的操作？然后输入 Y。

2.4.7　tracert 命令

tracert 命令用于显示将数据包从计算机传递到目标位置的一组 IP 路由器，以及每个跃点所需的时间。如果数据包不能传递到目标，tracert 命令将显示成功转发数据包的最后一个路由器。当数据包从计算机经过多个网关传送到目的地时，tracert 命令可以用来跟踪数据包使用的路由（路径）。该实用程序跟踪的路径是源计算机到目的计算机的一条路径，但不能保证或认为数据包总遵循这条路径。如果配置使用 DNS，那么常常会从所产生的应答中得到城市、地址和常见通信公司的名字。tracert 是一个运行得比较慢的命令（如果指定的目标地址比较远），每个路由器大约需要15 s。如果有网络连通性问题，可以使用 tracert 命令来检查到达目标 IP 地址的路径并记录结果。tracert 命令最常见的使用方法如下。

1. tracert IP 或 tracert URL

tracert IP 或 tracert URL 命令用于返回到达 IP 地址所经过的路由器列表，URL 表示网址。图 2-32 所示为本机到新浪网的所有路由器列表。

2. tracert IP -d 或 tracert URL -d

通过使用-d 选项，将更快地显示路由器路径，因为 tracert 不会尝试解析路径中路由器的名称。图 2-33 所示为 tracert IP -d 命令的使用。

```
C:\WINDOWS\system32\cmd.exe
C:\>tracert www.sina.com.cn

Tracing route to jupiter.sina.com.cn [121.194.0.206]
over a maximum of 30 hops:

  1    <1 ms    <1 ms    <1 ms  59.64.156.1
  2     2 ms     2 ms     2 ms  10.1.1.1
  3    <1 ms    <1 ms    <1 ms  10.0.11.1
  4     1 ms    <1 ms    <1 ms  10.0.24.5
  5     1 ms     1 ms    <1 ms  202.112.42.1
  6     2 ms     1 ms     2 ms  202.112.62.241
  7    22 ms    15 ms    19 ms  cd1.cernet.net [202.112.53.74]
  8     1 ms     1 ms     1 ms  sjz1.cernet.net [202.112.38.106]
  9     1 ms     1 ms     1 ms  121.194.15.245
 10     1 ms     1 ms     1 ms  121.194.0.206

Trace complete.

C:\>
```

图 2-32　本机到新浪网的所有路由器列表

```
C:\WINDOWS\system32\cmd.exe
C:\>tracert www.sina.com.cn -d

Tracing route to jupiter.sina.com.cn [121.194.0.203]
over a maximum of 30 hops:

  1    <1 ms    <1 ms    <1 ms  59.64.156.1
  2     2 ms     2 ms     2 ms  10.1.1.1
  3    <1 ms    <1 ms    <1 ms  10.0.11.1
  4     1 ms    <1 ms    <1 ms  10.0.24.5
  5     1 ms    <1 ms    <1 ms  202.112.42.1
  6     2 ms     1 ms     1 ms  202.112.62.241
  7    26 ms    31 ms     *     202.112.53.74
  8     1 ms     1 ms     1 ms  202.112.38.106
  9     1 ms     1 ms     1 ms  121.194.15.245
 10     1 ms     1 ms     1 ms  121.194.0.203

Trace complete.

C:\>_
```

图 2-33　tracert IP -d 命令的使用

tracert 命令一般用来检测故障的位置，即检查在哪个环节上出了问题。

2.4.8　route 命令

route 命令是用来显示、添加和修改路由表项的。route 命令最常见的使用方法如下。

1. route print

route print 命令用于显示路由表中的当前项目，在单路由器网段上的输出；由于用 IP 地址配置了网卡，因此所有的这些项目都是自动添加的。图 2-34 所示为 route print 命令的使用。

2. route add

使用 route add 命令，可以将路由项目添加给路由表。例如，要设定一个到目的网络 219.98.32.33 的路由，其间要经过 5 个路由器网段，首先要经过本地网络上的一个路由器，其 IP 地址为 202.97.123.5，子网掩码为 255.255.255.224，那么应该输入以下命令：

```
route add 219.98.32.33 mask 255.255.255.224 202.97.123.5 metric 5
```

```
C:\WINDOWS\system32\cmd.exe
C:\>route print
===========================================================================
Interface List
0x1 ........................... MS TCP Loopback interface
0x2 ...00 13 ce f0 4d 8a ...... Intel(R) PRO/Wireless 2200BG Network Connection
- 数据包计划程序微型端口
0x3 ...00 14 22 d3 05 9f ...... Broadcom NetXtreme 57xx Gigabit Controller - 数
据包计划程序微型端口
===========================================================================
===========================================================================
Active Routes:
Network Destination        Netmask          Gateway       Interface  Metric
          0.0.0.0          0.0.0.0      59.64.156.1    59.64.158.190     20
      59.64.156.0    255.255.252.0    59.64.158.190    59.64.158.190     20
    59.64.158.190  255.255.255.255        127.0.0.1        127.0.0.1     20
   59.255.255.255  255.255.255.255    59.64.158.190    59.64.158.190     20
        127.0.0.0        255.0.0.0        127.0.0.1        127.0.0.1      1
        224.0.0.0        240.0.0.0    59.64.158.190    59.64.158.190     20
  255.255.255.255  255.255.255.255    59.64.158.190    59.64.158.190      1
  255.255.255.255  255.255.255.255    59.64.158.190                2      1
Default Gateway:       59.64.156.1
===========================================================================
Persistent Routes:
  None

C:\>
```

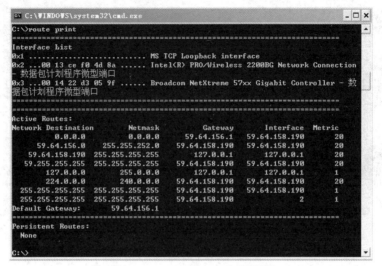

图 2-34　route print 命令的使用

3. route change

可以使用 route change 命令来修改数据的传输路由，但不能使用它来改变数据的目的地。下面的命令可以将数据的路由改到另一个路由器，它采用一条包含 3 个网段的路径。

```
route change 219.98.32.33 mask 255.255.255.224 202.97.123.250 metric 3
```

4. route delete

使用 route delete 命令可以从路由表中删除路由，示例如下。

```
route delete 219.98.32.33
```

2.4.9　nbtstat 命令

可以使用 nbtstat 命令来释放和刷新 NetBIOS 名称。nbtstat 用于提供关于 NetBIOS 的统计数据。运用 NetBIOS，可以查看本地计算机或远程计算机上的 netBIOS 名称表格。nbtstat 命令最常见的使用方法如下。

1. nbtstat -n

nbtstat -n 命令用于显示寄存在本地的名称和服务程序。图 2-35 所示为 nbtstat -n 命令的使用。

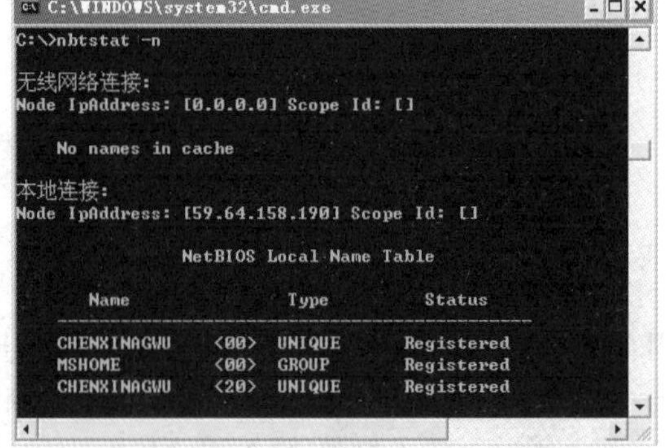

图 2-35　nbtstat -n 命令的使用

2. nbtstat -c

nbtstat -c 命令用于显示 NetBIOS 名称高速缓存中的内容。NetBIOS 名称高速缓存用于存放与本计算机最近进行通信的其他计算机的 NetBIOS 名称和 IP 地址对。图 2-36 所示为 nbtstat -c 命令的使用。

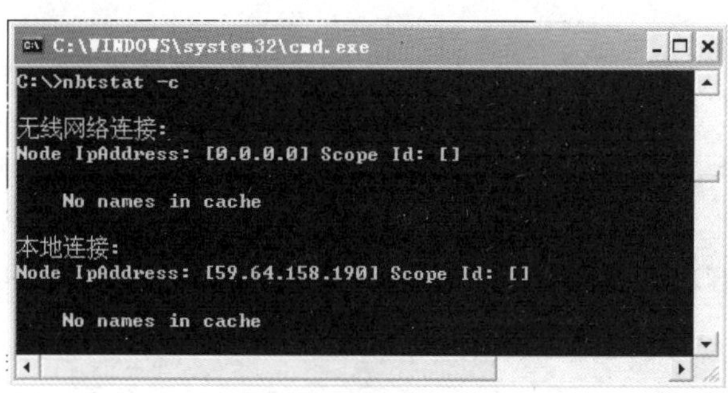

图 2-36　nbtstat -c 命令的使用

3. nbtstat -r

nbtstat -r 命令用于清除和重新加载 NetBIOS 名称高速缓存。图 2-37 所示为 nbtstat -r 命令的使用。

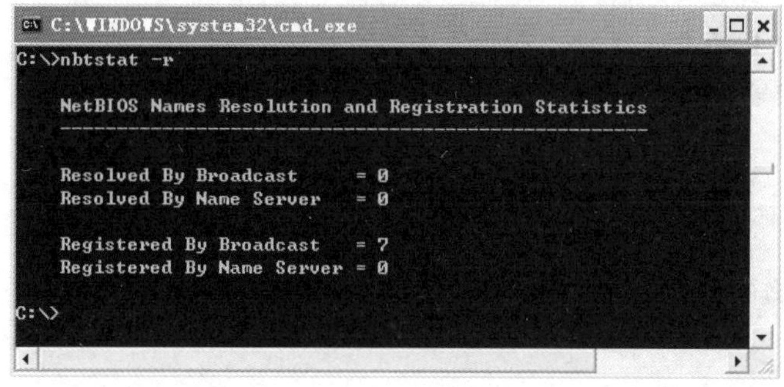

图 2-37　nbtstat -r 命令的使用

4. nbtstat -a IP

nbtstat -a IP 命令通过 IP 显示另一台计算机的物理地址和名称列表，所显示的内容就像对方计算机自己运行 nbtstat -n 命令一样。

2.5　习题

1. 什么是计算机网络的 OSI 参考模型？它的主要内容是什么？
2. 什么是计算机网络的 TCP/IP 参考模型？它的主要内容是什么？
3. 什么是 Web 服务？
4. 什么是电子邮件服务？
5. 说明 ping 命令的作用是什么，常用的使用方法有哪些。
6. 说明 tracert 命令的作用是什么，常用的使用方法有哪些。

第3章 网络扫描与监听

本章主要讲述黑客攻击过程中扫描与监听的相关知识。扫描与监听是黑客攻击一个目标之前必须要做的事情。

- **知识与能力目标**

1）了解黑客。

2）熟悉网络扫描。

3）掌握网络监听。

- **素养目标**

1）培养学生爱国之心。

2）培养学生自我约束的能力，不做违法的事情。

3）培养学生自我学习的能力。

3.1 黑客

本节先介绍黑客的概念，然后介绍与之相关的一些红客、蓝客与骇客的概念和区别。

3.1.1 黑客的概念

很多人经常说计算机被“黑”了，其实是计算机被黑客攻击了的意思。黑客是一个中文词语，源自英文 hacker。它泛指擅长 IT 技术的人群、计算机科学家，大部分的媒体习惯将“黑客”指作计算机入侵者。在信息安全领域，黑客指的是研究智取计算机安全系统的人员。利用公共网络，如互联网、电话网络系统等，在未经授权许可的情况下，进入对方系统的被称为黑帽黑客（英文：black hat，另称 cracker）；研究和分析计算机安全系统的称为白帽黑客（英语：white hat）。

很多人感受黑客的魅力是从 1995 年美国电影《Hackers》开始的。电影中达德是一名出色的天才黑客。股市曾经因为 11 岁的他的小小恶作剧而差点崩盘，达德因此被剥夺了使用网络的权利。后来成年的达德终于重新获得了这一权利，跃跃欲试的他摩拳擦掌，准备在网络上重新大展拳脚。凯特和乔伊都是同达德一样的黑客，他们因为趣味相投而走到了一起成为好友。此外，普拉格曾经是一名技术高超的超级黑客，后来成为一家大公司的系统安全专家。背地里普拉格和黑恶势力勾结，谋取公司账户里的巨额财产。此外，他还发明了一种能令全球网络陷入瘫痪的可怕病毒。一次偶然中，达德一行人发现了普拉格的罪恶和阴谋，他们决定利用自己的力量，阻止普拉格……。感兴趣的读者可以在网上观看这部电影，以加深对计算机黑客的了解。

3.1.2　红客、蓝客与骇客

黑客早期在美国的计算机界是带有褒义的。他们都是水平高超的计算机专家，尤其是程序设计人员，算是一个统称。下面介绍下红客、蓝客与骇客，很多人容易把他们搞混。

1）红客：维护自己国家利益的计算机高手，他们热爱自己的祖国、民族，极力维护国家安全与尊严。

2）蓝客：信仰自由、提倡爱国主义的黑客，他们用自己的力量来维护网络的和平。

3）骇客：很多人经常把黑客跟骇客搞混，实际上区别很大，骇客是“Cracker”的音译，就是“破解者”的意思。骇客从事恶意破解商业软件、恶意入侵别人的网站等事务。其实黑客与骇客本质上是相同的，都是闯入计算机系统/软件者。黑客和骇客并没有一个十分明显的界限，且随着两者含义越来越模糊，其含义已经显得不那么重要了。

3.1.3　典型的黑客事件

凯文·米特尼克（Kevin David Mitnick，1964 年于美国洛杉矶出生），如图 3-1 所示，很多人称他为世界上“头号计算机黑客”。这位“知名人物”传奇的黑客经历足以令全世界为之震惊。1983 年，凯文·米特尼克因被发现使用一台大学里的计算机擅自进入今日互联网的前身 ARPA 网，并通过该网进入了美国五角大楼的计算机，而被判在加州的青年管教所管教了 6 个月。1988 年，凯文·米特尼克被执法当局逮捕，原因是他从公司网络上盗取了价值 100 万美元的软件，并造成了 400 万美元的损失。

图 3-1　凯文·米特尼克

1993 年，自称为“骗局大师”的组织将目标锁定为美国电话系统，这个组织成功入侵美国国家安全局和美利坚银行，他们建立了一个能绕过长途电话呼叫系统而侵入专线的系统。

1995 年，来自俄罗斯的黑客弗拉季米尔·列宁在互联网上上演了精彩的偷天换日，他是历史上第一个通过入侵银行计算机系统来获利的黑客，1995 年，他侵入美国花旗银行并盗走 1000 万美元。

1999 年，梅丽莎病毒（Melissa）使世界上 300 多家公司的计算机系统崩溃，该病毒造成的损失接近 4 亿美金，它是首个具有全球破坏力的病毒，该病毒的编写者戴维·史密斯在编写此病毒的时候年仅 30 岁。戴维·史密斯被判处 5 年徒刑。

2008 年，一个全球性的黑客组织利用 ATM 欺诈程序在一夜之间从世界 49 个城市的银行中盗走了 900 万美元。他们攻破了银行系统，用各种奇技取得了数据库内的银行卡信息，并在 2008 年 11 月 8 日午夜，利用团伙作案从世界 49 个城市总计超过 130 台 ATM 上提取了 900 万美元。最关键的是此案现在还没破案，甚至据说连一个嫌疑人都没有找到。

2009 年 7 月 7 日，韩国遭受有史以来最猛烈的一次攻击。韩国总统府、国会、国情院和国防部等国家机关，以及金融界、媒体和防火墙企业网站都受到了攻击。2009 年 7 月 9 日，韩国国家情报院和国民银行网站无法被访问，韩国国会、国防部、外交通商部等机构的网站一度无法打开。这是韩国遭遇的有史以来最强的一次黑客攻击。

2013年3月11日，国家互联网应急中心（CNCERT）的数据显示，2013年1月1日至2月28日不足60天的时间里，境外6747台木马或僵尸网络控制服务器控制了中国境内190万余台主机；其中位于美国的2194台控制服务器控制了中国境内128.7万台主机。截止到2023年1月，我国网民总数已经突破10亿，境外的木马或僵尸网络数量更是大幅增加。

目前，网上的攻击事件层出不穷。据不完全统计，全球有几十万个网站在介绍黑客知识。这不得不引起高度重视。

3.1.4　相关法律法规

多数黑客入侵别人的系统都是想获取系统里的账号、口令、密码等信息。2011年8月29日，最高人民法院和最高人民检察院联合发布《关于办理危害计算机信息系统安全刑事案件应用法律若干问题的解释》。该司法解释规定，黑客非法获取支付结算、证券交易、期货交易等网络金融服务的账号、口令、密码等信息10组以上，处3年以下有期徒刑等刑罚；获取上述信息50组以上，处3年以上7年以下有期徒刑。

3.2　网络扫描

网络扫描是确认网络上运行的主机工作的一个工具或系统。它的目的是对主机进行攻击，或是发现漏洞以进行网络安全评估。

网络扫描程序，如ping扫描和端口扫描，返回关于哪个IP地址映射有主机连接到互联网上并是工作的，这些主机提供什么样的服务等信息。另一种扫描方法是反向映射，返回关于哪个IP地址上没有映射出活动的主机的信息，这使攻击者能假设出可行的地址。

扫描是攻击者情报搜集的步骤之一。攻击者开始创建一个大概的目标，包含一些信息，如它的域名系统（DNS）、电子邮件服务器、IP地址范围。这些信息中大部分可以在线得到。在扫描时，攻击者找到了关于特定IP地址的信息，该IP地址可以通过互联网进行评估，如其操作系统、系统结构和每台计算机上的服务等情况。在列举阶段，攻击者搜集关于网络用户、工作组名称、路由表和简单网络管理协议等资料。

扫描的主要工作原理是通过向目标机器发送数据报文信息，然后根据目标机器的响应情况获得想要的信息。根据网络扫描目的的不同，扫描可以分为三种类型，即IP地址扫描、端口扫描和漏洞扫描。

3.2.1　地址与端口扫描

要想了解地址与端口扫描问题，就首先要了解TCP/IP协议族相关原理，它是地址与端口扫描的基础。图3-2所示为IP数据报文格式，图3-3所示为TCP数据报文格式。

IP地址和端口被称作套接字，它代表TCP连接的一个连接端。为了获得TCP服务，必须在发送机的一个端口和接收机的一个端口之间建立连接。TCP连接用两个连接端进行区别，也就是连接端1、连接端2，或叫作发送端和接收端，也叫作客户端和服务器端。连接两端可以互相发送数据包。

一个TCP数据包包括一个TCP头，后面是选项和数据。一个TCP头包含6个标志位。

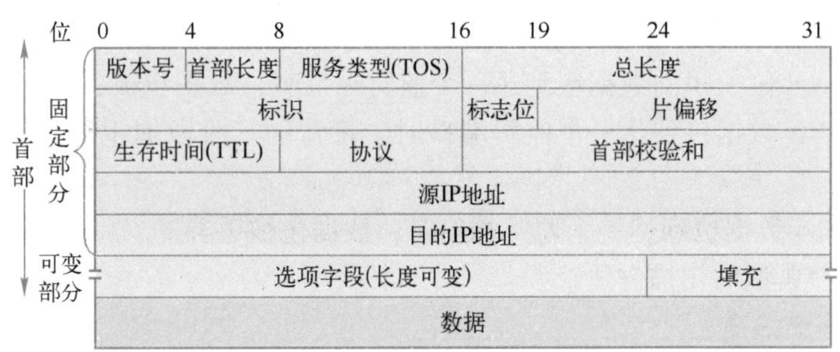

图 3-2　IP 数据报文格式

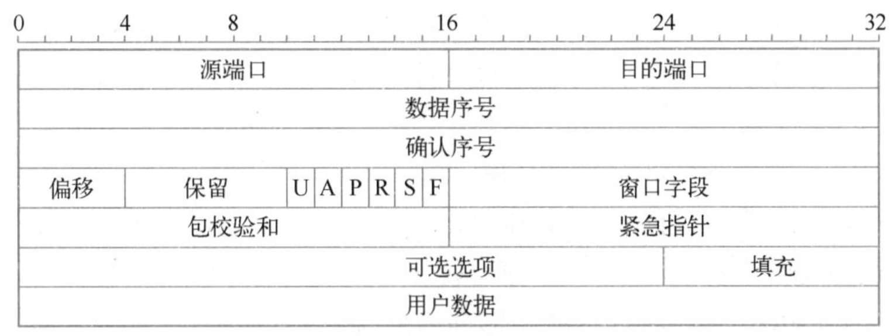

图 3-3　TCP 数据报文格式

它们的意义分别如下。

1）URG：为紧急数据标志。如果它为 1，表示本数据包中包含紧急数据。此时紧急数据指针有效。

2）ACK：为确认标志位。如果为 1，表示包中的确认号是有效的；否则，包中的确认号无效。

3）PSH：如果置位，接收端应尽快把数据传送给应用层。

4）RST：用来复位一个连接。RST 标志置位的数据包称为复位包。一般情况下，如果 TCP 收到的一个分段明显不属于该主机上的任何一个连接，则向远端发送一个复位包。

5）SYN：标志位用来建立连接，让连接双方同步序列号。如果 SYN=1 而 ACK=0，则表示该数据包为连接请求；如果 SYN=1 而 ACK=1 则表示接受连接。

6）FIN：表示发送端已经没有数据要求传输了，希望释放连接。

TCP 连接的建立过程如图 3-4 所示，很多地方也叫作“三次握手协议”。地址和端口扫描很多都是基于这种 TCP 连接建立过程中的“三次握手协议”进行的。

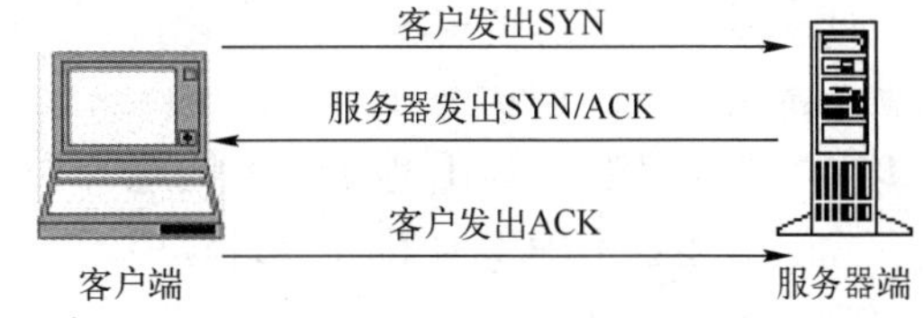

图 3-4　TCP 连接建立的过程

大部分 TCP/IP 连接实现遵循以下原则。

1）当一个 SYN 或者 FIN 数据包到达一个关闭的端口时，TCP 丢弃数据包同时发送一个 RST 数据包。

2）当一个 RST 数据包到达一个监听端口时，RST 被丢弃。

3）当一个 RST 数据包到达一个关闭的端口时，RST 被丢弃。

4）当一个包含 ACK 的数据包到达一个监听端口时，数据包被丢弃，同时发送一个 RST

数据包。

5）当一个 SYN 位关闭的数据包到达一个监听端口时，数据包被丢弃。

6）当一个 SYN 数据包到达一个监听端口时，正常的三阶段握手继续，回答一个 SYN/ACK 数据包。

7）当一个 FIN 数据包到达一个监听端口时，数据包被丢弃。

下面介绍几种典型的扫描方法。

1. 全 TCP 连接扫描

全 TCP 连接扫描是 TCP 端口扫描的基础。扫描主机尝试（前面讲过的使用“三次握手协议”）与目的机指定端口建立正常的连接。连接由系统调用 connect( ) 开始。对于每一个正在监听的端口，connect( ) 会获得成功，否则返回-1，表示端口不可访问。由于通常情况下，这不需要什么特权，所以几乎所有的用户都可以通过 connect( ) 来实现这种扫描方法。这种扫描方法很容易检测出来（在日志文件中会有大量密集的连接和错误记录）。

2. 半 TCP 连接扫描或叫 TCP SYN 扫描

在这种方法中，扫描主机向目标主机的相关端口发送 SYN 数据段。如果应答是 RST，那么说明端口是关闭的，按照设定就继续扫描其他端口；如果应答中包含 SYN 和 ACK，说明目标端口处于监听状态。所有的扫描主机都需要知道这个信息，传送一个 RST 给目标机从而停止建立连接。由于在 SYN 扫描时，全连接尚未建立，所以这种技术通常被称为半连接扫描。

SYN 扫描的优点在于即使日志中对扫描有所记录，但是尝试进行连接的记录也要比全扫描少得多。缺点是在大部分操作系统下，发送主机需要构造适用于这种扫描的 IP 包，通常情况下，构造 SYN 数据包需要超级用户或者授权用户访问专门的系统调用。

3. 秘密扫描技术

由于这种技术不包含标准的 TCP 三次握手协议的任何部分，所以无法被记录下来，从而比 SYN 扫描隐蔽得多。秘密扫描技术使用 FIN 数据包来探听端口。当一个 FIN 数据包到达一个关闭的端口时，数据包会被丢掉，并且会返回一个 RST 数据包；否则，当一个 FIN 数据包到达一个打开的端口时，数据包只是被简单地丢掉（不返回 RST）。

秘密扫描通常适用于 UNIX 目标主机。在 Windows 环境下，该方法无效，因为无论目标端口是否打开，操作系统都发送 RST。

4. ping 扫描

如果需要扫描一个主机上甚至整个子网上的成千上万个端口，首先判断一个主机是否开机就非常重要了。这就是 IP 地址扫描器的目的，通常采用 ping 来实现。ping 扫描主要是发送 ICMP 请求包给目标 IP 地址，有响应的表示主机开机。

除了上述基于 TCP 连接建立过程中的“三次握手协议”进行的地址和端口扫描，还有基于 TCP 连接结束时“四次握手协议”进行的扫描，这里由于篇幅所限不再叙述，感兴趣的读者可以查看相关资料。

3.2.2　漏洞扫描

漏洞是指计算机系统软硬件（包括操作系统和应用程序）的固有缺陷或者配置错误，这些缺陷和错误很容易被黑客所利用来对计算机系统进行攻击。

这里注意，漏洞的英文词语是 Vulnerability，而不是 Hole，很多读者容易拼写错误。漏洞是硬件、软件或策略上的缺陷，从而使攻击者能够在未经授权的情况下访问、控制系统。漏洞是软件在开发的过程中没有考虑到的某些缺陷，也叫软件的 bug。关于漏洞，要知道以下几个方面的事情。

- 漏洞一般指软件的（安全）漏洞。
- 漏洞存在于通用的软件中。
- 漏洞是事先未知、事后发现的。
- 漏洞是安全隐患，如果被利用，其后果不可预知。
- 漏洞一般能够被远程利用。
- 漏洞一般是可以修补的。

漏洞产生的原因一般有两个方面。

1）设计上的缺陷。受编程人员的能力、经验和当时安全技术所限，在程序中难免会有不足之处，轻则影响程序效率，重则导致非授权用户的权限提升。

2）利益上的考虑。在程序编写过程中，为实现不可告人的目的，在程序代码的隐藏处保留后门。还有的是为了在软件系统完成后，方便进行测试而故意留的后门。

下面以缓冲区溢出漏洞为典型例子，介绍漏洞出现的原理及漏洞利用的方法。缓冲区溢出会引起许多严重的安全性问题。当前网络中的安全问题至少有 50%源自缓冲区溢出的攻击。前面讲的冲击波病毒就是利用操作系统里的缓冲区溢出，从而攻击了计算机。

缓冲区溢出漏洞之所以这么多，主要在于它的产生非常简单。只要 C/C++程序员稍微不注意，他的代码里面可能就出现了一个缓冲区溢出漏洞，甚至即使经过仔细检查的代码，也可能存在缓冲区溢出漏洞。例如下面的 C 语言代码：

```
#include<stdio. h>
void main( )
{
charbuf[ 8 ] ;
gets( buf) ;
}
```

上面的程序运行的时候，如果输入“Hi”或者“Dog”，那么一切正常，但是如果输入“Tomorrow is a good day”，那么程序就发生溢出了。因为这里的 buf 这个数组只申请到 8 个字节的内存空间，而输入的字符数却超过了这个数目，于是多余的字符将会占用程序中不属于自己的内存。因为 C/C++语言并不检查边界，所以程序将看似继续正常运行。如果被溢出部分占用的内存并不重要，或者是一块没有使用的内存，那么，程序将会继续看似正常运行到结束。但是，如果溢出部分占用的正好是存放了程序重要数据的内存，那么一切将会不堪设想。例如，有黑客利用缓冲区溢出攻击，将自己在被攻击者计算机里的权限从 Guest 权限提升到了 Administrator 权限，从而进行更严重的破坏。

实际上，缓冲区溢出通常有两种：堆溢出和堆栈溢出。尽管两者实质一样，但由于利用的方式不同，产生的结果也不同。这里由于篇幅所限不详细描述。

漏洞扫描，顾名思义是指基于数据库中的已有漏洞，采用扫描等手段对指定的远程或者本地计算机系统的安全脆弱性进行检测，发现其中能够被利用的漏洞的一种安全检测（渗透攻击）行为。

漏洞扫描主要是对计算机信息系统进行检查，发现其中可被黑客利用的漏洞。漏洞扫描的结果实际上就是系统安全性能的一个评估，它指出了哪些攻击是可能的，因此成为安全方案的一个重要组成部分。

漏洞扫描的原理是采用模拟攻击的形式对目标可能存在的已知安全漏洞进行逐项检查。漏洞扫描的目标是计算机工作站、服务器、交换机、数据库应用等各种对象。漏洞扫描的结果是向系统管理员提供周密可靠的安全性分析报告，为提高网络安全整体水平产生重要依据。

漏洞扫描主要分为基于主机的漏洞扫描和基于网络的漏洞扫描。它们的实现原理基本一致，但体系结构差距较大。

1. 基于主机的漏洞扫描

主机扫描器又称为本地扫描器，它与待检查系统运行于同一节点，执行对自身的检查。它的主要功能为分析各种系统文件内容，查找可能存在的对系统安全造成威胁的配置错误。

2. 基于网络的漏洞扫描

网络扫描器又称为远程扫描器。它和待检查系统运行于不同节点，通过网络远程探测目标节点，检查安全漏洞。远程扫描器可以检查网络和分布式系统的安全漏洞。与主机扫描器的扫描方法不同，网络扫描器通过执行一整套综合的渗透测试程序集（也称为扫描方法集），发送精心构造的数据包来检测目标系统是否存在安全隐患。

漏洞扫描系统的主要组成如图3-5所示，主要包括漏洞数据库、用户配置控制台、扫描引擎、结果存储器和报告生成工具。

一般来说，基于网络的漏洞扫描工具可以看作是一种漏洞信息收集工具，其根据不同漏洞的特性，构造网络数据包，发给网络中的一个或多个目标机，以判断某个特定的漏洞是否存在（实际上是进行一次没有危害的攻击）。

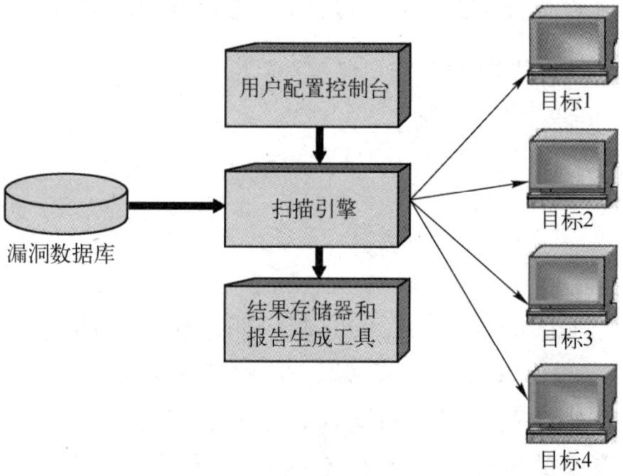

消除漏洞的主要方法是为有漏洞的系统及时安装补丁，或者直接更新系统。这和人们穿衣服类似，衣服不小心破了一个口子。一个解决办法是缝补一个衣服的补丁，另一个办法是将原来的破衣服直接扔掉，买一件新衣服穿上。

图3-5　漏洞扫描系统的主要组成

3.2.3　典型的扫描工具介绍

1. Pinger 网络 IP 地址扫描工具

图3-6所示为Pinger网络IP地址扫描工具。它可以快速扫描一段网络IP地址，查看哪些主机处于工作状态。

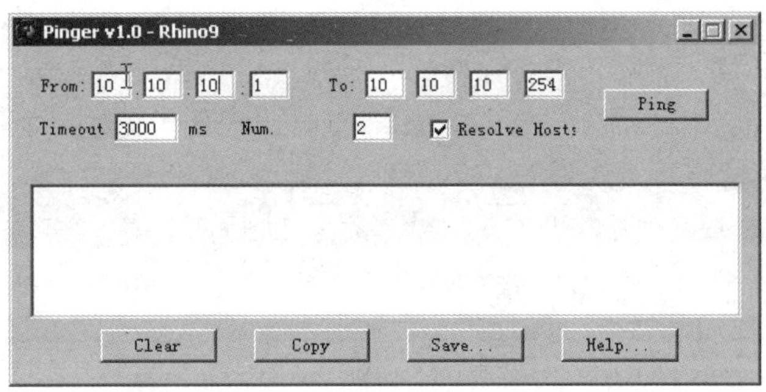

图 3-6　Pinger 网络 IP 地址扫描工具

2. 端口扫描工具

网上专业的端口扫描工具有很多，这里介绍比较典型的三个。图 3-7 所示为 NetScanTools 扫描工具，图 3-8 所示为 WinScan 扫描工具，图 3-9 所示为 SuperScan 扫描工具。这三个端口扫描工具各有优缺点，感兴趣的读者可以下载使用。

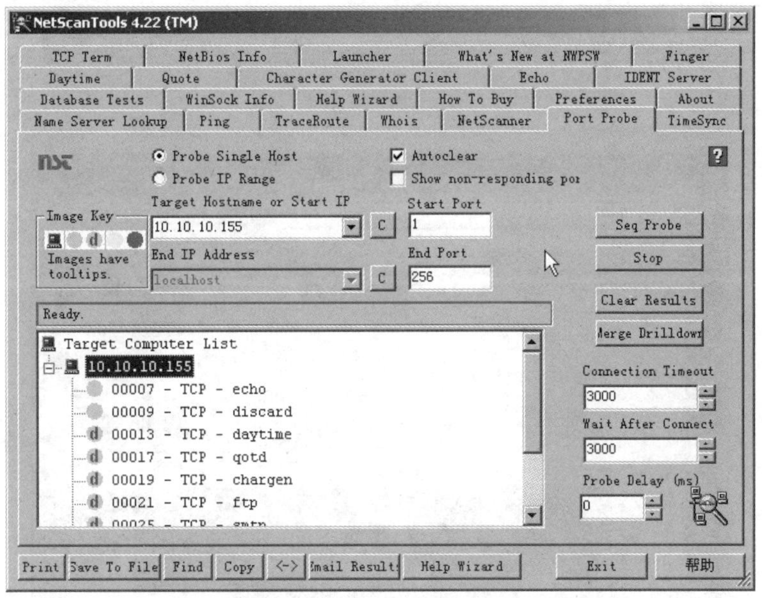

图 3-7　NetScanTools 扫描工具

3. 漏洞扫描工具

漏洞扫描工具有很多种。由于篇幅所限，这里简单介绍两个典型的漏洞扫描工具。一个是中国第一代著名黑客小榕的作品流光扫描软件；另一个是来自俄罗斯的安全扫描工具 Shadow Security Scanner。

流光是一款非常优秀的国产综合扫描工具，不仅具有完善的扫描功能，而且自带了很多猜解器和入侵工具，可方便地利用扫描的漏洞进行入侵。启动流光工具后可以看到它的主界面。流光 5.0 扫描器的主界面如图 3-10 所示。

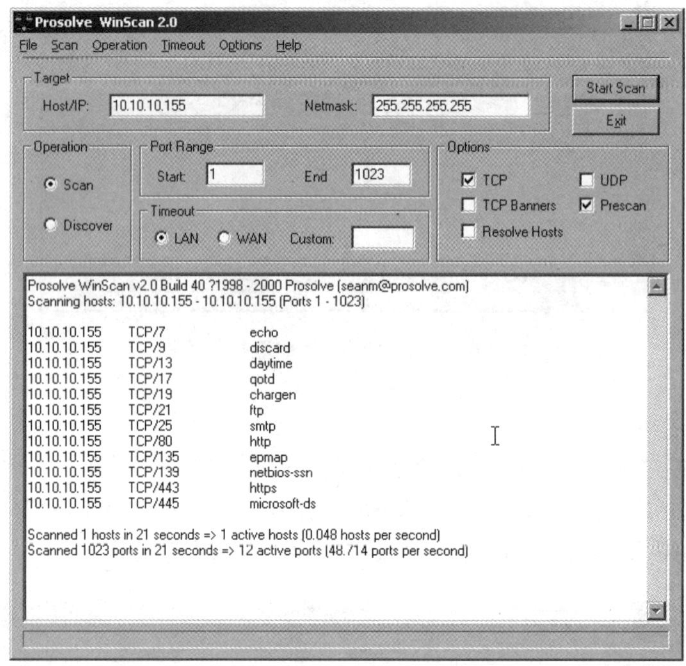

图 3-8　WinScan 扫描工具

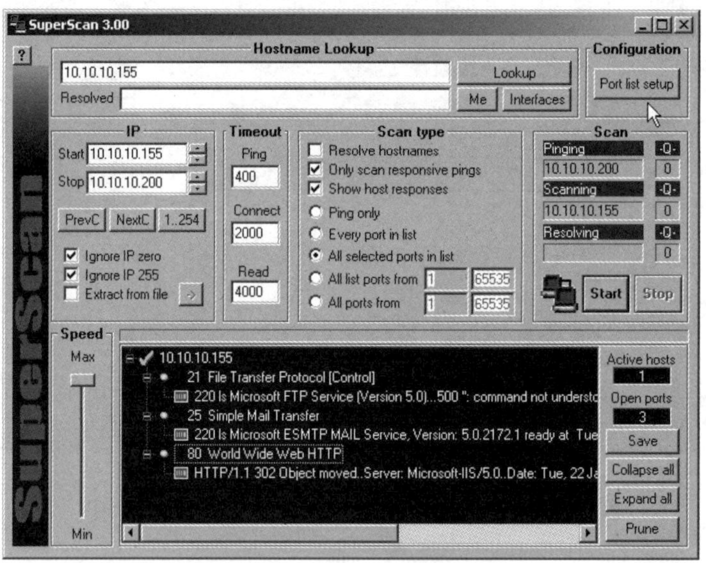

图 3-9　SuperScan 扫描工具

流光不仅能够支持 10 个字典同时检测，检测设置可作为项目保存，非常方便用户的使用。同时软件具有分析目标主机信息的能力，支持探测 POP3、FTP、HTTP、PROXY、FROM 等各种漏洞，检测 POP3/FTP 主机中用户密码安全漏洞。

Shadow Security Scanner 扫描器简称为 SSS 扫描器，它是非常专业的综合安全漏洞扫描软件，能扫描服务器的各种漏洞，包括很多漏洞扫描、账号扫描、DOS 扫描等。安装好 SSS 后，打开 SSS，它会进行自动更新，然后启动主界面，如图 3-11 所示。

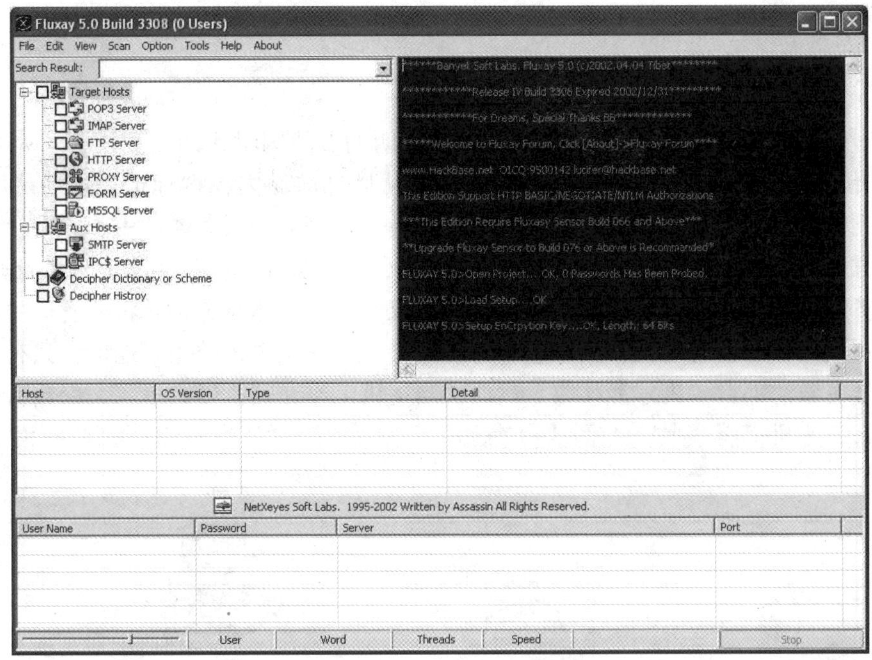

图 3-10　流光 5.0 扫描器的主界面

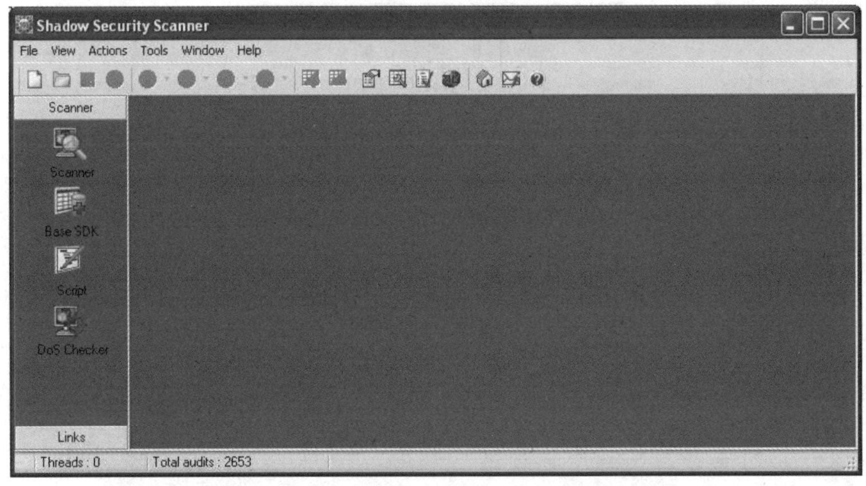

图 3-11　Shadow Security Scanner 扫描器的主界面

关于这两个综合漏洞扫描工具的详细使用方法，读者可以自己查找资料，本书只是概述，让大家知道有这两个比较典型的扫描工具。

3.3　网络监听

网络监听是一种监视网络所处状态、数据流向以及网络上信息传输的管理工具。它可以将网络界面设定为监听模式，并且可以截获网络所传输的信息。也就是说，当有人登录网络主机并取得超级用户权限后，若想要登录其他主机，使用网络监听工具便可以有效地截获网络上的数据，这是黑客使用最好的方法。

3.3.1　网络监听的原理

世界上最早的窃听器是中国在2000多年前发明的。战国时代的《墨子》一书中就记载了一种“听瓮”工具，主要用来听取是否有敌人从城外向城内挖掘地道。这种“听瓮”工具是用陶制成的，大肚小口，把它埋在地下，并在瓮口蒙上一层薄薄的皮革，人伏在上面就可以听到方圆数十里的动静，如是否有人在挖掘地道。“听瓮”是用声学原理进行监听的。

在计算机网络中，对于目前使用的以太网协议，它的工作方式是：将要发送的数据包发往连接在一起工作的所有主机，其中包含着应该接收数据包主机的正确地址，只有与数据包中目标地址一致的那台主机才能接收。然而，当主机工作在监听模式下，无论数据包中目标地址是什么，主机都将接收。如图3-12所示，审计系统可以通过交换机监听网上所有的流量。

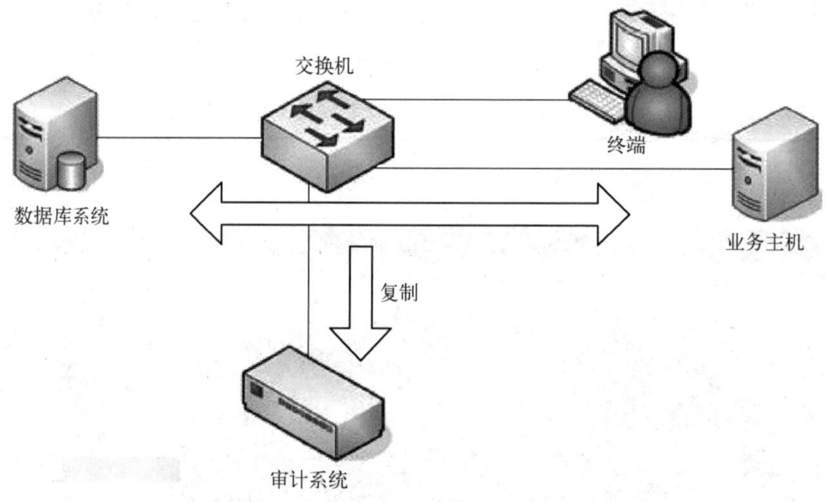

图3-12　网络监听原理

3.3.2　典型的网络监听工具

网上的网络监听工具有很多种，目前比较流行的有两个，一个是Sniffer，另一个是Wireshark。

1. Sniffer 网络监听工具

Sniffer软件是NAI公司推出的功能强大的协议分析软件，它可以用来截获网络中传输的FTP、HTTP、Telnet等各种数据包，并进行分析。Sniffer软件主界面如图3-13所示，感兴趣的读者可以在网上下载使用。

2. Wireshark 网络监听工具

Wireshark在2006年6月之前叫作Ethereal，因为商标的问题，Ethereal在这一年更名为Wireshark。它是世界上最流行的网络监听工具之一。这个强大的工具可以捕捉网络中的数据，并为用户提供关于网络和上层协议的各种信息。这个软件可以在官网（地址为https://www.wireshark.org/）上下载。Wireshark的作用主要如下。

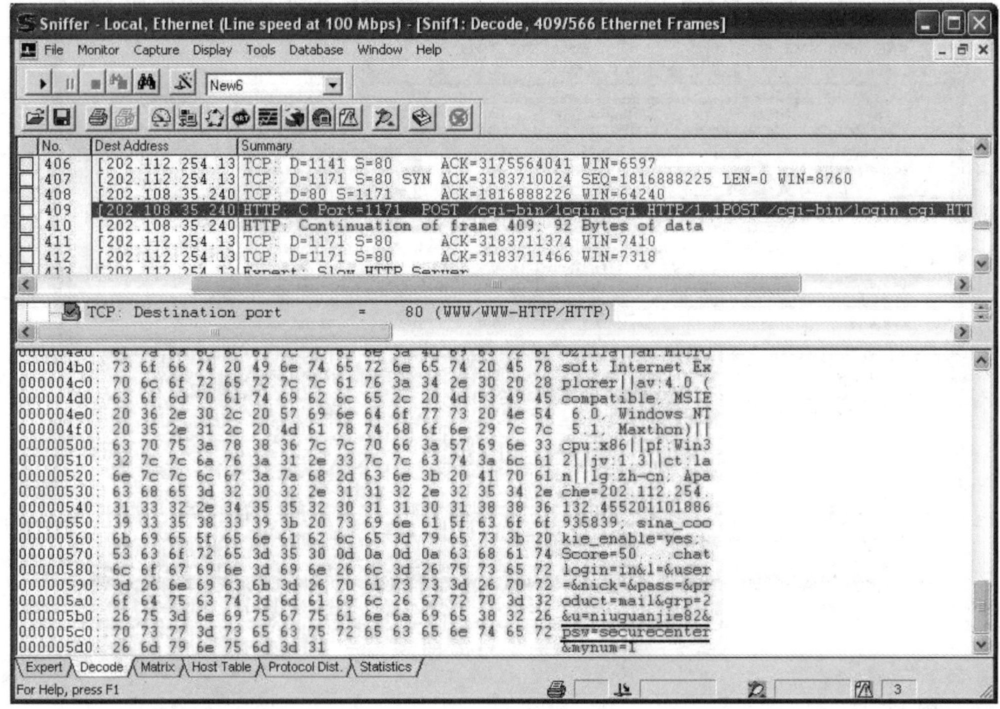

图 3-13　Sniffer 软件主界面

- 网络管理员用来解决网络问题。
- 网络安全工程师用来检测安全隐患。
- 开发人员用来测试协议执行情况。
- 用来学习网络协议。

相比于其他的流量捕获工具，Wireshark 有如下优点。

- 支持 UNIX 和 Windows 平台。
- 在接口实时捕获包。
- 能显示包的详细协议信息。
- 可以打开/保存捕捉的包。
- 可以导入、导出其他捕捉程序支持的包数据格式。
- 可以通过多种方式过滤包。
- 可以通过多种方式查找包。
- 通过过滤以多种色彩显示包。
- 创建多种统计分析。

需要注意的是，Wireshark 不是入侵检测软件，本身不具备异常流量检测的功能；同时，Wireshark 也不能对数据包内容进行修改，不能发送数据包。Wireshark 主界面如图 3-14 所示。

以上介绍的两种网络监听工具各有优缺点，感兴趣的读者可以都试试。

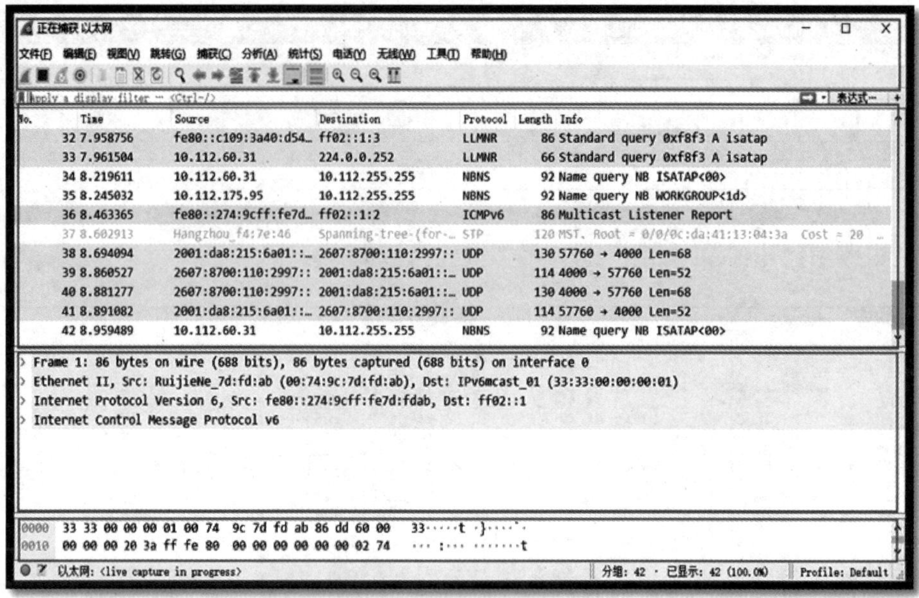

图 3-14　Wireshark 主界面

3.3.3　网络监听的防护

用于防护网络监听的方法主要是利用防火墙、网络加密以及专业的防监听工具等。

1. 使用防火墙进行防护

防火墙型安全保障技术是基于被保护网络具有明确定义的边界和服务，并且网络安全的威胁仅来自外部的网络。通过监测、限制以及更改跨越“防火墙”的数据流，尽可能地对外部网络屏蔽有关被保护网络的信息、结构，实现对网络的安全保护，因此比较适合于相对独立、与外部网络互联途径有限并且网络服务种类相对单一、集中的网络系统。

对于个人用户，安装一套好的个人防火墙是非常实际而且有效的方法。现在有很多个人防火墙，这些防火墙往往具有智能防御核心，攻击并进行自动防御，保护内部网络的安全。

2. 对网络上传输的信息进行加密，可以有效地防止网络监听等攻击

目前有许多软件包可用于加密连接（如使用 SSL 加密等），使入侵者即使捕获到数据，也无法将数据解密而失去窃听的意义。

其他的防护网络监听方法还有使用专业的防监听工具，如 SATAN 等。

3.4　习题

1. 什么是黑客？
2. 黑客为什么要进行扫描？
3. IP 扫描的原理是什么？
4. 网络监听的原理是什么？

第 4 章 黑客攻击技术

本章介绍黑客攻击的一般流程与技术。这些知识是信息安全防护技术的基础，因为只有知道了别人是怎样攻击自己的，才能更好地、有针对性地进行防护。本章介绍的攻击方法与技术包括常见的密码破解攻击、缓冲区溢出攻击、欺骗攻击、DoS/DDoS 攻击、SQL 注入攻击、网络蠕虫、社会工程攻击、个人隐私泄露引起的攻击、智能手机遭受攻击和网络刷票等。

- **知识与能力目标**

1）了解攻击的一般流程。

2）了解攻击的方法与技术。

- **素养目标**

1）培养学生的爱国精神。

2）培养学生的自我约束力。

3）教育大学生如何做人，树立崇高理想，培养高尚情操。

4.1 攻击的一般流程

黑客攻击一般有六个步骤，即踩点→扫描→入侵→获取权限→提升权限→清除日志。

1. 踩点

踩点主要是获取对方的 IP 地址、域名服务器信息、管理员的个人信息以及公司的信息。IP 域名服务器信息可以通过工具扫描获取。比如通过这两个网站可以查询到一个服务器上有哪些网站，即这个服务器上绑定了哪些域名（网址为 http://whois.webhosting.info/、http://www.seologs.com/ip-domains.html）。也可以通过 ping 的方式获取一些信息。比如执行 ping 命令后返回的 TTF 值，一般情况下，Windows 系统为 100~130，而 UNIX 或 Linux 系统为 240~255 或 64 左右，根据这些值就能大概了解服务器的操作系统（有时候不准确）。

另外也可以通过在浏览器中将网址的目录名或者文件名进行大小写切换，看浏览器是否仍能够找到文件。一般情况下，Windows 系统是不分大小写的，所以即使将大写改成小写，网页仍能正常访问；若不能访问，则可能是 UNIX 或 Linux 系统。还可以故意输入一个不存在的文件或者目录，看服务器返回什么样的错误信息，这样也能知道服务器是英文版的还是中文版的，以及对方 Web 服务器的信息。管理员的个人信息和公司的信息则通过搜索引擎来搜索。

例如，可以在 DOS 环境下输入命令 c:\>telnet www.*.*.cn 80，如图 4-1 所示。这时出现如图 4-2 所示的屏幕。

从这个错误命令的返回信息，可以知道如下信息：

1）对方 Web 服务用的是 Apache 2.0.52 版本。

2）对方使用 PHP/4.3.10 来制作网页。

3）对方的 IP 是 211.＊.＊.4。

这就为进一步的攻击创造了条件。

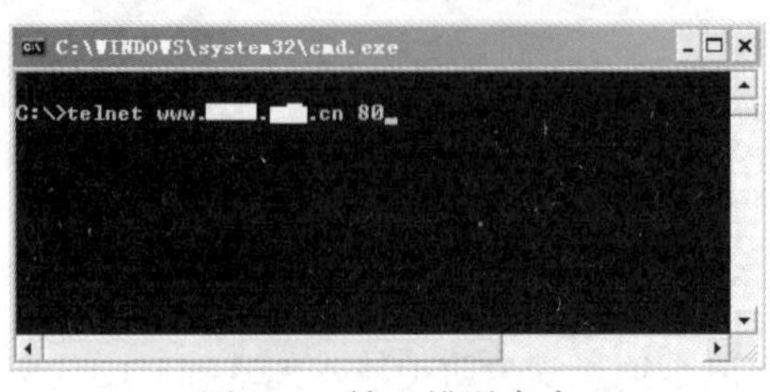

图 4-1　输入错误命令

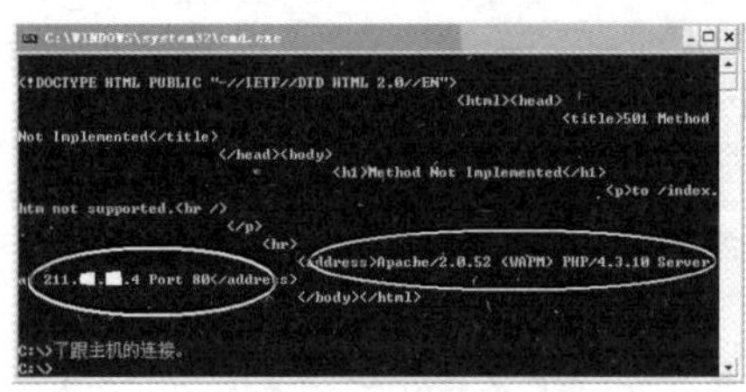

图 4-2　输入错误命令的结果

2. 扫描

针对某个网站的后台地址，则可以用注入工具扫描。另外，这只是对网址进行扫描，还可以用工具对一些常见的漏洞和端口进行扫描。关于扫描的方法，第3章已经介绍过了，这里不再赘述。

3. 入侵

这个阶段主要是看通过什么样的渠道进行入侵。根据前面搜集到的信息，是采用 Web 网址入侵，还是服务器漏洞入侵，或是通过社会工程学原理进行欺骗攻击，这需要根据具体的情况来定。

4. 获取权限

入侵的一部分目的是获取权限。通过 Web 入侵能利用系统的漏洞来获取管理员后台密码，然后登录后台。这样就可以上传一个网页木马，如 ASP 木马、php 木马等。根据服务器的设置不同，得到木马的权限也不一样，所以还要提升权限。

5. 提升权限

提升权限，就是将普通用户的权限提升为更高一点的权限，比如管理员权限，这样才有权限去做其他的事情。提升权限可以采用系统服务的方法、社会工程学的方法，但一般都采用第三方软件的方法。

6. 清除日志

在入侵之后，当然不想留下蛛丝马迹。日志主要有系统日志、IIS 日志和第三方软件的日志，比如系统装了入侵检测系统，就会有这个日志。要删除记录，一般是采用攻击删除。当然对于一些特殊记录，则需要手工删除，否则使用工具统统删除了，管理员也会怀疑的。

网络攻击典型手段

4.2　攻击的方法与技术

网上的攻击方式有很多种，这里介绍10种常用的攻击方法与技术，包括密码破解攻击、缓冲区溢出攻击、欺骗攻击、DoS/DDoS 攻击、SQL 注入攻击、网络蠕虫、社会工程学攻击、个人隐私泄露引起的攻击、智能手机遭受攻击和网络刷票。

4.2.1　密码破解攻击

密码破解不一定涉及复杂的工具。它可能与找一张写有密码的贴纸一样简单，而这张纸就贴在显示器上或者藏在键盘底下。另一种蛮力技术称为“垃圾搜寻（Dumpster Diving）”，它基本上就是一个攻击者把垃圾文件搜寻一遍以找出可能含有密码的废弃文档。

当然，攻击者可以使用一些更高级的复杂技术。以下是一些在密码破解中常见的技术。

1. 字典攻击（Dictionary Attack）

到目前为止，一个简单的字典攻击是闯入计算机的最快方法。字典文件（一个充满字典文字的文本文件）被装入破解应用程序（如 L0phtCrack），它是根据由应用程序定位的用户账户运行的。因为大多数密码是简单的，所以运行字典攻击通常足以实现目的了。

2. 混合攻击（Hybrid Attack）

另一个众所周知的攻击形式是混合攻击。混合攻击将数字和符号添加到文件名以成功破解密码。许多人只通过在当前密码后加一个数字来更改密码。其模式通常采用这一形式：第一个月的密码是“cat”；第二个月的密码是“cat1”；第三个月的密码是“cat2”，以此类推。

3. 暴力攻击（Brute Force Attack）

暴力攻击是最全面的攻击形式，虽然它通常需要很长的时间工作，这取决于密码的复杂程度。根据密码的复杂程度，某些暴力攻击可能花费一个星期的时间。在暴力攻击中还可以使用 LC5 等工具。

4. 专业工具

最常用的专业工具如下。

1）系统账户破解工具 LC5，其主界面如图 4-3 所示。

2）Word 文件密码破解工具 Word Password Recovery Master，其主界面如图 4-4 所示。

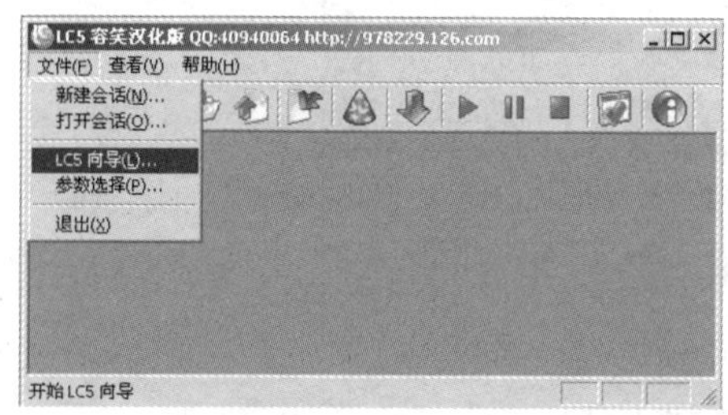

图 4-3　系统账户破解工具 LC5 的主界面

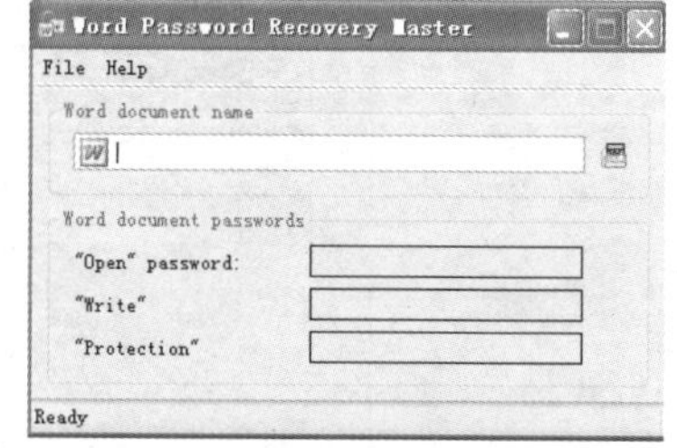

图 4-4　Word 文件密码破解工具的主界面

3）黑雨邮箱口令破解工具，其主界面如图 4-5 所示。

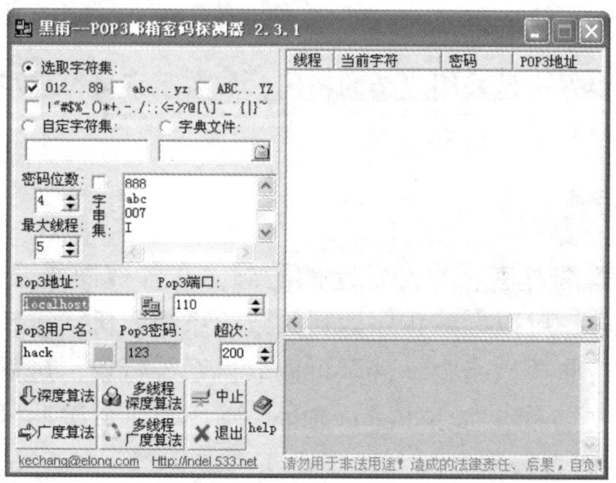

图 4-5　黑雨邮箱口令破解工具的主界面

4）RAR 压缩文件破解工具 Intelore RAR Password Recovery，其主界面如图 4-6 所示。

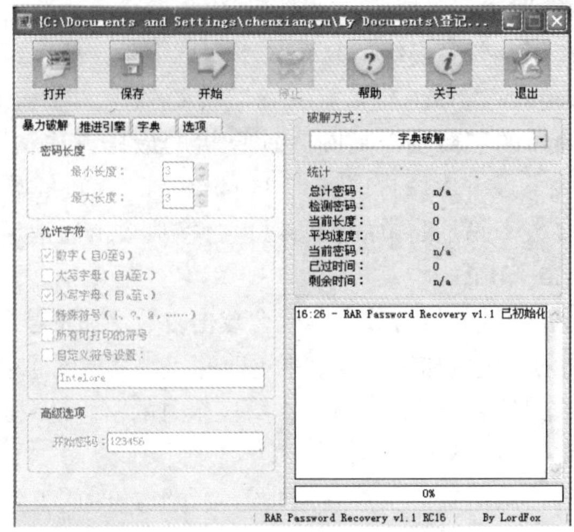

图 4-6　RAR 压缩文件破解工具的主界面

5）Power Point 文件破解工具 PowerPoint Password Recovery，其主界面如图 4-7 所示。

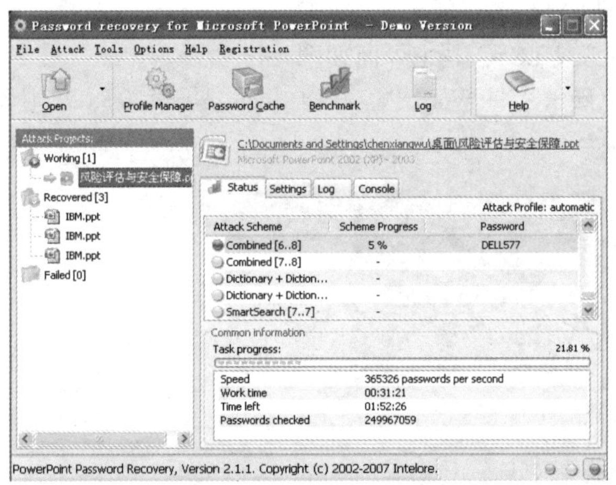

图 4-7　Power Point 文件破解工具的主界面

对付密码破解的主要方法是采用复杂的密码，如数字字母符号组合型密码、密码长度大于 8 位等。

4.2.2　缓冲区溢出攻击

缓冲区溢出是一种非常普遍、非常危险的漏洞，在各种操作系统、应用软件中广泛存在。利用缓冲区溢出攻击，可以导致程序运行失败、系统死机、重新启动等后果。更为严重的是，可以利用它来执行非授权指令，甚至可以取得系统特权，进而进行各种非法操作。缓冲区溢出攻击有多种英文名称，如 buffer overflow 等。第一个缓冲区溢出攻击——Morris 蠕虫，曾造成了全世界 6000 多台网络服务器瘫痪。

缓冲区溢出攻击的原理主要是通过往程序的缓冲区写超出其长度的内容，造成缓冲区的溢出，从而破坏程序的堆栈，使程序转而执行其他指令，以达到攻击的目的。造成缓冲区溢出的原因是程序中没有仔细检查用户输入的参数。例如下面的程序：

```
void function(char * str) {
char buffer[16];
strcpy(buffer,str);
}
```

上面的strcpy()将直接把str中的内容复制到buffer中。这样只要str的长度大于16，就会造成buffer的溢出，使程序运行出错。存在像strcpy这样问题的标准函数还有strcat()、sprintf()、vsprintf()、gets()、scanf()等。

当然，随便往缓冲区中填东西造成它溢出一般只会出现“分段错误”（Segmentation Fault），而不能达到攻击的目的。最常见的手段是通过制造缓冲区溢出使程序运行一个用户shell，再通过shell执行其他命令。如果该程序属于root且有suid权限的话，攻击者就获得了一个有root权限的shell，可以对系统进行任意操作了。

缓冲区溢出是病毒编写者和特洛伊木马编写者偏爱使用的一种攻击方法。攻击者或者病毒善于在系统当中发现容易产生缓冲区溢出之处，运行特别程序，获得优先级，控制计算机破坏文件、改变数据、泄露敏感信息、产生后门访问点、感染或者攻击其他计算机。

2000年7月，微软Outlook以及Outlook Express被发现存在漏洞，使攻击者仅通过发送邮件就能危及目标主机安全，只要邮件头部程序被运行，就会产生缓冲区溢出，并且触发恶意代码。2001年8月，“红色代码”利用微软IIS漏洞产生缓冲区溢出，成为攻击企业网络的“罪魁祸首”。2003年1月，Slammer蠕虫利用微软SQL漏洞产生缓冲区溢出，对全球互联网产生冲击。2004年，“冲击波”蠕虫病毒利用微软RPC远程调用存在的缓冲区漏洞对Windows 2000/XP、Windows Server 2003进行攻击，波及全球网络系统。据CERT安全小组称，操作系统中超过50%的安全漏洞都是由内存溢出引起的，其中大多数与微软技术有关，这些与内存溢出相关的安全漏洞正在被越来越多的蠕虫病毒所利用。

缓冲区溢出是目前导致“黑客”型病毒横行的主要原因。从红色代码到Slammer，再到“冲击波”，都是利用缓冲区溢出漏洞进行攻击的。

缓冲区溢出是一个编程问题，防止利用缓冲区溢出发起的攻击，关键在于程序开发者在开发程序时仔细检查溢出情况，不允许数据溢出缓冲区。此外，用户需要经常登录操作系统和应用程序提供商的网站，跟踪公布的系统漏洞，及时下载补丁程序，弥补系统漏洞。

4.2.3 欺骗攻击

1. 源IP地址欺骗攻击

许多应用程序认为如果数据包能够使其自身沿着路由到达目的地，而且应答包也可以回到源地址，那么源IP地址一定是有效的，而这正是使源IP地址欺骗攻击成为可能的前提。

如图4-8所示，假设同一网段内有两台主机A、B，另一网段内有主机X代表黑客。B授予A某些特权。X为获得与A相同的特权，所做欺骗攻击如下：首先，X冒充A，向主机B发送一个带有随机序列号的SYN包。主机B响应，回送一个应答包给A，该应答号等于原序列号加1。然而，此时主机A已被主机X利用拒绝服务攻击“淹没”了，导致主机A

服务失效。结果，主机 A 将 B 发来的包丢弃。为了完成三次握手，X 还需要向 B 回送一个应答包，其应答号等于 B 向 A 发送数据包的序列号加 1。此时主机 X 并不能检测到主机 B 的数据包（因为不在同一网段），只有利用 TCP 顺序号估算法来预测应答包的顺序号并将其发送给目标主机 B。如果猜测正确，B 则认为收到的 ACK 来自内部主机 A。此时，X 即获得了主机 A 在主机 B 上所享有的特权，并开始对这些服务实施攻击。

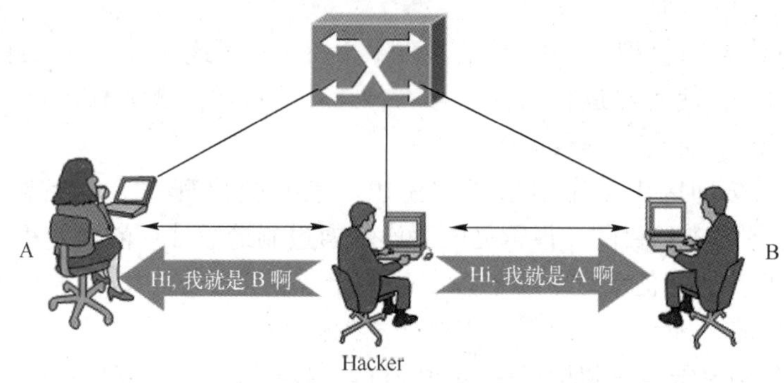

图 4-8　欺骗攻击原理

要防止源 IP 地址欺骗行为，可以采取以下措施来尽可能地保护系统免受这类攻击。

1）抛弃基于地址的信任策略：阻止这类攻击的一种非常容易的办法就是放弃以地址为基础的验证。不允许 r 类远程调用命令的使用；删除 .rhosts 文件；清空/etc/hosts.equiv 文件。这将迫使所有用户使用其他远程通信手段，如 Telnet、SSH、Skey 等。

2）使用加密方法：在包发送到网络上之前，可以对它进行加密。虽然加密过程要求适当改变目前的网络环境，但它将保证数据的完整性和真实性。

3）进行包过滤：可以配置路由器使其能够拒绝网络外部与本网内具有相同 IP 地址的连接请求。而且，当包的 IP 地址不在本网内时，路由器不应该把本网主机的包发送出去。

有一点要注意，路由器虽然可以封锁试图到达内部网络的特定类型的包，但它们也是通过分析测试源地址来实现操作的。因此，它们仅能对声称是来自内部网络的外来包进行过滤，若网络存在外部可信任主机，那么路由器将无法防止别人冒充这些主机进行 IP 欺骗。

2. 源路由欺骗攻击

在通常情况下，信息包从起点到终点走过的路径是由位于这两点间的路由器决定的，数据包本身只知道去往何处，但不知道该如何去。源路由可使信息包的发送者将此数据包要经过的路径写在数据包里，使数据包循着一个对方不可预料的路径到达目的主机。下面仍以上述源 IP 欺骗中的例子给出这种攻击的形式。

主机 A 享有主机 B 的某些特权，主机 X 想冒充主机 A 从主机 B（假设 IP 为 aaa.bbb.ccc.ddd）获得某些服务。首先，攻击者修改距离 X 最近的路由器，使得到达此路由器且包含目的地址 aaa.bbb.ccc.ddd 的数据包以主机 X 所在的网络为目的地。然后，攻击者 X 利用 IP 欺骗向主机 B 发送源路由（指定最近的路由器）数据包。当 B 回送数据包时，就传送到被更改过的路由器。这就使一个入侵者可以假冒一个主机的名义通过一个特殊的路径来获得某些被保护的数据。

为了防范源路由欺骗攻击，一般采用下面两种措施：

1）防范这种攻击最好的办法是配置好路由器，使它抛弃那些由外部网络进来的却声称是内部主机的报文。

2）在路由器上使用命令 no ip source-route 关闭源路由。

4.2.4　DoS/DDoS 攻击

黑客攻击方式及防范

1. DoS 攻击

拒绝服务（Denial of Service，DoS）攻击是目前黑客广泛使用的一种攻击手段。最常见的 DoS 攻击有计算机网络带宽攻击和连通性攻击。带宽攻击指以极大的通信量冲击网络，使得所有可用网络资源都被消耗殆尽，最后导致合法的用户请求无法通过。连通性攻击指用大量的连接请求冲击计算机，使得所有可用的操作系统资源都被消耗殆尽，最终计算机无法再处理合法用户的请求。

实施 DoS 攻击的工具易得易用，而且效果明显。仅在美国，每周的 DoS 攻击就超过 4000 次，每年造成的损失达上千万美元。常见的 DoS 攻击方式有以下几种。

1）SYN Flood：该攻击以多个随机的源主机地址向目的主机发送 SYN 包，而在收到目的主机的 SYN ACK 后并不回应，这样，目的主机就为这些源主机建立了大量的连接队列，而且由于没有收到 ACK，一直维护着这些队列，造成了资源的大量消耗而不能向正常请求提供服务。

2）Smurf：该攻击向一个子网的广播地址发一个带有特定请求（如 ICMP 回应请求）的包，并且将源地址伪装成想要攻击的主机地址。子网上所有主机都回应广播包请求而向被攻击主机发包，使该主机受到攻击。Smurf 攻击原理如图 4-9 所示。

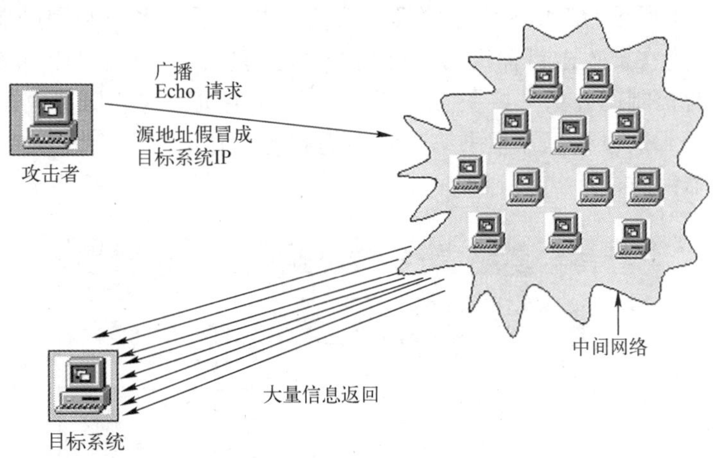

图 4-9　Smurf 攻击原理

3）Land-based：攻击者将一个包的源地址和目的地址都设置为目标主机的地址，然后将该包通过 IP 欺骗的方式发送给被攻击主机，这种包可以造成被攻击主机因试图与自己建立连接而陷入死循环，从而很大限度上降低了系统性能。

4）Ping of Death：根据 TCP/IP 的规范，一个包的长度最大为 65536 字节。尽管一个包的长度不能超过 65536 字节，但是一个包分成多个片段的叠加却能做到。当一个主机收到了长度大于65536字节的包时，就是受到了Ping of Death攻击，该攻击会造成主机的死机。

5）Teardrop：IP数据包在网络传递时，数据包可以分成更小的片段。攻击者可以通过发送两段（或者更多段）数据包来实现Teardrop攻击。第一个包的偏移量为0，长度为N，第二个包的偏移量小于N。为了合并这些数据段，TCP/IP堆栈会分配超乎寻常的巨大资源，从而造成系统资源的缺乏甚至重新启动。

6）PingSweep：使用ICMP Echo访问多个主机。

7）Pingflood：该攻击在短时间内向目的主机发送大量ping包，造成网络堵塞或主机资源耗尽。

2. DDoS攻击

分布式拒绝服务（Distributed Denial of Service，DDoS）攻击手段是在传统的DoS攻击基础之上产生的一类攻击方式。单一的DoS攻击一般采用一对一方式，当攻击目标CPU速度低、内存小、网络带宽小或其他性能指标不高时，它的效果是明显的。随着计算机与网络技术的发展，计算机的处理能力迅速增长，内存大大增加，同时也出现了千兆级别的网络，这使得DoS攻击的困难程度加大了，目标对恶意攻击包的“消化能力”加强了不少。例如，DoS攻击软件每秒钟可以发送3000个攻击包，但被攻击主机与网络带宽每秒钟可以处理10000个攻击包，这样攻击就不会产生任何效果。

这时候分布式拒绝服务（DDoS）攻击手段就应运而生了。理解了DoS攻击的话，DDoS的原理就很简单。如果说计算机与网络的处理能力提高了10倍，用一台攻击机来攻击不再起作用的话，攻击者就使用10台、100台或1000台攻击机同时攻击目标。DDoS攻击就是利用更多的傀儡机来发起进攻，以比从前DoS攻击更大的规模来进攻受害者。

图4-10所示为典型的DDoS攻击工具CC v2.1界面，它是一个强大的应用层的DDoS攻击工具。图4-11所示为DDoS攻击原理，攻击者找到了许多被利用的服务器来攻击目标。图4-12所示为在被攻击目标机器上看到的日志信息，可以看到上面有许多攻击源信息。有的黑客经常控制国外的一些服务器来攻击目标主机，这些服务器的地点可能在日本、北美、欧洲等。这也就是在本书第1章中提到的为什么经常会发现受到日本、北美、欧洲等地的服务器的攻击。

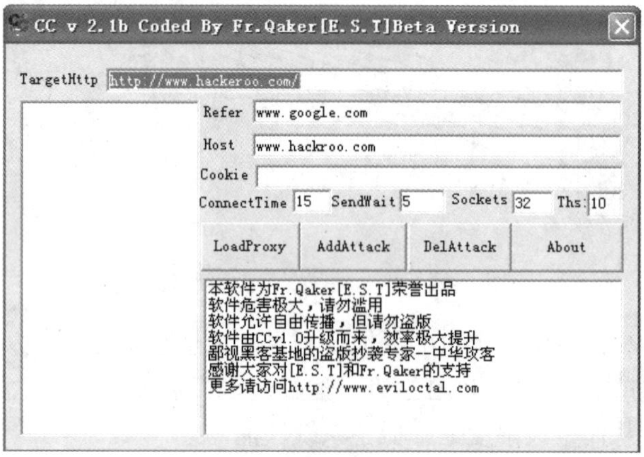

图4-10　CC v2.1界面

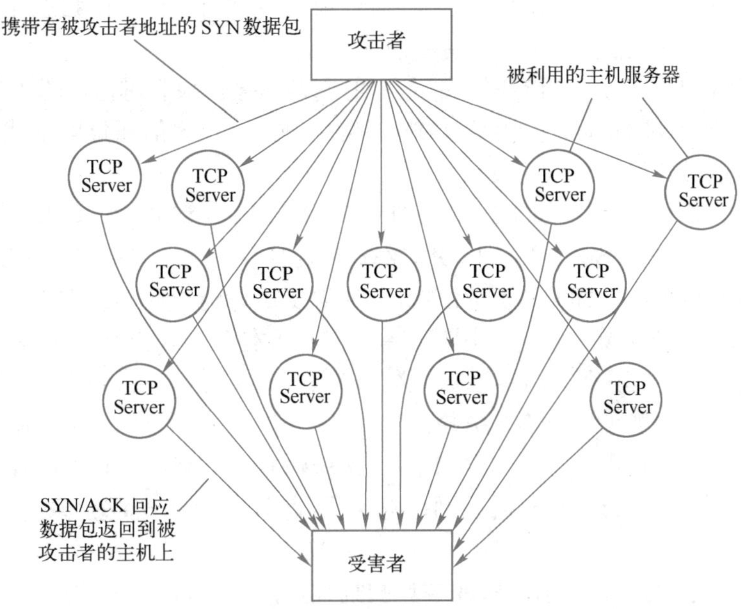

图 4-11　DDoS 攻击原理

216.200.127.161	core1-main1colo678-oc48.lga2.above.net
216.200.127.165	core1-main2colo678-oc48.lga2.above.net
216.200.127.169	core2-core3-oc48.lga2.above.net
216.200.127.173	core2-main1colo45-oc48.lga2.above.net
216.200.127.177	core2-main2colo45-oc48.lga2.above.net
216.200.127.181	core2-main1colo678-oc48.lga2.above.net
216.200.127.185	core2-main2colo678-oc48.lga2.above.net
216.200.127.189	core1-main1-oc48.lga1.above.net
216.200.127.194	core1-main2-oc48.lga1.above.net
216.200.127.197	core2-main1-oc48.lga1.above.net
216.200.127.201	core2-main2-oc48.lga1.above.net
216.200.127.205	dfw2-dca2-oc48.dfw2.above.net
216.200.127.206	dca2-dfw2-oc48.dca2.above.net
216.200.127.209	core1-core2-oc192.dfw2.above.net
216.200.127.210	core2-core1-oc192.dfw2.above.net
216.200.127.213	core1-core3-oc48.dfw2.above.net
216.200.127.217	core2-core3-oc48.dfw2.above.net
216.200.127.225	atl2-dfw2-oc48.atl2.above.net
216.200.127.226	dfw2-atl2-oc48.dfw2.above.net

图 4-12　来自网络的 DDoS 攻击日志信息

3. 针对 DoS/DDoS 攻击的防范

针对 DoS/DDoS 攻击的防范主要采取如下一些方法。

1）确保所有服务器采用最新系统，并打上安全补丁。研究发现几乎每个受到 DDoS 攻击的系统都没有及时打上补丁。

2）确保管理员对所有主机进行检查，而不只是针对关键主机。这是为了确保管理员知道每个主机系统在运行什么，谁在使用主机，哪些人可以访问主机。否则，即使黑客入侵了系统，也很难查明。

3）确保从服务器相应的目录或文件数据库中删除未使用的服务，如 FTP 或 NFS。Wu-Ftpd 等守护程序存在一些已知的漏洞，黑客通过根攻击就能获得访问特权系统的权限，并能访问其他系统甚至是受防火墙保护的系统。

4）确保运行在 UNIX 上的所有服务都有 TCP 封装程序，限制对主机的访问权限。

5）禁止内部网通过 Modem 连接至 PSTN 系统，否则，黑客能通过电话线发现未受保护的主机，立即就能访问极为机密的数据。

6）禁止使用网络访问程序如 Telnet、FTP、RSH、Rlogin 和 RCP，以基于 PKI 的访问程序（如 SSH）代替。SSH 不会在网上以明文格式传送口令，而 Telnet 和 Rlogin 则正好相反，黑客能搜寻到这些口令，从而立即访问网络上的重要服务器。此外，在 UNIX 上应该将 .rhost 和 hosts. equiv 文件删除，因为不用猜口令，这些文件就会提供登录访问。

7）限制在防火墙外与网络文件共享。这会使黑客有机会截获系统文件，并以特洛伊木马替换它，文件传输功能无疑将陷入瘫痪。

8）确保手头有一张最新的网络拓扑图。这张图应该详细标明 TCP/IP 地址、主机、路由器及其他网络设备，还应该包括网络边界、非军事区（DMZ）及网络的内部保密部分。

9）在防火墙上运行端口映射程序或端口扫描程序。大多数事件是由于防火墙配置不当造成的，使 DoS/DDoS 攻击成功率很高，所以要认真检查特权端口和非特权端口。

10）检查所有网络设备和主机/服务器系统的日志。只要日志出现漏洞或时间出现变更，几乎可以肯定相关的主机安全受到了威胁。

11）利用 DDoS 设备提供商的设备。

目前没有哪个网络可以完全免受 DDoS 攻击，但如果采取上述几项措施，能起到一定的预防作用。

4.2.5　SQL 注入攻击

随着 B/S 模式应用开发的发展，使用这种模式编写应用程序的程序员也越来越多。但是由于程序员的水平及经验参差不齐，相当一部分程序员在编写代码的时候，没有对用户输入数据的合法性进行判断，使应用程序存在安全隐患。用户可以提交一段数据库查询代码，根据程序返回的结果，获得某些他想得知的数据，这就是所谓的 SQL Injection，即 SQL 注入。SQL 注入是从正常的 WWW 端口访问，而且表面看起来跟一般的 Web 页面访问没有什么区别，所以目前市面上的防火墙都不会对 SQL 注入发出警报，如果管理员没有查看 IIS 日志的习惯，可能被入侵很长时间都不会发觉。但是，SQL 注入的手法相当灵活，在注入的时候会碰到很多意外的情况，需要根据具体情况进行分析，构造巧妙的 SQL 语句，从而成功获取想要的数据。

SQL 注入攻击就是攻击者把 SQL 命令插入到 Web 表单的输入域或页面请求的查询字符串，欺骗服务器执行恶意的 SQL 命令。在某些表单中，用户输入的内容直接用来构造（或者影响）动态 SQL 命令，或作为存储过程的输入参数，这类表单特别容易受到 SQL 注入攻击。如图 4-13 所示为最常用的 SQL 注入工具 NBSI 主界面。

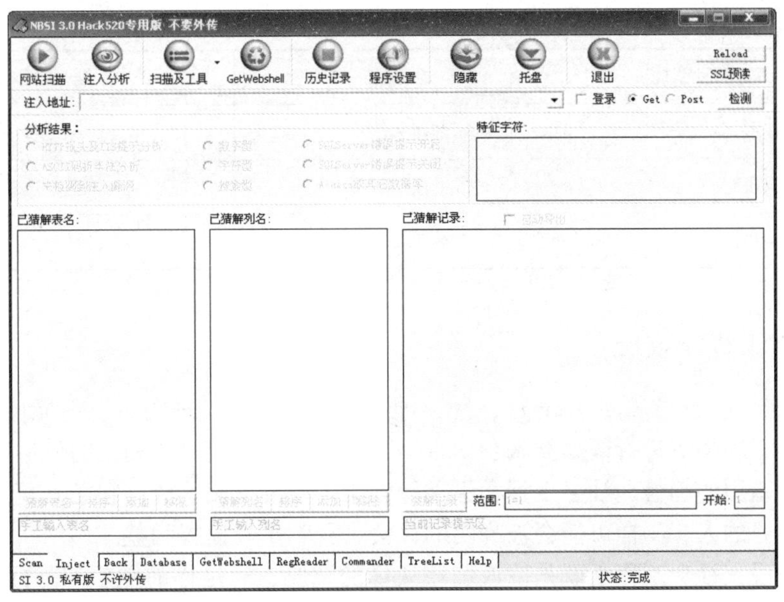

图 4-13　NBSI 主界面

4.2.6　网络蠕虫

蠕虫（Worm）病毒和一般的病毒有着很大的区别。对于蠕虫，现在还没有一个成套的理论体系。一般认为，蠕虫是一种通过网络传播的恶性病毒，它具有病毒的一些共性，如传播性、隐蔽性、破坏性等；同时具有自己的一些特征，如不利用文件寄生（有的只存在于内存中）、对网络造成拒绝服务以及和黑客技术相结合等。目前危害比较大的蠕虫病毒主要通过三种途径传播：系统漏洞、聊天软件和电子邮件。

在产生的破坏性上，蠕虫病毒也不是普通病毒所能比拟的，网络的发展使得蠕虫可以在短时间内蔓延整个网络，造成网络瘫痪。根据使用者情况将蠕虫病毒分为两类：一类是面向企业用户和局域网，这种病毒利用系统漏洞主动进行攻击，可造成整个互联网的瘫痪，以“红色代码”“尼姆达”以及“SQL 蠕虫王”为代表。另外一类是针对个人用户的，通过网络（主要是电子邮件、恶意网页形式）迅速传播的蠕虫病毒，以爱虫病毒、求职信病毒为代表。在这两类蠕虫中，第一类具有很大的主动攻击性，而且爆发也有一定的突然性，但相对来说，查杀这类病毒并不是很难。第二类的传播方式比较复杂和多样，少数利用了微软的应用程序漏洞，更多是利用社会工程学对用户进行欺骗和诱使，这样的病毒造成的损失是非常大的，同时也是很难根除的。比如求职信病毒，在 2001 年就已经被各大杀毒厂商发现，但直到 2002 年底依然排在病毒危害排行榜的首位。

蠕虫一般不采取利用 pe 格式插入文件的方法，而是复制自身在互联网环境下进行传播，病毒的传染能力主要是针对计算机内的文件系统而言，而蠕虫病毒的传染目标是互联网内的所有计算机。局域网条件下的共享文件夹、电子邮件（E-mail）、网络中的恶意网页、大量存在着漏洞的服务器等，都成为蠕虫传播的良好途径。网络的发展也使得蠕虫病毒可以在几个小时内蔓延全球，而且蠕虫的主动攻击性和突然爆发性将使得人们手足无措。普通病毒与蠕虫病毒的区别见表 4-1。

表4-1　普通病毒与蠕虫病毒的区别

	普通病毒	蠕虫病毒
存在形式	寄存文件	独立程序
传染机制	宿主程序运行	主动攻击
传染目标	本地文件	网络计算机

4.2.7　社会工程学攻击

社会工程学（Social Engineering），是一种通过对受害者心理弱点、本能反应、好奇心、信任、贪婪等心理陷阱进行诸如欺骗、伤害等危害手段，取得自身利益的手法，近年来已呈迅速上升甚至滥用的趋势。社会工程学不能等同于一般的欺骗手法，它尤其复杂，即使自认为最警惕最小心的人，一样可能会被高明的社会工程学手段损害利益。

总体上来说，社会工程学就是使人们顺从你的意愿、满足你的欲望的一门艺术与学问。它并不单纯是一种控制意志的途径，不能帮助你掌握人们在非正常意识以外的行为，且学习与运用这门学问一点也不容易。它同样也蕴含了各式各样的灵活的构思与变化着的因素。无论任何时候，在需要套取到所需要的信息之前，社会工程学的实施者都必须掌握大量的相关基础知识，花时间去从事资料的收集与进行必要的如交谈性质的沟通行为。与以往的入侵行为相类似，社会工程学在实施以前都是要完成很多相关的准备工作的，这些工作甚至要比其本身更为繁重。

社会工程学陷阱就是通常以交谈、欺骗、假冒或口语等方式，从合法用户处套取用户系统的秘密，如用户名单、用户密码及网络结构。只要有一个人抗拒不了本身的好奇心看了邮件，病毒就可以大行肆虐。MyDoom与Bagle都是利用社会工程学陷阱得逞的病毒。从社会工程学慢慢发展出一些以其为首要核心技术的攻击手法，如网络钓鱼攻击、密码心理学，以及一些利用社会工程学渗入目标企业或者内部得到所需要信息的大胆手法。社会工程学是一种与普通的欺骗/诈骗不同层次的手法，因为社会工程学需要针对对方的实际情况收集大量的信息，是进行心理战术的一种手法。系统以及程序所带来的安全危害往往是可以避免的，而从人性以及心理的方面来说，社会工程学往往利用人性弱点、贪婪等的心理表现进行攻击，是防不胜防的。在此对现有的社会工程学攻击的手法进行分析，借用分析来提高对于社会工程学的一些防范方法。

下面是一个社会工程学攻击的例子。某天在玩联众游戏的时候，突然有消息跳出说中奖了，中奖信息可以在网站www.ourgame888.com上看到。打开这个网站如图4-14所示，它和真正的联众网站几乎没有任何区别，只是上面多了一个“有奖活动专区”。

打开“有奖活动专区”，上面说明中奖为8000元现金和价值14900元的LG笔记本计算机，如图4-15所示。在“领奖说明”当中说，要获得这些奖品和现金必须先给承办方688元的手续费用，如图4-16所示。这次活动还有公证人叫“×××”，如图4-17所示。还有联众公司“网络文化经营许可证”，如图4-18所示。最后必须填写反馈信息，如图4-19所示。

图 4-14　中奖网站

图 4-15　领奖说明页面

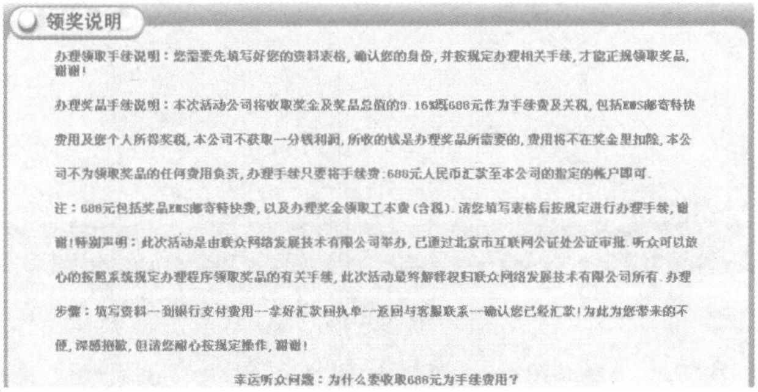

领奖说明

办理领取手续说明：您需要先填写好您的资料表格，确认您的身份，并按规定办理相关手续，才能正规领取奖品，谢谢！

办理奖品手续说明：本次活动公司将收取奖金及奖品总值的9.16%既688元作为手续费及关税，包括EMS邮寄特快费用及您个人所得奖税，本公司不获取一分钱利润，所收的钱是办理奖品所需要的，费用将不在奖金里扣除，本公司不为领取奖品的任何费用负责，办理手续只要将手续费:688元人民币汇款至本公司的指定的帐户即可。

注：688元包括奖品EMS邮寄特快费，以及办理奖金领取工本费（含税）。请您填写表格后按规定进行办理手续，谢谢！特别声明：此次活动是由联众网络发展技术有限公司举办，已通过北京市互联网公证处公证审批。听众可以放心的按照系统规定办理程序领取奖品的有关手续，此次活动最终解释权归联众网络发展技术有限公司所有。办理步骤：填写资料—到银行支付费用—拿好汇款回执单—返回与客服联系—确认您已经汇款！为此为您带来的不便，深感抱歉，但请您耐心按规定操作，谢谢！

幸运听众问题：为什么要收取688元为手续费用？

图 4-16　领奖说明

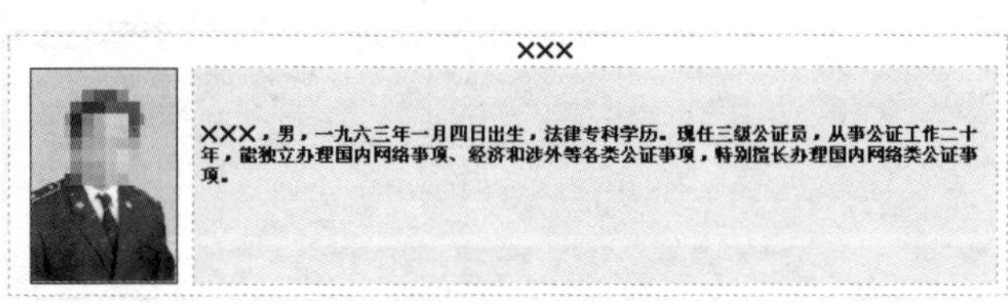

图 4-17　公证人

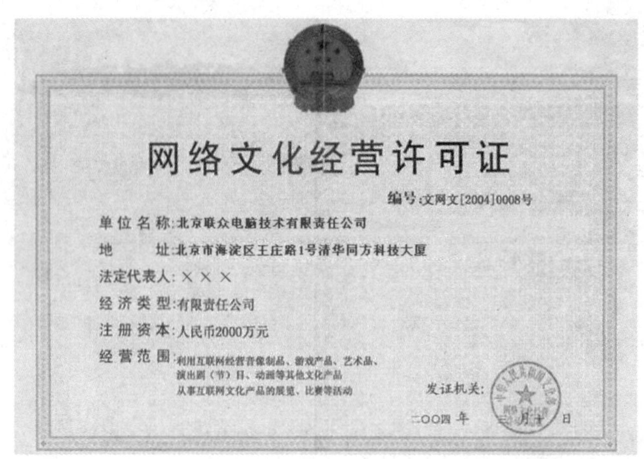

网络文化经营许可证

编号:文网文[2004]0008号

单位名称:北京联众电脑技术有限责任公司

地　　址:北京市海淀区王庄路1号清华同方科技大厦

法定代表人:×××

经济类型:有限责任公司

注册资本:人民币2000万元

经营范围:利用互联网经营音像制品、游戏产品、艺术品、演出剧（节）目、动画等其他文化产品
从事互联网文化产品的展览、比赛等活动

发证机关:

二〇〇四年　月　日

图 4-18　联众公司网络文化经营许可证

这是一起非常典型的社会工程学攻击事件。如果不认真分析，很容易受骗。下面做一个详细的分析，细心的人会发现这里有很多疑点。

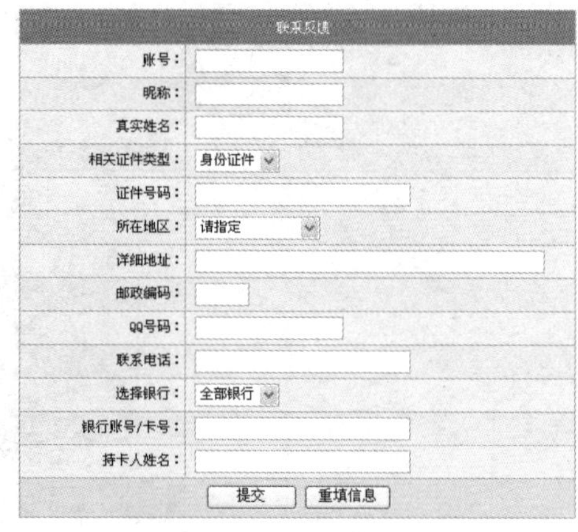

联系反馈

账号：

昵称：

真实姓名：

相关证件类型：身份证件

证件号码：

所在地区：请指定

详细地址：

邮政编码：

QQ号码：

联系电话：

选择银行：全部银行

银行账号/卡号：

持卡人姓名：

提交　重填信息

图 4-19　反馈信息

1）打开真正的联众网站 www.ourgame.com 如图 4-20 所示，会发现它和上面的假联众网站除了“有奖活动专区”区别以外，“在线游戏”人数也不一样。真正的联众网站上在线游戏人数为 344387 人，而假联众网站上在线游戏人数为 523757 人。而且真正的联众网站上的在线人数是变化的，而假联众网站上在线游戏人数是不变的。难道联众公司在上面玩游戏的人数一直不变吗？

图 4-20　真正的联众网站

2）“领奖说明”中说要交 688 元手续费，这里我们不禁要问，这 688 元手续费用为什么不从 8000 元奖金中扣除？

3）联众公司网络文化经营许可证当中，“单位名称”“地址”“法定代表人”“经济类型”“注册资本”等信息的字体大小、字体深浅为什么是不一样的？

4）为什么在“联系方式”当中，要写“银行卡号”“身份证信息”“真实姓名”“持卡人姓名”等信息？

这些都是关于这次活动的一些疑问。经过分析可以得出：通过第 1）点判断这是一个假网站；通过第 2）点判断这个活动是在骗取“手续费”；通过第 3）点判断这个“网络文化经营许可证”是被人改过的、假的证件；通过第 4）点判断对方想骗取受害者银行卡上的钱财。

针对这种社会工程学的攻击防范，关键是用户自己要会分析。要知道天上是不会平白无故掉馅饼的，世界上没有免费的午餐，不要轻易相信类似的中奖信息，除非得到可信或权威部门的认可。

4.2.8　个人隐私泄露引起的攻击

每一个人都有属于自己的隐私。隐私是自然人的私人生活安宁和不愿为他人知晓的私密空间、私密活动、私密信息。个人隐私大都不希望被别人知晓，或被别人放到公共舆论平台上讨论。这就要求任何个人或组织不得以偷窃、刺探、侵扰、泄露、公开等方式侵害其他人的隐私权。

个人隐私权包括个人生活自由权、情报保密权、个人通讯秘密权以及个人隐私利用权。公民有权保有姓名、肖像、住址、住宅电话、身体的秘密。公民的通信、日记和其他私人文件不受非法刺探或公开。公民的储蓄、财产状况不受非法调查或者公开，但依法要公布财产状况者除外。公民的档案材料不得非法公开或者扩大知晓范围。公民有权不向社会公开过去或现在的纯属个人的情况。

除法律另有规定或者权利人明确同意外，任何组织或者个人不得实施下列行为：

1）以电话、短信、即时通信工具、电子邮件、传单等方式侵扰他人的私人生活安宁。

2）进入、拍摄、窥视他人的住宅、宾馆房间等私密空间。

3）拍摄、窥视、窃听、公开他人的私密活动。

4）拍摄、窥视他人身体的私密部位。

5）处理他人的私密信息。

6）以其他方式侵害他人的隐私权。行为人因过错侵害他人的民事权益造成损害的，应当承担侵权责任。依照法律规定推定行为人有过错，其不能证明自己没有过错的，应当承担侵权责任。

个人信息被泄露后，可能会垃圾短信、骚扰电话、垃圾邮件源源不断，冒名办卡透支欠款，账户钱款不翼而飞，个人名誉无端受毁。不法分子可能利用个人信息，进行违法犯罪活动，个人可能不明不白被警察传唤或被法院传票通知出庭等。

现在生活中，最常见的泄露个人隐私的地方就是快递和外卖信息。图 4-21 所示为一个快递的收货单，上面寄件人和发件人的信息都有。图 4-22 所示为外卖订单上的隐私信息。如果这些信息处理不当，很容易引起个人的隐私信息泄露。

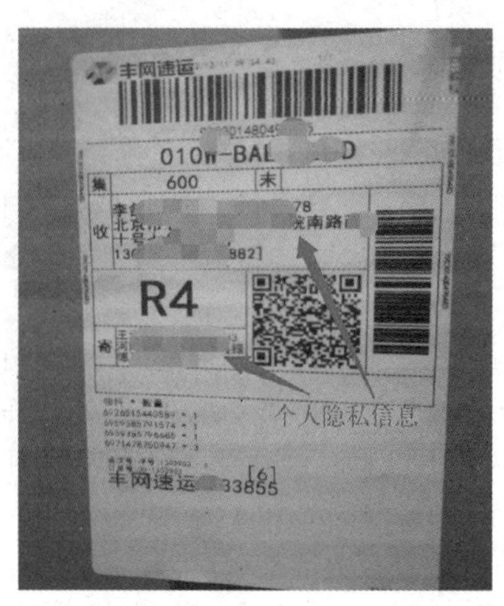

图 4-21　快递上的隐私信息

图 4-23 所示为一位朋友个人隐私信息泄露后，莫名其妙地收到各种骚扰电话。这些骚扰电话除了国内的以外，还有来自韩国、新加坡等地的电话。这位朋友不堪其扰。

遇到这种情况，可以下载“国家反诈中心”和“全民反诈”两个手机 App 软件进行骚扰电话过滤，如图 4-24 所示。如果还有少量骚扰电话的话，可以直接把对方电话拉黑。注意：这时不能谩骂对方，因为这样会激怒对方，可能会收到更多的骚扰电话。也不能在手机里设置“不接陌生人电话”，因为如果有快递员给你打电话，你会收不到，影响日常生活。

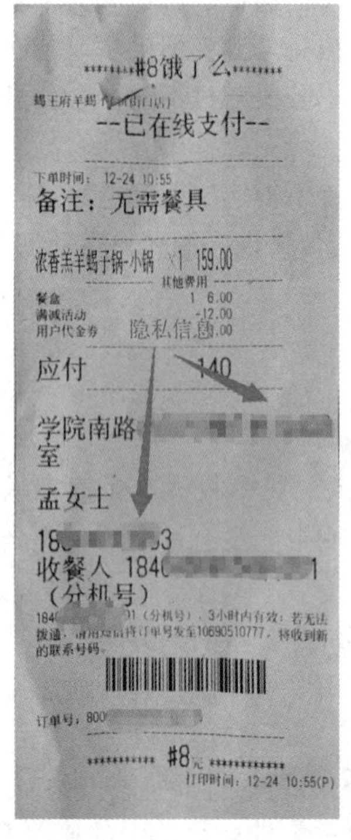

图 4-22　外卖订单上的隐私信息

图 4-23　骚扰电话

图 4-24　安装反诈 App

4.2.9　智能手机遭受攻击

现在智能手机的使用越来越普遍，如图 4-25 所示为苹果公司的 iPhone 手机。许多人甚至有两个或两个以上的手机。同时手机遭受的攻击也随之越来越多。

图 4-25　典型的智能手机

手机可以用于通信、游戏、炒股、工作、社交、旅行、看视频和医疗保健等重要服务。一般来说，人们对手机的依赖越大或者说手机的使用程度越高，那么手机被攻击的概率就越大。大部分手机操作系统都是华为鸿蒙、Android 和 iOS。

恶意软件进入手机的方式有很多种，通常让人防不胜防。这些恶意软件包括远程访问工具、金融木马、勒索软件、恶意加密软件和广告欺诈等。这些恶意行为和计算机上的恶意行为是一样的，这里不再赘述。但是攻击者在成功入侵手机后，很可能会留下一些线索。在一些情况下，智能手机可能会有入侵提示，但也有的时候则不会提示。下面介绍一些手机被入侵后可能发出的信号。

1. 手机电池使用时间突然缩短

如果发现手机电池电量使用得非常快，可能意味着有疑似的针对手机的攻击活动。例如，有些智能手机上的 App 恶意软件，会在它的后台启动一项服务，在手机使用者不知情的条件下开启 GPS 定位功能，大量消耗手机的电量。如果发现以前自己的智能手机电量正常能使用两天，现在只有一天左右就没有电了，这时可能手机上有恶意软件了，可以通过手机上的系统设置来检查不同应用软件的用电情况，找出用电异常的 App 进行处理，如果不需要，就将它卸载。

2. 手机应用程序的权限过大

通常智能手机里面都有权限管理，如图 4-26 所示。

手机操作系统在开发的时候，就可以为每一个应用程序（App）设置一定的权限。除非获得手机用户自己许可，否则移动应用程序将无法使用一些手机里的系统权限。允许过多的权限不但不能带来好处，反而会让手机被攻击的可能性提高。因此，在安装 App 的时候，要仔细检查该 App 的权限信息，把不用的权限关闭。例如，不应该允许一个手机网络游戏应用程序拥有读取手机短信或通讯录的权限。

图 4-26　手机的权限管理

3. 手机在莫名其妙地发消息

在这种攻击方式中，攻击者已经窃取了手机通讯录中的信息，然后通过手机向通讯录中的联系人发一些垃圾广告来传播攻击者的信息。如图 4-27 所示为传播的垃圾短信。

如果发现有这种情况，应该立刻使用手机杀毒软件对手机进行彻底查毒，并且把没有用的手机 App 卸载。

4. 手机流量使用率飙升

手机中的恶意代码可能会与外部进行大量通信，主要是泄露数据，或通过被控手机作为跳板攻击其他用户。通常这种行为会导致手机流量使用异常。这时可以通过手机里的流量管理功能进行查看，如图 4-28 所示为手机的流量管理功能。

可以通过查看手机的流量管理里具体哪一个 App 使用流量过大来发现问题。最后，可以删除流量使用过大的 App，或对它的权限进行限制，进而控制流量。

4.2.10　网络刷票

网络刷票通常是指网上投票活动中参赛者利用某种非法手段突破投票网站的限制，实现重复投票、增加点击率和人气的过程。这种行为实际上是一种网络投票造假行为。如图 4-29 所示为一个网络刷票器。

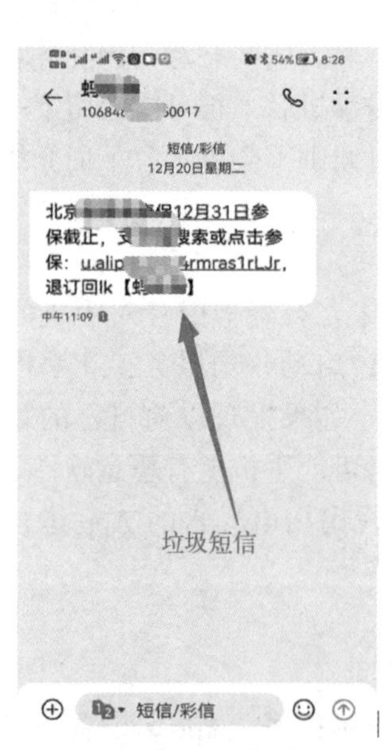

图 4-27　垃圾短信

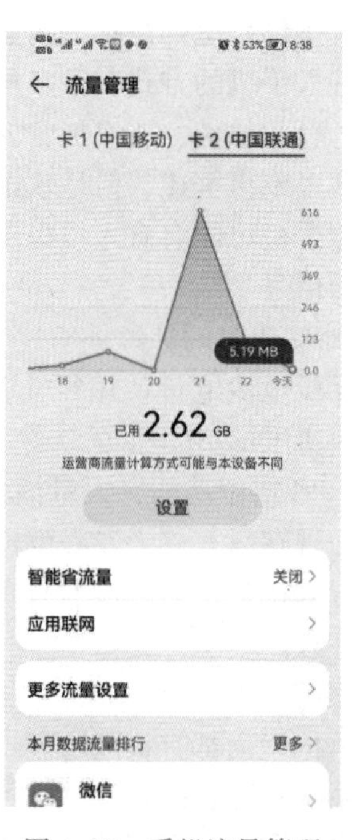

图 4-28　手机流量管理

实施网络刷票的时候，一般都是参赛者花钱在网上找代理人，用网络刷票器帮自己获取大量投票。

下面就是一个网络刷票行为的违法例子。20 岁的大学生小明参加某大赛的网络投票。他通过朋友圈转发拉票后，票数仍比较落后。于是他抱着侥幸心理，在网上找到一个声称可以“刷票”的网站，并主动联系了客服表明来意，希望增加 10000 条投票。客服说收费标准是每增加一条投票收取 0.2 元的费用。小明共计花费 2000 元。最终，小明的行为被后台技术人员发现，取消了他的参赛资格。从这个例子可以看出，莫要心存侥幸，不要使用这种违法的网络刷票方法。

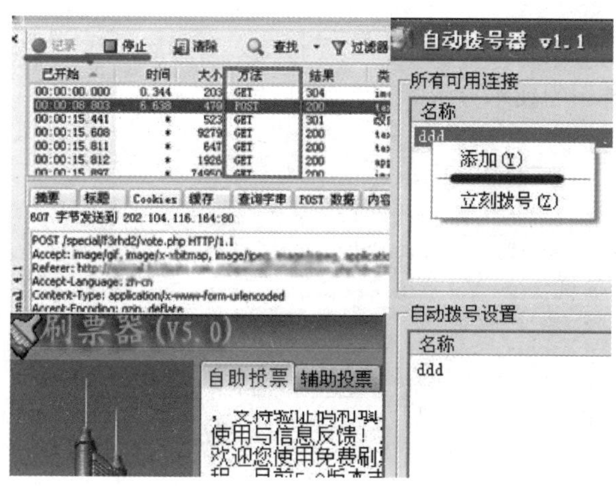

图 4-29　网络刷票器

4.3　习题

1. 黑客攻击的一般过程是什么？
2. 破解别人的密码有几种方式？
3. 什么是 DDoS 攻击？
4. 什么是 SQL 注入攻击？
5. 什么是社会工程学攻击？
6. 举例说明自己以前遇到的可能遭受到攻击时计算机的情况。

第5章 网络后门与网络隐身

本章介绍网络后门与网络隐身技术，主要包括木马、后门和清除攻击痕迹等。这些技术与方法都是黑客攻击常用的技术方法。

- **知识与能力目标**

1）了解木马攻击。

2）了解网络后门。

3）了解清除攻击痕迹。

- **素养目标**

1）培养学生遵纪守法，弘扬正气。

2）培养学生诚实守信，严于律己。

3）培养学生明礼修身，团结友爱。

5.1 木马攻击

5.1.1 木马概述

特洛伊木马简称为木马，英文叫作“Trojan house”，其名称取自古希腊神话的特洛伊木马记。古希腊传说，特洛伊王子帕里斯访问古希腊，诱走了王后海伦，希腊人因此远征特洛伊。围攻9年后，到第10年，古希腊将领奥德修斯献了一计，就是把一批勇士埋伏在一匹巨大的木马腹内，放在城外后，佯作退兵，如图5-1所示。特洛伊人以为敌兵已退，就把木马作为战利品搬入城中。到了夜间，埋伏在木马中的勇士跳出来，打开了城门，古希腊将士一拥而入攻下了城池。

后来，人们在写文章时就常用“特洛伊木马”这一典故，用来比喻在敌方营垒里埋下伏兵里应外合的活动。应用于计算机领域，木马比喻埋伏在别人的计算机里，偷取对方机密信息的程序。

图5-1　特洛伊木马

木马一般有两个程序，一个是客户端，另一个是服务器端。如果要给别人的计算机上种木马，则受害者一方运行的是服务器端程序，而加害者使用的是客户端来控制受害者机器。

木马是一种基于远程控制的黑客工具，具有隐蔽性和非授权性的特点。**所谓隐蔽性，是**

指木马的设计者为了防止木马被发现，会采用多种手段隐藏木马，这样服务器端即使发现感染了木马，由于不能确定其具体位置，往往只能望“马”兴叹。所谓非授权性，是指一旦客户端与服务器端连接后，客户端将享有服务器端的大部分操作权限，包括修改文件、修改注册表、控制鼠标、键盘等，这些权限并不是服务器端赋予的，而是通过木马程序窃取的。

从木马的发展来看，基本上可以分为两个阶段。最初网络还处于以 UNIX 平台为主的时期，木马就产生了。当时的木马程序的功能相对简单，往往是将一段程序嵌入到系统文件中，用跳转指令来执行一些木马的功能，在这个时期，木马的设计者和使用者大都是技术人员，具备相当的网络和编程知识。而后随着 Windows 平台的日益普及，一些基于图形操作的木马程序出现了，用户界面的改善，使得使用者不用懂太多的专业知识就可以熟练地操作木马，相对地，木马入侵事件也频繁出现。而且由于这个时期木马的功能已日趋完善，因此对服务器端的破坏也更大了。所以木马发展到今天，已经无所不用其极，一旦被木马控制，用户的计算机将毫无秘密可言。

木马的传播方式主要有两种：一种是通过 E-mail，客户端将木马程序以附件的形式夹在邮件中发送出去，收信人只要打开附件系统就会感染木马；另一种是软件下载，一些非正规的网站以提供软件下载为名，将木马捆绑在软件安装程序上。下载后，只要一运行这些程序，木马就会自动安装。

5.1.2　常见的类型与欺骗方法

远程访问型木马是现在最广泛的特洛伊木马，它可以访问受害者的硬盘，并对其进行控制。这种木马使用起来非常简单，只要某用户运行一下服务器端程序，并获取该用户的 IP 地址，就可以访问该用户的计算机。这种木马可以使远程控制者在本地做任意的事情，比如键盘记录、上传和下载、截取屏幕等。这种类型的木马有著名的 BO（Back Office）和国产的冰河等。

1. 密码发送型木马

密码发送型木马的目的是找到所有的隐藏密码，并且在受害者不知道的情况下把它们发送到指定的信箱。大多数这类的木马不会在每次 Windows 重启时重启，而且它们大多数使用 25 端口发送 E-mail。

2. 键盘记录型木马

键盘记录型木马非常简单，它们只做一种事情，就是记录受害者的键盘敲击，并且在 log 文件里做完整的记录。这种特洛伊木马随着 Windows 的启动而启动，知道受害者在线并且记录每一件事。

3. 毁坏型木马

毁坏型木马的唯一功能是毁坏并且删除文件。这使它们非常简单，并且很容易被使用。它们可以自动删除用户计算机上的所有的 dll、ini 或 exe 文件。

4. FTP 型木马

FTP 型木马可以打开用户计算机的 21 端口（FTP 所使用的默认端口），使每一个人都可以用一个 FTP 客户端程序且不用密码连接到该计算机，并且可以进行最高权限的上传和下载。

木马常用的欺骗方法如下。

1）捆绑欺骗：如把木马服务器端和某个游戏捆绑成一个文件在邮件中发给别人。

2）危险下载点：攻破一些下载站点后，下载几个下载量大的软件，捆绑上木马，再悄悄放回去让别人下载；或直接将木马改名上传到FTP网站上，等待别人下载。

3）文件夹惯性单击：把木马文件伪装成文件夹图标后，放在一个文件夹中，然后在外面再套几个空文件夹。

4）zip伪装：将一个木马和一个损坏的zip包捆绑在一起，然后指定捆绑后的文件为zip图标。

5）网页木马法：有的网页是自带木马的，只要打开该网页，立刻就会安装上木马。

常见的木马很多，Windows下有NetBus、SubSeven、BO、冰河、网络神偷等，UNIX下有Rhost++、Login后门、Rootkit等。

5.1.3　木马例子

下面以Windows下的冰河木马为例，介绍木马的原理。冰河实际上是一个很小的服务器端程序（安装在要入侵的计算机中），这个服务器端程序的功能却十分强大，通过客户端（安装在入侵者的计算机中）的各种命令来控制服务器端的计算机，并可以轻松地获得服务器端计算机的各种系统信息。1999年上半年，一个名叫黄鑫的人写出了冰河木马软件。冰河在国内一直是不可动摇的领军木马，有人说在国内没用过冰河的人等于没用过木马，可见冰河木马的普及性。

冰河木马的服务器端程序名为G_Server. exe，客户端程序名为G_Client. exe。冰河木马的目的是远程访问、控制。冰河的开放端口7626据传为黄鑫的生日。2.2版本后均非黄鑫制作。如图5-2所示为冰河木马不同版本的图标。

图5-2　冰河木马不同版本的图标

冰河木马的功能如下。

1）自动跟踪目标机屏幕变化，同时可以完全模拟键盘及鼠标输入，即在同步被控端屏幕变化的同时，监控端的一切键盘及鼠标操作将反映在被控端屏幕（局域网适用）。

2）记录各种口令信息，包括开机口令、屏保口令、各种共享资源口令及绝大多数在对话框中出现过的口令信息，且1.2以上的版本中允许用户对该功能进行自行扩充，2.0以上版本还提供了击键记录功能。

3）获取系统信息，包括计算机名、注册公司、当前用户、系统路径、操作系统版本、当前显示分辨率、物理及逻辑磁盘信息等多项系统数据。

4）限制系统功能，包括远程关机、远程重启计算机、锁定鼠标、锁定系统热键及锁定注册表等多项功能限制。

5）远程文件操作，包括创建、上传、下载、复制、删除文件或目录、文件压缩、快速浏览文本文件、远程打开文件（提供了四种不同的打开方式——正常、最大化、最小化和隐藏）等多项文件操作功能。

6）注册表操作，包括对主键的浏览、增删、复制、重命名和对键值的读写等所有注册表操作功能。

7）发送信息，以四种常用图标向被控端发送简短信息。

8）点对点通信，以聊天室形式同被控端进行在线交谈。

下面来看看冰河木马的使用。首先可以采用一些端口扫描工具（如 X-way、SuperScan、X-Scan等）扫描一个网段内的所有主机，看看这些主机有哪些的 7626 端口是开放的。如图 5-3 所示为使用 X-way 扫描一个网段中的 7626 端口。

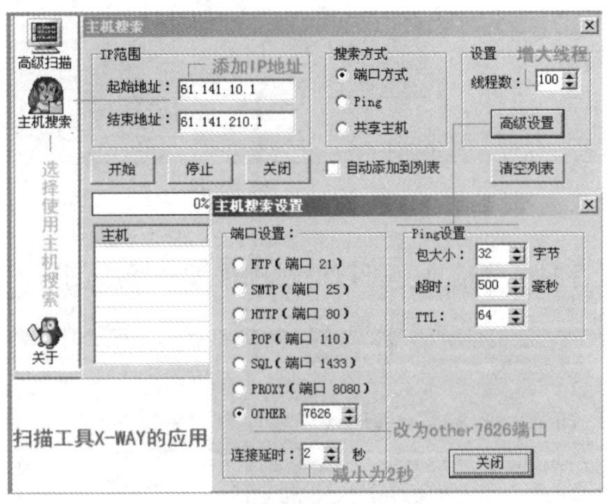

图 5-3　使用 X-way 扫描 7626 端口

X-way 的扫描结果如图 5-4 所示，发现了 6 台计算机的 7626 端口是开放的，表明这 6 台机器可能都有冰河木马。

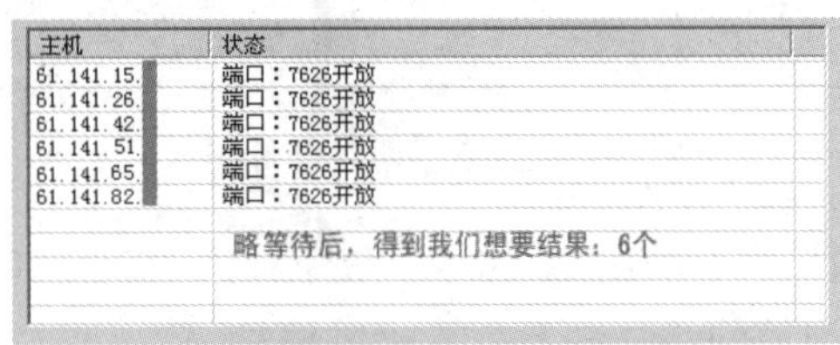

图 5-4　X-way 的扫描结果

图 5-5 所示为冰河木马的主界面，看到它可以完成屏幕抓图、控制、修改服务器配置、冰河信使等功能。

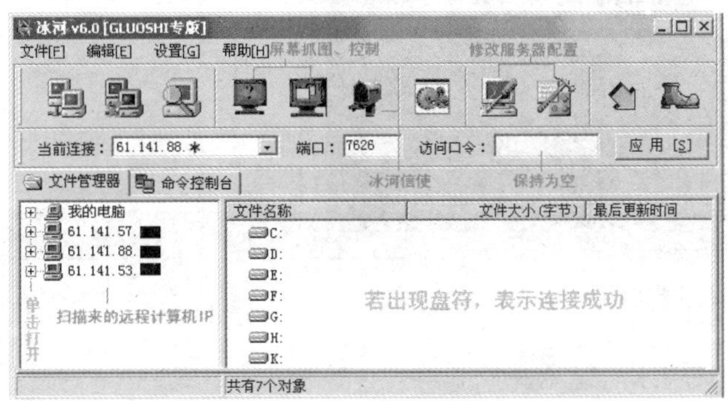

图 5-5　冰河木马的主界面

图 5-6 所示为通过冰河的口令控制台可以得到对方计算机的一些密码。

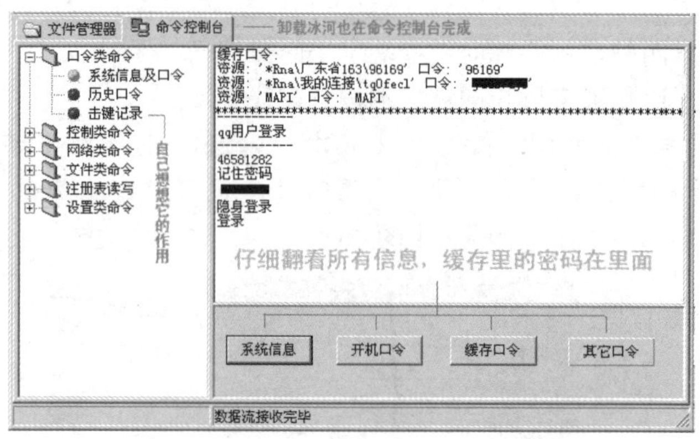

图 5-6　口令控制台

图 5-7 所示为受害者的一些信息，可以通过邮件发送给控制方。

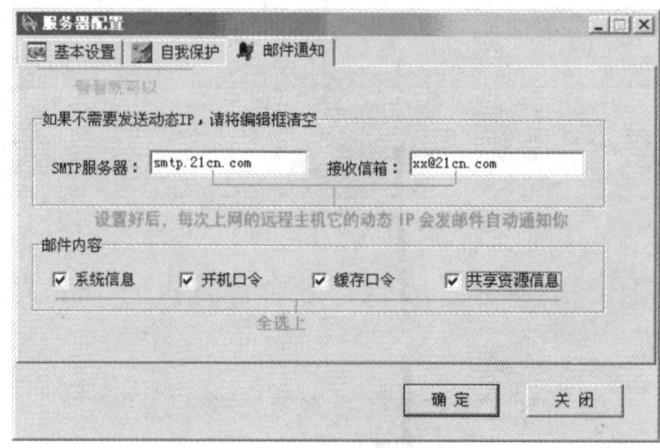

图 5-7　命令会通过邮件传送

图 5-8 所示为受害者计算机采用 netstat -an 命令看到 7626 端口是开放的。
图 5-9 所示为采用冰河信使给受害者计算机发信息。

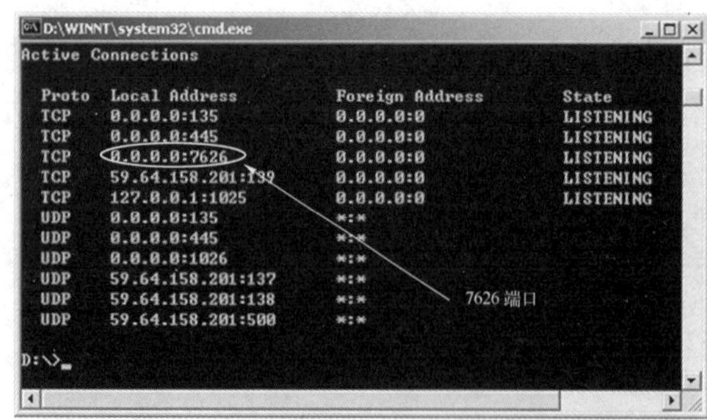

图 5-8　被控制计算机的 7626 端口是开放的

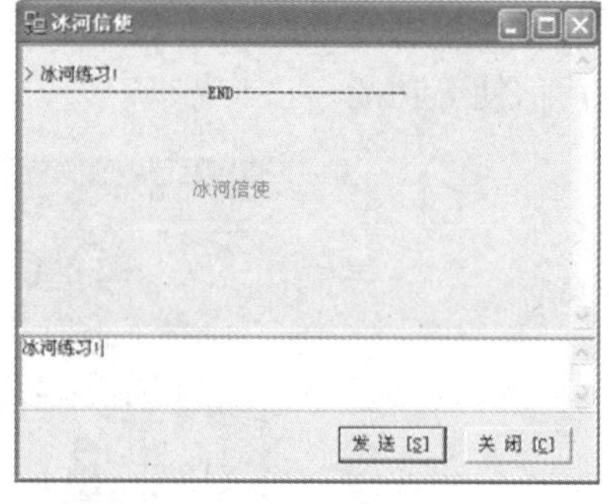

图 5-9　冰河信使

图 5-10 所示为采用冰河显示并控制对方计算机。

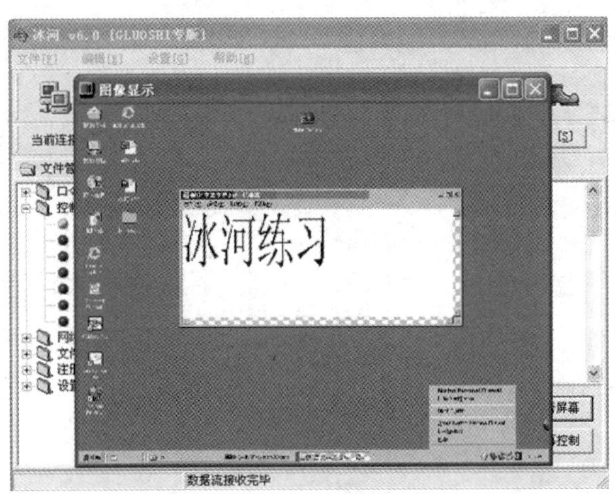

图 5-10　显示并控制对方计算机

冰河木马的清除很简单，由于这个木马属于早期的木马，现在市面上几乎所有的杀毒软件都可以将这个木马查杀。

5.1.4　木马的防范

防治木马的危害，应该采取以下措施。

1) 安装杀毒软件和个人防火墙，并及时升级。

2) 把个人防火墙设置好安全等级，防止未知程序向外传送数据。

3) 可以考虑使用安全性比较好的浏览器和电子邮件客户端工具。

4) 如果使用 IE 浏览器，应该安装卡卡上网安全助手、360 安全卫士等，防止恶意网站在自己的计算机上安装不明软件和浏览器插件，以免被木马趁机侵入。

5) 很多老式的木马端口都是固定的，这给判断是否感染了木马带来了方便，只要查一下特定的端口就知道感染了什么木马，所以现在很多新式的木马都加入了定制端口的功能，控制端用户可以在 1024～65535 任选一个端口作为木马端口（一般不选 1024 以下的端口），这样就给判断所感染木马的类型带来了麻烦。反之，可以通过禁用端口的方式来防止木马的危害。具体方法是鼠标右键单击“网上邻居”，选择“属性”，然后鼠标右键单击“本地连接”，选择“属性”，这时出现如图 5-11 所示的界面。

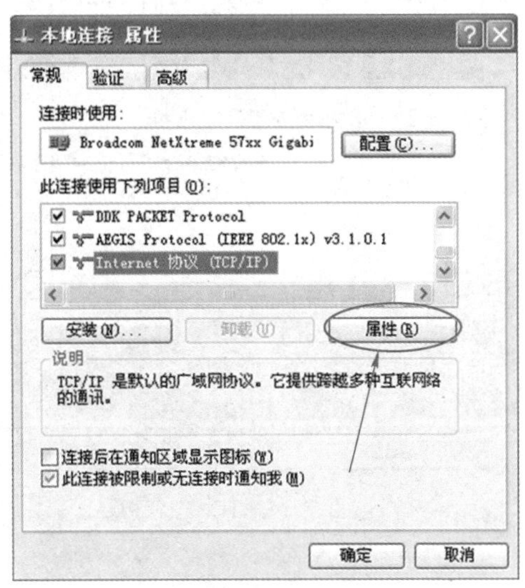

图 5-11　本地连接的属性

选中“Internet 协议（TCP/IP）”，单击“属性”按钮，出现如图 5-12 所示的界面。

单击“高级”按钮，出现如图 5-13 所示的界面。

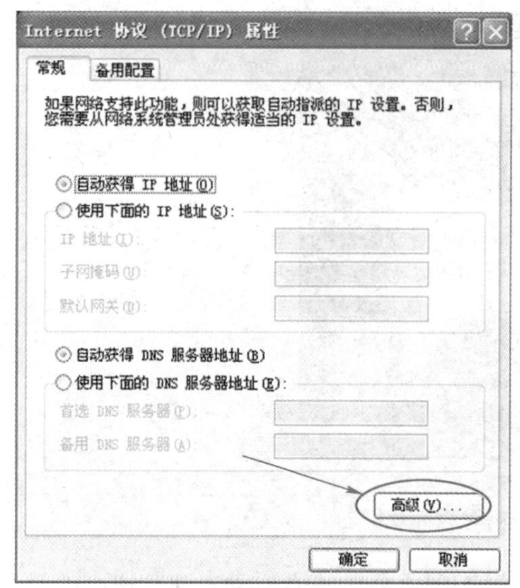

图 5-12　TCP/IP 的属性

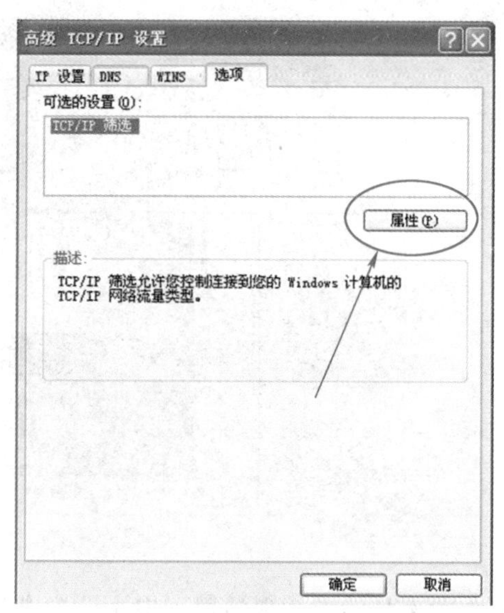

图 5-13　TCP/IP 高级设置

单击图 5-13 中的“属性”按钮，出现如图 5-14 所示的界面。

勾选“启用 TCP/IP 筛选（所有适配器）”，再对 TCP 端口加以限制，一般只允许其中的 4 个端口开放就行了。这 4 个端口是 21、25、80、110，如图 5-15 所示。其中，21 号端口是用来实现 FTP 的，25 号端口是用来发邮件的，80 号端口是用来上网的，110 号端口是用来接收邮件的。所以开放 TCP 的这 4 个端口以后，基本的服务都可以用了。大于 1024 的端口则一个都没有开放，这样可以有效地通过操作系统中的设置来防止木马。

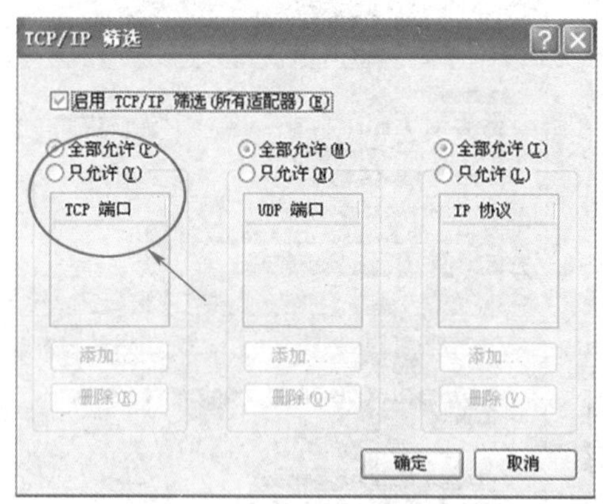

图 5-14　TCP/IP 筛选

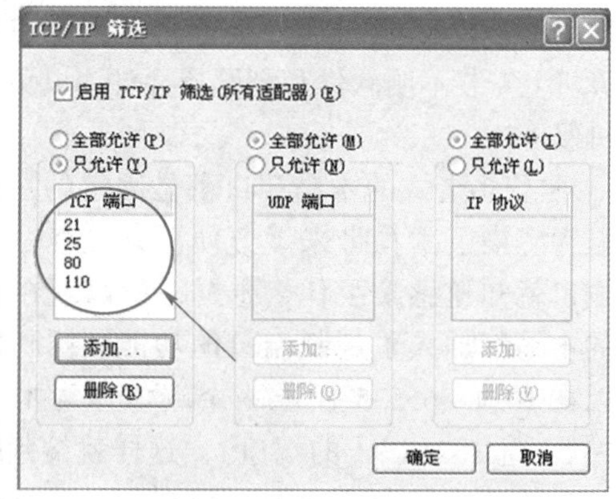

图 5-15　只允许部分端口

5.2　网络后门

1. 后门介绍

早期的计算机黑客，在成功获得远程系统的控制权后，希望能有一种技术使得他们在任意的时间都可以再次进入远程系统，于是后门程序就出现了。

后门是指那些绕过安全性控制而获取对程序或系统访问权的程序方法。在软件的开发阶段，程序员常常会在软件内创建后门程序以便可以修改程序设计中的缺陷。但是，如果这些后门被其他人知道，或是在发布软件之前没有删除后门程序，那么它就存在安全隐患，容易被黑客当成漏洞进行攻击。传统意义上的后门程序往往只是能够让黑客获得一个 Shell，通过这个 Shell 进而进行一些远程控制操作。

后门程序跟通常所说的“木马”有联系也有区别。联系在于，都是隐藏在用户系统中向外发送信息，而且本身具有一定权限，以便远程计算机对本机的控制；区别在于，木马是一个非常完整的工具集合，而后门则体积较小且功能都很单一，所以木马提供的功能远远超过后门程序。

2. 后门实例

全球著名黑客米特尼克在 15 岁的时候，闯入了“北美空中防务指挥系统”的计算机主机内，他和另外一些朋友翻遍了美国指向苏联及其盟国的所有核弹头的数据资料，然后又悄无声息地溜了出来，这就是黑客历史上利用“后门”进行入侵的一次经典之作。

在破解密码的过程中，米特尼克一开始就碰到了极为棘手的问题，毕竟事关整个北美的战略安全，这套系统的密码设置非常复杂，但经过不断的努力，在两个月时间里升级他的跟踪解码程序后，终于找到了北美空中防务指挥部的“后门”。这正是整套系统的薄弱环节，也是软件的设计者留下来以方便自己进入系统的地方。这样，米特尼克就顺顺当当、大摇大摆地进入了这个系统。

3. 后门的防御方法

后门的防范相对于木马来说更加困难，因为系统本身就包括远程桌面、远程协助这些可以进行远程维护的后门，所以对用户来讲更加困难。

1）首先对使用的操作系统以及软件要有充分的了解，确定它们之中是否存在后门。如果存在的话就需要及时关闭，以免这些后门被黑客所利用，比如系统的远程桌面、远程协助等。

2）关闭系统中不必要的服务，这些服务中有相当一部分对于个人用户来说不但没有作用，而且安全方面也存在很大的隐患，比如 Remote Registry、Terminal Services 等，这样同样可以防范系统服务被黑客利用。

3）安装网络防火墙，这样可以有效地对黑客发出的连接命令进行拦截。即使是自己的系统被黑客安装了后门程序，也能阻止黑客的进一步控制操作。

4）安装最新版本的杀毒软件，并且将病毒库升级到最新的版本。另外再安装一个注册表监控程序，可以随时对注册表的变化进行监控，有效地防范后门的入侵。

5.3　清除攻击痕迹

操作系统日志是对操作系统中的操作或活动进行的记录，不管是用户对计算机的操作还是应用程序的运行情况都能被全面记录下来。黑客在非法入侵计算机以后，所有行动的过程也会被日志记录在案。所以黑客在攻击之后，如何删除这些日志记录，就显得很重要了。

虽然一个日志的存在不能提供完全的可记录性，但日志能使系统管理员和安全管理员做到：

1）发现试图攻击系统安全的重复举动（例如一个攻击者试图冒充 Administrator 或 root 登录）。

2）跟踪那些想要越权的用户（例如那些使用 sudo 命令作为 root 执行命令的用户）。

3）跟踪异常的使用模式（例如有人在工作时间以外的时间登录计算机）。

4）实时跟踪入侵者。

5.3.1　Windows 下清除攻击痕迹

Windows 下的日志信息可以在“控制面板”→“管理工具”→“事件查看器”中找到。如图 5-16 所示为事件查看器中的应用程序日志。如图 5-17 所示为事件查看器中的安全日志。如图 5-18 所示为事件查看器中的系统日志。

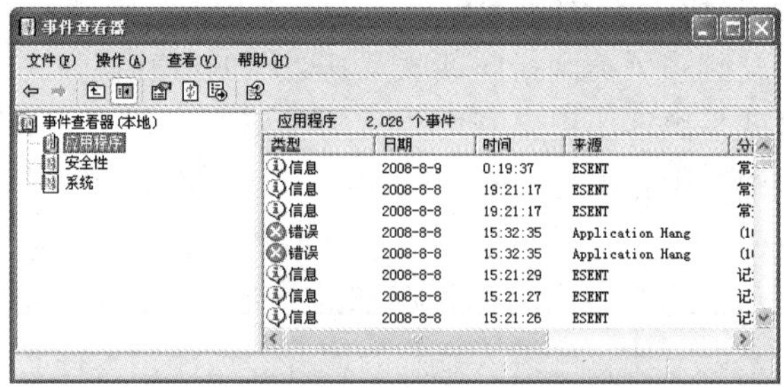

图 5-16　Windows 系统中的应用程序日志

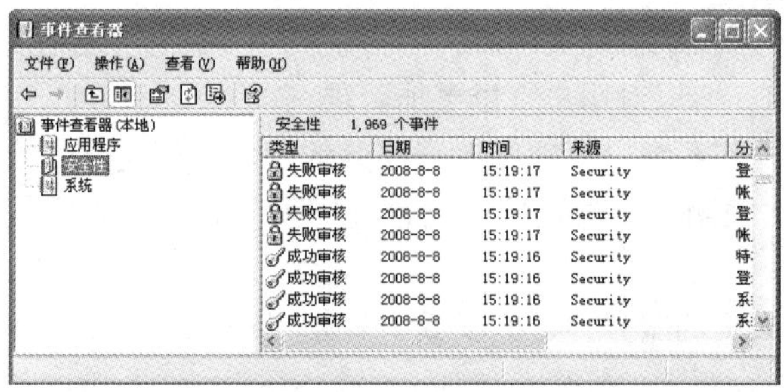

图 5-17　Windows 系统中的安全日志

图 5-18　Windows 系统中的系统日志

这三种日志文件的存放位置分别如下。

1）应用程序日志文件：%systemroot% \ system32 \ config \ AppEvent. EVT。

2）安全日志文件默认位置：%systemroot% \ system32 \ config \ SecEvent. EVT。

3）系统日志文件默认位置：%systemroot% \ system32 \ config \ SysEvent. EVT。

如图 5-19 所示为%systemroot% \ system32 \ config \ 目录下的日志信息，除了上面讲的三种日志信息以外，还有别的日志信息也在这里，如 SAM. LOG 是记录 SAM 文件的使用情况信息的。

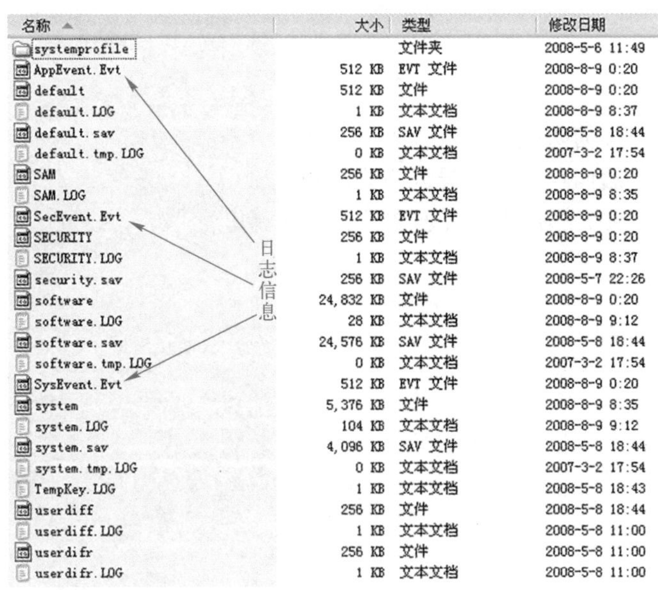

名称	大小	类型	修改日期
systemprofile		文件夹	2008-5-6 11:49
AppEvent. Evt	512 KB	EVT 文件	2008-8-9 0:20
default	512 KB	文件	2008-8-9 0:20
default. LOG	1 KB	文本文档	2008-8-9 8:37
default. sav	256 KB	SAV 文件	2008-5-8 18:44
default. tmp. LOG	0 KB	文本文档	2007-3-2 17:54
SAM	256 KB	文件	2008-8-9 0:20
SAM. LOG	1 KB	文本文档	2008-8-9 8:35
SecEvent. Evt	512 KB	EVT 文件	2008-8-9 0:20
SECURITY	256 KB	文件	2008-8-9 0:20
SECURITY. LOG	1 KB	文本文档	2008-8-9 8:37
security. sav	256 KB	SAV 文件	2008-5-7 22:26
software	24,832 KB	文件	2008-8-9 0:20
software. LOG	28 KB	文本文档	2008-8-9 9:12
software. sav	24,576 KB	SAV 文件	2008-5-8 18:44
software. tmp. LOG	0 KB	文本文档	2007-3-2 17:54
SysEvent. Evt	512 KB	EVT 文件	2008-8-9 0:20
system	5,376 KB	文件	2008-8-9 8:35
system. LOG	104 KB	文本文档	2008-8-9 9:12
system. sav	4,096 KB	SAV 文件	2008-5-8 18:44
system. tmp. LOG	0 KB	文本文档	2007-3-2 17:54
TempKey. LOG	1 KB	文本文档	2008-5-8 18:43
userdiff	256 KB	文件	2008-5-8 18:44
userdiff. LOG	1 KB	文本文档	2008-5-8 11:00
userdifr	256 KB	文件	2008-5-8 11:00
userdifr. LOG	1 KB	文本文档	2008-5-8 11:00

图 5-19　Windows 操作系统的日志信息

黑客在对 Windows 操作系统攻击完成之后，需要将部分或所有日志信息全部删除，以免被安全管理人员发现。

5. 3. 2　UNIX 下清除攻击痕迹

不同版本的 UNIX 日志文件的目录是不同的，最常用的目录如下。

1）/usr/adm：早期的版本。

2）Unix /var/adm：较新的版本。

3）Unix /var/log：用于 Solaris、Linux、BSD 等。

4）/etc Unix system V：早期的版本。

在这些目录或其子目录下，可以找到以下日志文件（也许是其中的一部分）：

1）lastlog：记录用户最后一次成功登录时间。

2）loginlog：不良的登录尝试记录。

3）messages：记录输出到系统主控台以及由 syslog 系统服务程序产生的消息。

4）utmp：记录当前登录的每个用户。

5）utmpx：扩展的 utmp。

6）wtmp：记录每一次用户登录和注销的历史信息 wtmpx 扩展的 wtmp。

7）vold. log：记录使用外部介质出现的错误。

8）xferkig：记录 FTP 的存取情况。

9）sulog：记录 su 命令的使用情况。

10）acct：记录每个用户使用过的命令。

11）aculog：拨出自动呼叫记录。

黑客在对UNIX操作系统攻击完成之后，会将部分或所有日志信息全部删除，以免被安全管理人员发现。

5.4　习题

1. 什么是木马？如何防范木马攻击？
2. 什么是后门？后门与木马的异同点在哪里？
3. Windows操作系统都有哪些日志文件，放在哪里？

第 6 章 计算机病毒与恶意软件

本章介绍计算机病毒和恶意软件。在国外，有时将计算机病毒当作恶意软件来处理，而在我国，恶意软件没有明确的法律定义，只有互联网协会对恶意软件做了介绍，其中并不包括计算机病毒。

- **知识与能力目标**

1）了解计算机病毒。

2）认知计算机病毒。

3）认知恶意软件。

- **素养目标**

1）培养学生正确的世界观、人生观、价值观。

2）培养学生承受挫折、失败的能力。

3）培养学生积极乐观的态度，健全的人格。

6.1 计算机病毒

计算机病毒

6.1.1 计算机病毒的概念

与医学上的“病毒”不同，计算机病毒不是天然存在的，而是某些人利用计算机软、硬件所固有的脆弱性，编制具有特殊功能的程序。计算机病毒能通过某种途径潜伏在计算机存储介质（或程序）里，当达到某种条件时即被激活，它是通过修改其他程序的方法将自己的精确副本或者其他可能演化的形式放入其他程序中，从而感染它们，对计算机资源进行破坏的一组程序或指令集合。

1994 年 2 月 18 日，我国正式颁布实施了《中华人民共和国计算机信息系统安全保护条例》，在该条例第二十八条中明确指出：“计算机病毒，是指编制或者在计算机程序中插入的破坏计算机功能或者毁坏数据，影响计算机使用，并能自我复制的一组计算机指令或者程序代码”，此定义具有法律性、权威性。

6.1.2 计算机病毒产生的原因

计算机病毒究竟是如何产生的？其产生和作用过程可分为程序设计→传播→潜伏→触发→运行→实行攻击几个阶段，究其产生的原因不外乎以下几种。

1. 开个玩笑，一个恶作剧

某些爱好计算机并对计算机技术精通的人士为了炫耀自己的高超技术和智慧，凭借对软硬件的深入了解，编制出这些特殊的程序。这些程序通过载体传播出去后，在一定条件下被触发，如显示一些动画、播放一段音乐或提一些智力问答题等，其目的无非是自我表现一下。这类病毒一般都是良性的，不会有破坏操作。

2. 产生于个别人的报复心理

每个人都处于社会环境中，但总有人对社会不满或感觉受到不公正的待遇。如果这种情况发生在一个编程高手身上，那么他有可能会编制一些危险的程序。在国外就有这样的事例：某公司职员在职期间编制了一段代码隐藏在其公司的系统中，一旦检测到他的名字在工资报表中删除，该程序立即发作，破坏整个系统。类似案例在国内亦出现过。

3. 用于版权保护

计算机发展初期，由于在法律上对于软件版权的保护还没有像今天这样完善，很多商业软件被非法复制。有些开发商为了保护自己的利益制作了一些特殊程序，附在产品中。如巴基斯坦病毒，其制作是为了追踪那些非法复制其产品的用户。用于这种目的的病毒目前已不多见。

4. 用于特殊目的

某些组织或个人为达到特殊目的，对政府机构、单位的特殊系统进行宣传或破坏，或用于军事目的。

6.1.3 计算机病毒的历史

自从1946年第一台计算机ENIAC问世以来，计算机已被应用到社会中的各个领域。然而，1988年发生在美国的“蠕虫病毒”事件，给计算机技术的发展蒙上了一层阴影。该蠕虫病毒是由美国Cornell大学研究生莫里斯编写的。虽然并无恶意，但在当时，“蠕虫”在Internet上大肆传染，使得数千台联网的计算机停止运行，并造成巨额损失，成为一时的舆论焦点。

在国内，最初引起人们注意的病毒是20世纪80年代末出现的“黑色星期五”“米氏病毒”“小球病毒”等。因当时软件种类不多，用户之间的软件交流较为频繁且反病毒软件并不普及，造成了病毒的广泛流行。后来出现的Word宏病毒及Windows 95下的CIH病毒，使人们对病毒的认识更深了一步。

目前，比较流行的计算机病毒是U盘病毒和网络蠕虫等。

6.1.4 计算机病毒的特征

1. 传染性

传染性是计算机病毒的基本特征。在生物界，病毒通过传染从一个生物体扩散到另一个生物体。在适当的条件下，它可得到大量繁殖，并使被感染的生物体表现出病症甚至死亡。同样，计算机病毒也会通过各种渠道从已被感染的计算机扩散到未被感染的计算机，在某些情况下造成被感染的计算机工作失常甚至瘫痪。与生物病毒不同的是，计算机病毒是一段人为编制的计算机程序代码，这段程序代码一旦进入计算机并得以执行，它会搜寻其他符合其传染条件的程序或存储介质，确定目标后再将自身代码插入其中，达到自我繁殖的目的。只要一台计算机染毒，如果不及时处理，那么病毒会在这台计算机上迅速扩散，其中的大量文件（一般是可执行文件）会被感染。而被感染的文件又成了新的传染源，再与其他计算机进行数据交换或通过网络接触，病毒会继续进行传染。

2. 隐蔽性

计算机病毒一般是由具有很高编程技巧的人编制的、短小精悍的程序，通常附在正常程序中或磁盘较隐蔽的地方，也有个别的以隐含文件形式出现，目的是不让用户发现它的存在。如果不经过代码分析，病毒程序与正常程序是不容易区别开来的。一般在没有防护措施的情况下，计算机病毒程序取得系统控制权后，可以在很短的时间里传染大量程序。而且受到传染后，计算机系统通常仍能正常运行，使用户不会感到任何异常。试想，如果病毒在传染到计算机之后，计算机马上无法正常运行，那么病毒本身就无法继续进行传染了。正是由于隐蔽性，计算机病毒得以在用户没有察觉的情况下扩散到更多计算机中。

大部分计算机病毒的代码设计得非常短小，也是为了便于隐藏。病毒一般只有几百或上千字节，而个人计算机对 DOS 文件的存取速度可达每秒几百 KB 以上，所以病毒转瞬之间便可将这短短的几百 KB 附着到正常程序之中，使人不易察觉。

3. 潜伏性

大部分病毒在感染系统之后一般不会马上发作，它可以长期隐藏在系统中，只有在满足其特定条件时才启动破坏模块，只有这样它才可以进行广泛的传播。如“PETER-2”在每年 2 月 27 日会提三个问题，如答错它就会将硬盘加密。著名的“黑色星期五”在逢 13 号的星期五发作。国内的“上海一号”会在每年 3、6、9 月的 13 日发作。当然，最令人难忘的便是每月 26 日发作的 CIH。这些病毒在平时会隐藏得很好，只有在发作日才会露出本来面目。

4. 破坏性

任何计算机病毒只要侵入系统，都会对系统及应用程序产生不同程度的影响，轻者会降低计算机工作效率，占用系统资源；重者可导致系统崩溃。由此特性可将计算机病毒分为良性病毒与恶性病毒两类。良性病毒可能只显示些画面或发出点音乐、无聊的语句，或者根本没有任何破坏动作，但会占用系统资源。这类病毒较多，如 GenP、小球、W-BOOT 等。恶性病毒则有明确的目的，或破坏数据、删除文件，或加密磁盘、格式化磁盘，经常会对数据造成不可挽回的破坏。这也反映出病毒编制者的恶意用心。

6.1.5　计算机病毒的命名

世界上存在多种多样的计算机病毒，反病毒公司为了方便管理，会按照计算机病毒的特性，将计算机病毒进行分类命名。虽然每个反病毒公司的命名规则都不太一样，但大体都采用一种统一的命名方法来命名。

一般格式为：<病毒前缀>.<病毒名>.<病毒后缀>。

病毒前缀是指一个病毒的种类，它是用来区别病毒的种族分类的，不同种类的病毒其前缀是不同的，比如常见的木马病毒的前缀是 Trojan，蠕虫病毒的前缀是 Worm 等。

病毒名是指一个病毒的家族特征，是用来区别和标识病毒家族的，如以前著名的 CIH 病毒的家族名都是统一的“CIH”，还有曾经传播非常广泛的“震荡波”蠕虫病毒的家族名是“Sasser”。

病毒后缀是指一个病毒的变种特征，是用来区别具体某个家族病毒的某个变种的，一般采用英文中的 26 个字母来表示，如 Worm. Sasser. b 就是指“震荡波”蠕虫病毒的变种 B，因此一般称为“震荡波 B 变种”或者“震荡波变种 B”。如果该病毒变种非常多（也表明该病毒生命力顽强），可以采用数字与字母混合来表示变种标识。

综上所述，一个病毒的前缀对快速地判断该病毒属于哪种类型是非常有帮助的。通过判断病毒的类型，就可以对这个病毒有个大概的评估。而知道病毒名就可以利用查找资料等方式进一步了解该病毒的详细特征。根据病毒后缀能知道现在计算机里感染的病毒是哪个变种。

下面附带一些常见的病毒前缀的解释。

1. 系统病毒

系统病毒的前缀为 Win32、PE、Win95 等。这些病毒的一般共有特性是可以感染 Windows 操作系统的 *. exe 和 *. dll 文件，并通过这些文件进行传播，如 CIH 病毒。

2. 蠕虫病毒

蠕虫病毒的前缀是 Worm。这种病毒的共有特性是通过网络或者系统漏洞进行传播，大部分蠕虫病毒都有向外发送带毒邮件、阻塞网络的特性，如冲击波（阻塞网络）、小邮差（发带毒邮件）等。

3. 木马病毒、黑客病毒

木马病毒的前缀是 Trojan，黑客病毒的前缀名一般为 Hack。木马病毒的共有特性是通过网络或者系统漏洞进入用户的系统并隐藏，然后向外界泄露用户的信息；而黑客病毒则有一个可视的界面，能对用户的计算机进行远程控制。木马、黑客病毒往往是成对出现的，即木马病毒负责侵入用户的计算机，而黑客病毒会通过该木马病毒来进行控制。现在，这两种类型的病毒越来越趋向于整合。比较常见的木马有 QQ 消息尾巴木马 Trojan. QQ3344，还有针对网络游戏的木马病毒如 Trojan. LMir. PSW. 60 等。这里补充一点，病毒名中有 PSW 或者 PWD 之类的一般表示这个病毒有盗取密码的功能（这些字母一般为“密码”的英文“password”的缩写）。常见的一些黑客病毒有网络枭雄（Hack. Nether. Client）等。

4. 脚本病毒

脚本病毒的前缀是 Script。脚本病毒的共有特性是使用脚本语言编写，通过网页进行传播，如红色代码（Script. Redlof）。脚本病毒还有如下前缀：VBS、JS（表明是何种脚本编写），如欢乐时光（VBS. Happytime）、十四日（JS. Fortnight. c. s）等。

5. 宏病毒

其实宏病毒也是脚本病毒的一种，由于它具有一定的特殊性，因此在这里单独归为一类。宏病毒的前缀是 Macro，第二前缀是 Word、Word97、Excel、Excel97 等其中之一。只感染 Word97 及以前版本 Word 文档的病毒采用 Word97 作为第二前缀，格式是 Macro. Word97；只感染 Word97 以后版本 Word 文档的病毒采用 Word 作为第二前缀，格式是 Macro. Word；只感染 Excel97 及以前版本 Excel 文档的病毒采用 Excel97 作为第二前缀，格式是 Macro. Excel97；只感染 Excel97 以后版本 Excel 文档的病毒采用 Excel 作为第二前缀，格式是 Macro. Excel，以此类推。该类病毒的共有特性是能感染 Office 系列文档，然后通过 Office 通用模板进行传播，如著名的梅丽莎（Macro. Melissa）病毒。

6. 后门病毒

后门病毒的前缀是 Backdoor。该类病毒的共有特性是通过网络传播，给系统开后门，从而给用户计算机带来安全隐患，如很多读者遇到过的 IRC 后门 Backdoor. IRCBot。

7. 病毒种植程序病毒

这类病毒的共有特性是运行时会从体内释放出一个或几个新的病毒到系统目录下，由释放出来的新病毒产生破坏，如冰河播种者（Dropper. BingHe2. 2C）、MSN 射手（Dropper. Worm. Smibag）等。

8. 破坏性程序病毒

破坏性程序病毒的前缀是 Harm。这类病毒的共有特性是本身具有好看的图标来诱惑用户单击，当用户单击这类病毒时，病毒便会直接对用户计算机产生破坏，如格式化 C 盘（Harm. formatC. f）、杀手命令（Harm. Command. Killer）等。

9. 玩笑病毒

玩笑病毒的前缀是 Joke，也称为恶作剧病毒。这类病毒的共有特性是本身具有好看的图标来诱惑用户单击，当用户单击这类病毒时，病毒会做出各种破坏操作的假象来吓唬用户，而实际上并没有对用户计算机进行任何破坏，如女鬼（Joke. Girlghost）病毒。

10. 捆绑机病毒

捆绑机病毒的前缀是 Binder。这类病毒的共有特性是病毒作者会使用特定的捆绑程序将病毒与一些应用程序（如 QQ、IE）捆绑起来，表面上看是一个正常的文件，当用户运行这些捆绑病毒时，表面上只是运行这些应用程序，但实际上会隐藏运行捆绑在一起的病毒，从而给用户造成危害，如捆绑 QQ（Binder. QQPass. QQBin）、系统杀手（Binder. killsys）等。

以上为比较常见的病毒前缀，有时候还会看到一些其他的病毒前缀，但比较少见，这里简单提一下。

1）DoS：会针对某台主机或者服务器进行 DoS 攻击。

2）Exploit：会自动通过溢出对方或者自己的系统漏洞来传播自身，或者本身就是一个用于 Hacking 的溢出工具。

3）HackTool：黑客工具，也许本身并不破坏用户的系统，但是会被别人利用将该用户作为替身去破坏别人。

可以在查出某个病毒以后通过以上所说的方法来初步判断所中病毒的基本情况，达到知己知彼的效果。在杀毒软件无法自动查杀，打算采用手工方式查杀的时候，这些信息能提供很大的帮助。

6.1.6　杀毒软件

现在市面上的杀毒软件种类很多，国外的有诺顿、卡巴斯基、McAfee 等，国内的有江民、金山、瑞星、360 等，究竟安装哪一款杀毒软件查杀病毒的效果会更好一些？这是一个经常遇到的问题。

其实市面上的这些杀毒软件各有各的优缺点，谈不上哪个杀毒软件更好一些。但是要注意的是，计算机操作系统通常为了安全起见，除了安装防病毒软件外，还要安装防火墙软件和防恶意软件等，而这些软件通常都需要对操作系统底层的文件系统进行处理，如果安装多种不同厂商的这类软件，通常会出现“死机”“蓝屏”等现象。因此，在选择安装防病毒软件、防火墙软件和防恶意软件的时候，要考虑不同组合的软件可能带来的安全影响。一般来说，尽量安装同一厂商出品的安全产品，这样发生“死机”“蓝屏”等现象会少一些。

6.2　典型病毒分析

本节介绍几种典型的病毒，包括 U 盘病毒、“熊猫烧香”病毒、QQ 与 MSN 病毒等，其中 U 盘中的病毒是最常见的，在本节中会重点介绍。

U 盘是目前使用最为广泛的移动存储器，它有体积小、重量轻、容量大及携带方便等优点。但是目前 U 盘也是传播病毒的主要途径之一，据统计，U 盘有病毒的比例高达 90%。根据权威部门统计，U 盘已成为病毒和恶意木马程序传播的主要途径之一。

6.2.1　U 盘“runauto..”文件夹病毒及清除方法

1. “runauto..”文件夹病毒

在计算机硬盘里会经常发现名为“runauto..”的一个文件夹，在正常模式或安全模式下都无法删除，也不可以粉碎。图 6-1 所示为 runauto.. 文件夹。

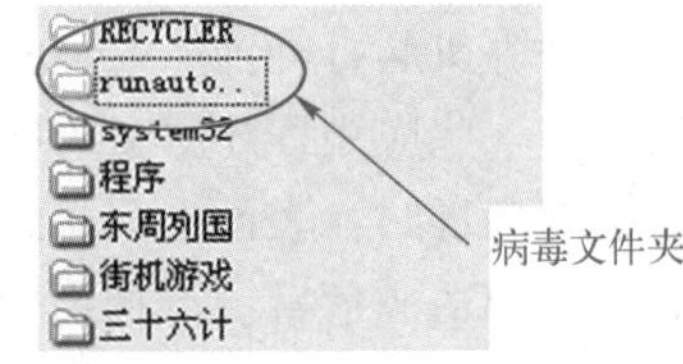

图 6-1　runauto.. 文件夹

其实这个文件夹是在 MS-DOS 下建立的，其真实名称应为“runauto...\”，最后面多了一个反斜杠“\”。

2. 病毒清除方法

假设这个文件夹在 C 盘，则删除办法是：在桌面单击“开始”→“运行”，输入“cmd”，再输入“C:”，最后输入“rd/s/q runauto...\”就可以了，如图 6-2 所示。

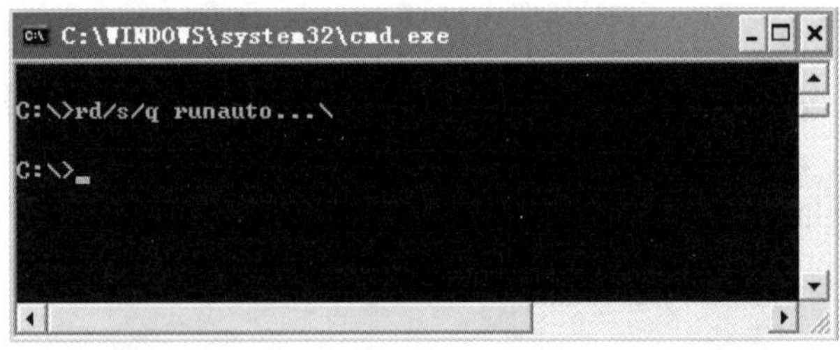

图 6-2　删除 runauto.. 文件夹

6.2.2　U 盘 autorun.inf 文件病毒及清除方法

1. autorun.inf 文件病毒

目前几乎所有 U 盘类病毒的最大特征就是它们都是利用 autorun.inf 这个文件来入侵的，而事实上 autorun.inf 相当于一个传染途径，经过这个途径入侵的病毒，理论上可以是“任何”病毒。因此大家可以发现，当在网上搜索到 autorun.inf 之后，附带的病毒往往有不同的名称，正是这个道理。就好像身体上有个创口，有可能进入的细菌就不止一种，在不同环境下进入的细菌可以不同，甚至可能是 AIDS 病毒。这个 autorun. inf 就好比创口，因此目前无法单纯说 U 盘病毒就是什么病毒，这也导致在查杀上会存在混乱，因为 U 盘病毒不止几种或几十种，详细的数字并没人去统计。

autorun. inf 这个文件是很早就存在的，在 Windows XP 以前的其他 Windows 系统（如 Windows 98、Windows 2000 等），如需要让光盘、U 盘插入到计算机自动运行的话，就要靠 autorun. inf。这个文件保存在驱动器的根目录下，是一个隐藏的系统文件。它保存着一些简单的命令，告诉系统这个新插入的光盘、U 盘或硬件应该自动启动什么程序，也可以告诉系统将它的盘符图标改成某个路径下的 icon。所以，这本身是一个常规且合理的文件和技术。

但上面反复提到的“自动”就是关键。病毒作者可以利用这一点，让移动设备在用户系统完全不知情的情况下，“自动”执行命令或应用程序。因此，通过这个 autorun. inf 文件，可以放置正常的启动程序，如经常使用的各种教学光盘，一插入计算机就自动安装或自动演示；也可以通过此种方式，放置任何可能的恶意内容。

有了启动方法，病毒作者肯定需要将病毒主体放进光盘或者 U 盘里才能让其运行，但是堂而皇之地放在 U 盘里肯定会被用户发现而删除（即使不知道其是病毒，不是自己放进的不知名文件，用户也会删除），所以，病毒肯定会隐藏起来存放在一般情况下看不到的地方。

一种是假回收站方式：病毒通常在 U 盘中建立一个“RECYCLER”的文件夹，然后把病毒藏在里面很深的目录中，一般人以为这就是回收站了，而事实上，回收站的名称是“Recycled”，而且两者的图标是不同的，如图 6-3 所示。

另一种是假冒杀毒软件方式：病毒在 U 盘中放置一个程序，改名为“RavMonE. exe”，这很容易让人以为是瑞星的程序，实际上却是病毒。

也许有人会问，为什么在有的机器上能看到上面的文件，有的机器上看不到？这是因为通常的系统，默认是会隐藏一些文件夹和文件的，病毒就会将自己改造成系统文件夹、隐藏文件等，一般情况下当然就看不到了。可以按照下面的方法看到隐藏的文件：打开“我的电脑”，在菜单栏上单击“工具”→“文件夹选项”，出现一个对话框，选择“查看”标签，然后将“隐藏受保护的操作系统文件（推荐）”选项前面的“√”去掉，再将“显示所有文件和文件夹”选项勾选上，如图 6-4 所示。

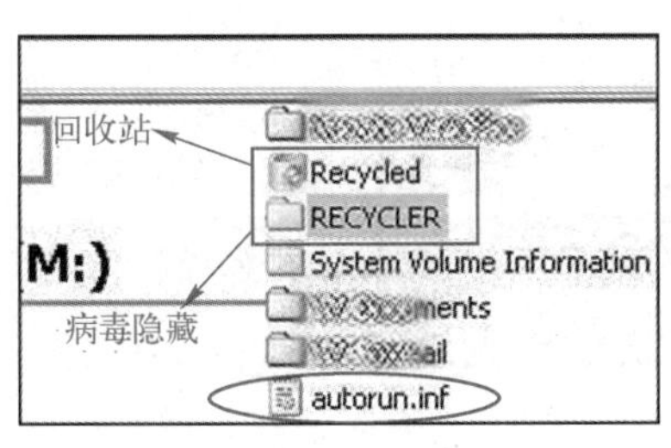

图 6-3　RECYCLER 文件

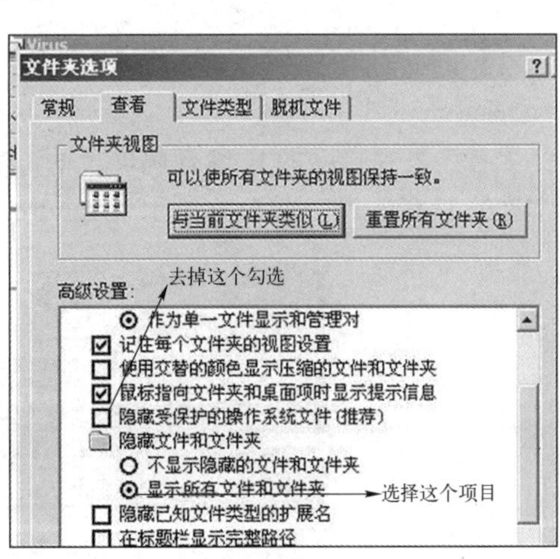

图 6-4　查看隐藏文件

如果 U 盘带有上述病毒，还会出现一个现象，就是当右键单击 U 盘时，会多了一些东西，如图 6-5 所示。

图 6-5 左侧是带病毒的 U 盘，右键菜单多了“自动播放”“Open”“Browser”等项目；右侧是杀毒后的，没有这些项目。

这里注明一下：凡是带 autorun. inf 的移动媒体，包括光盘，单击鼠标右键都会出现“自动播放”的菜单，这是正常的功能。

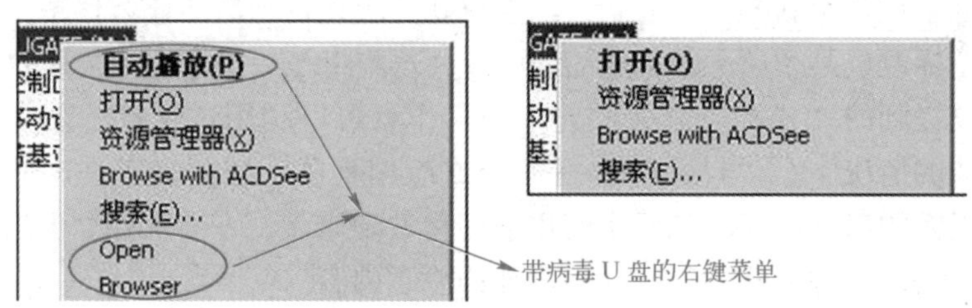

图 6-5　U 盘属性

目前的 U 盘病毒都是通过 autorun. inf 来入侵的。autorun. inf 本身是正常的文件，但可被利用进行其他恶意的操作。不同的人可通过 autorun. inf 放置不同的病毒，因此无法简单地说是什么病毒，即可以是一切病毒、木马、黑客程序。一般情况下，U 盘不应该有 autorun. inf 文件。

2. 病毒清除方法

对于 autorun. inf 病毒的解决方法如下。

1）如果发现 U 盘有 autorun. inf，且不是自己创建生成的，请删除它，并且尽快查毒。

2）如果有类似回收站、瑞星文件等文件，通过对比硬盘上的回收站名称、正版的瑞星名称，确认该内容不是自己创建生成的，可直接删除。

3）一般建议插入 U 盘时，不要双击 U 盘。另外有一个更好的技巧：插入 U 盘前，按住〈Shift〉键，然后插入 U 盘，建议按键的时间长一点。插入后，用右键单击 U 盘，选择“资源管理器”来打开 U 盘。

6. 2. 3　U 盘 RavMonE. exe 病毒及清除方法

1. 病毒描述

经常有人发现自己的 U 盘有病毒，杀毒软件报出一个 RavMonE. exe 病毒文件，这也是一个常见的 U 盘病毒。图 6-6 所示为 RavMonE. exe 病毒运行后出现在进程中的情况。

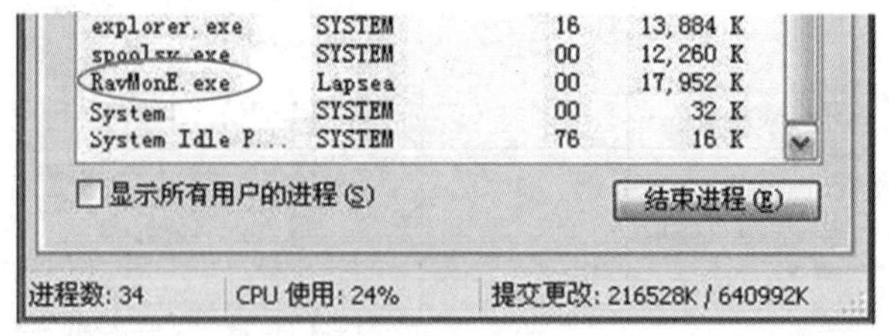

图 6-6　进程中的 RavMonE. exe 病毒

RavMonE. exe 病毒运行后，会出现一个同名的进程，该程序看似没有显著危害性。程序大小为 3. 5 MB，一般会占用 19~20 MB 的资源，在 Windows 目录内隐藏为系统文件，且自动添加到系统启动项内。其生成的 Log 文件常含有不同的 6 位数字，可能会有窃取账号密码之类的危害。

2. 解决方法

1）打开任务管理器按下〈Ctrl+Alt+Del〉键或者在任务栏单击鼠标右键，终止所有 RavMonE. exe 进程。

2）进入病毒目录，删除其中的 ravmone. exe 文件。

3）打开系统注册表，依次点开 HK_Loacal_Machine \ software \ Microsoft \ windows \ CurrentVersion \ Run \，在右边可以看到一项数值是 c：\ windows \ ravmone. exe 的项，把该项删除。

4）完成后，重新启动计算机，病毒就被清除了。

6. 2. 4　ARP 病毒

1. 病毒描述

ARP 地址欺骗类病毒（以下简称 ARP 病毒）是一类特殊的病毒，该病毒一般属于木马（Trojan）病毒，不具备主动传播的特性，不会自我复制。但是由于其发作的时候会向全网发送伪造的 ARP 数据包，干扰整个网络的运行，因此它的危害比一些蠕虫还要严重得多。

ARP 病毒通过伪造 IP 地址和 MAC 地址实现 ARP 欺骗，能够在网络中产生大量的 ARP 通信量使网络阻塞或者实现中间人攻击（Man in the Middle Attack）进行 ARP 重定向和嗅探攻击。ARP 病毒用伪造源 MAC 地址发送 ARP 响应包，对 ARP 高速缓存机制进行攻击。当局域网内某台主机运行 ARP 欺骗的木马程序时，会欺骗局域网内所有主机和路由器，让所有上网的流量必须经过病毒主机。其他用户原来直接通过路由器上网，现在转由通过病毒主机上网，切换的时候用户会断一次线。切换到病毒主机上网后，如果用户已经登录了某些服务器（如网络游戏的服务器），那么病毒主机就会经常伪造断线的假象，用户就需要重新登录服务器，这样病毒主机就可以盗号了。图 6-7 所示为 360ARP 防火墙中的 ARP 病毒记录。

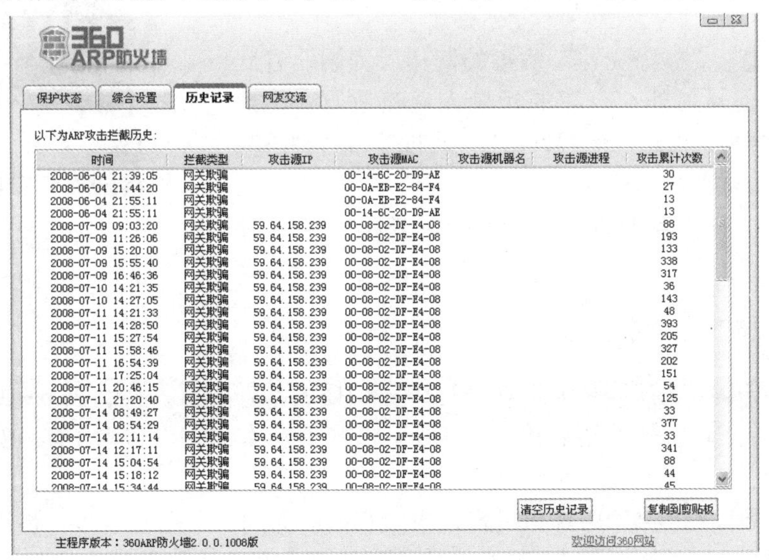

时间	拦截类型	攻击源IP	攻击源MAC	攻击源机器名	攻击源进程	攻击累计次数
2008-06-04 21:39:05	网关欺骗		00-14-6C-20-D9-AE			30
2008-06-04 21:44:20	网关欺骗		00-0A-EB-E2-84-F4			27
2008-06-04 21:55:11	网关欺骗		00-0A-EB-E2-84-F4			13
2008-06-04 21:55:11	网关欺骗		00-14-6C-20-D9-AE			13
2008-07-09 09:03:20	网关欺骗	59.64.158.239	00-08-02-DF-E4-08			88
2008-07-09 11:26:06	网关欺骗	59.64.158.239	00-08-02-DF-E4-08			193
2008-07-09 15:20:00	网关欺骗	59.64.158.239	00-08-02-DF-E4-08			133
2008-07-09 15:55:40	网关欺骗	59.64.158.239	00-08-02-DF-E4-08			338
2008-07-09 16:46:36	网关欺骗	59.64.158.239	00-08-02-DF-E4-08			317
2008-07-10 14:21:35	网关欺骗	59.64.158.239	00-08-02-DF-E4-08			36
2008-07-10 14:27:05	网关欺骗	59.64.158.239	00-08-02-DF-E4-08			143
2008-07-11 14:21:33	网关欺骗	59.64.158.239	00-08-02-DF-E4-08			48
2008-07-11 14:28:50	网关欺骗	59.64.158.239	00-08-02-DF-E4-08			393
2008-07-11 15:27:54	网关欺骗	59.64.158.239	00-08-02-DF-E4-08			205
2008-07-11 15:58:46	网关欺骗	59.64.158.239	00-08-02-DF-E4-08			327
2008-07-11 16:54:39	网关欺骗	59.64.158.239	00-08-02-DF-E4-08			202
2008-07-11 17:25:04	网关欺骗	59.64.158.239	00-08-02-DF-E4-08			151
2008-07-11 20:46:15	网关欺骗	59.64.158.239	00-08-02-DF-E4-08			54
2008-07-11 21:20:40	网关欺骗	59.64.158.239	00-08-02-DF-E4-08			125
2008-07-14 08:49:27	网关欺骗	59.64.158.239	00-08-02-DF-E4-08			33
2008-07-14 08:54:29	网关欺骗	59.64.158.239	00-08-02-DF-E4-08			377
2008-07-14 12:11:14	网关欺骗	59.64.158.239	00-08-02-DF-E4-08			33
2008-07-14 12:17:11	网关欺骗	59.64.158.239	00-08-02-DF-E4-08			341
2008-07-14 15:04:54	网关欺骗	59.64.158.239	00-08-02-DF-E4-08			88
2008-07-14 15:18:12	网关欺骗	59.64.158.239	00-08-02-DF-E4-08			44
2008-07-14 15:34:44	网关欺骗	59.64.158.239	00-08-02-DF-E4-08			45

图 6-7　360ARP 防火墙中的 ARP 病毒记录

2. 解决方法

可以使用 360ARP 防火墙，这个防火墙可以在 http：//www.360.cn 上下载。安装完成后，可以在综合设置里面设置对 ARP 病毒的防护，如图 6-8 所示。

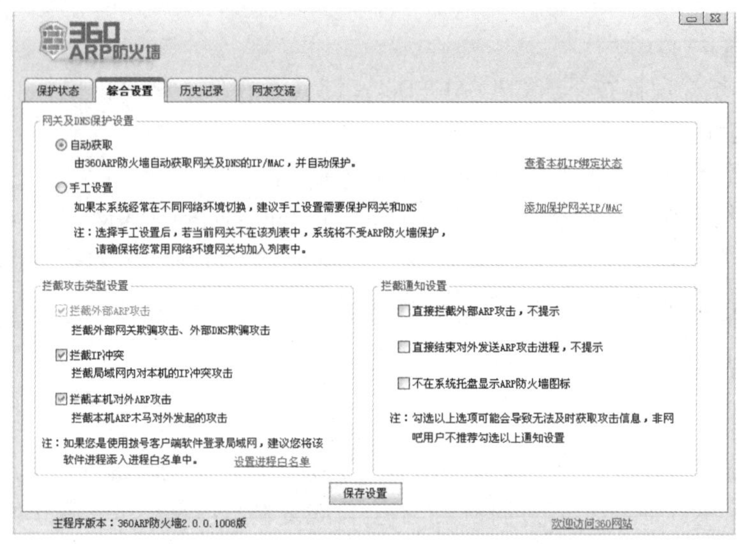

图 6-8　360ARP 防火墙的综合设置

6.2.5 “熊猫烧香”病毒

2006 年底，中国互联网上大规模爆发“熊猫烧香”病毒及其变种，这种病毒将感染的所有程序文件的图标改成熊猫举着三根香的模样，如图 6-9 所示。它还具有盗取用户游戏账号、QQ 账号等功能。截至案发，已有上百万个人用户、网吧及企业局域网用户遭受感染和破坏，引起社会各界高度关注，被称为 2006 年中国大陆地区的“毒王”。

图 6-9　“熊猫烧香”病毒图标

据警方调查，“熊猫烧香”病毒的制作者为湖北省武汉市的李某，他与另外 5 名犯罪嫌疑人通过改写、传播“熊猫烧香”病毒，构建“僵尸网络”，通过盗窃各种游戏和 QQ 账号等方式非法牟利。

目前，只要安装常用的杀病毒软件，就能查杀这种病毒。

6.2.6 QQ 与 MSN 病毒

网上利用 QQ、MSN 等聊天工具进行病毒传播的事件时有发生，图 6-10 所示为通过 QQ 自动传播的病毒。另外还有黑客给 QQ、MSN 上加木马，以盗取 QQ、MSN 的密码等信息。

打开附有病毒或木马的网址很可怕，因为它的后面加了一个端口号。可以 ping 一下它的网址，如图 6-11 所示，通过这种方式可以看到它的 IP 地址。

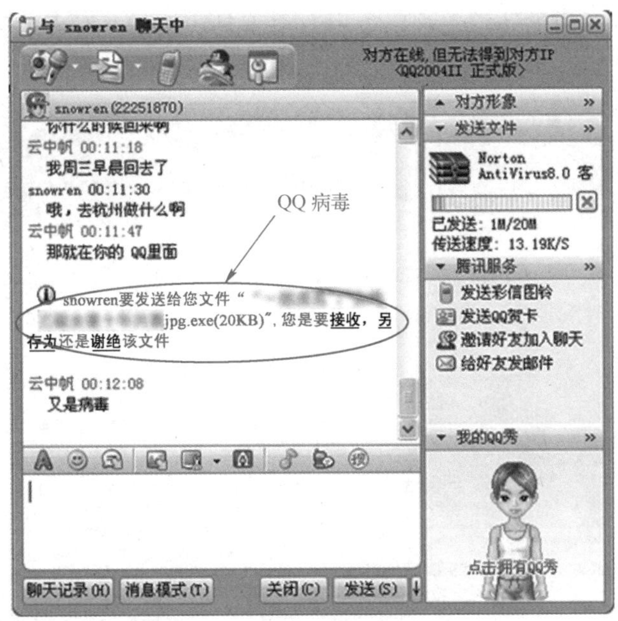

图 6-10　通过 QQ 自动传播的病毒

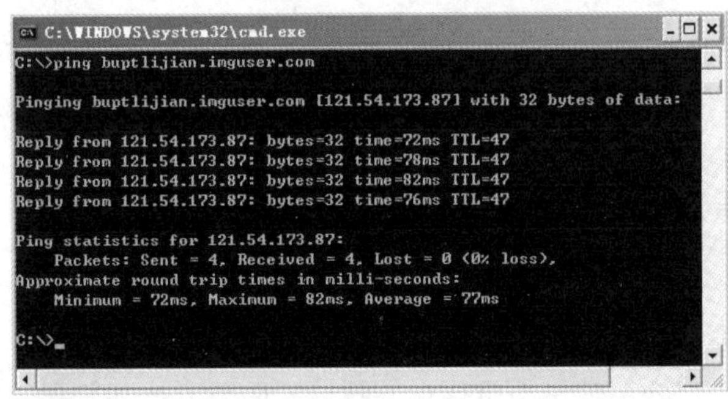

图 6-11　恶意网站的 IP 地址

看到它的 IP 地址为 121. 54. 173. 87，然后再到 www. ip. cn 网站上查找一下就会发现这个网站实际在香港，如图 6-12 所示。

图 6-12　查看恶意网站的实际地址

对于QQ和MSN病毒的防治，可以采用专杀工具。例如，对于QQ病毒可以下载QQ-Kav专杀工具，进行查杀。它的主界面如图6-13所示。

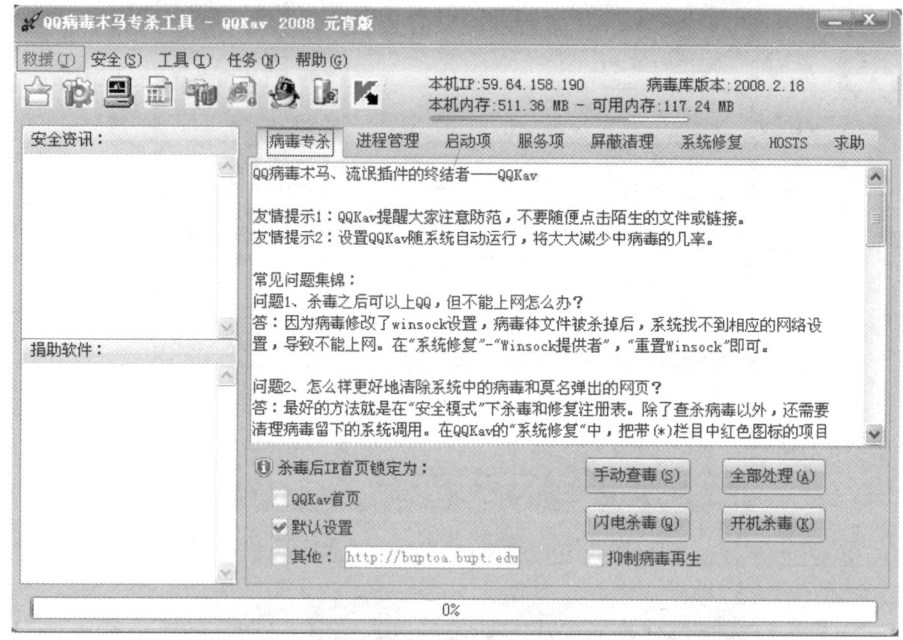

图6-13　QQKav主界面

6.2.7　典型手机病毒介绍

随着智能手机的不断普及，手机病毒成为病毒发展的下一个目标。现在手机病毒已经从过去的利用手机系统漏洞进行攻击的类型，向针对开放式智能手机操作系统的类似计算机病毒的程序型转变。本节将介绍典型手机病毒的特征、防治方法和杀毒软件。

同计算机病毒类似，手机病毒就是一段恶意的程序代码，是一种破坏手机功能、影响手机正常使用的程序。和计算机病毒类似，手机病毒也具有传染性和破坏性。并且由于手机平台的特殊性和手机功能的单一性（相对计算机而言），手机病毒对普通用户的危害要更甚于计算机病毒。

1. 手机病毒介绍

Cabir是一种非常典型的早期手机病毒。它的别名包括EPOC. Cabir、Worm. Symbian. Cabir. a、EPOC/Cabir. A、EPOC_CABIR. A和Symbian/Cabir等。目标手机主要是Symbian OS S60平台手机，主要危害包括干扰蓝牙通信、加大电能消耗等。

要谈论手机病毒就离不开Cabir，它是由国际病毒组织发布的首例概念性手机病毒，可以算是Symbian手机病毒的鼻祖，许多Symbian病毒中都包含Cabir或其变种。根据F-Secure公司的统计，截至2008年Cabir一共有20多个变种。Cabir是通过蓝牙传播的病毒，如图6-14所示，会伪装成名为“Caribe. sis”（不同变种，名称不同）的Symbian软件。

当文件被执行后，手机的屏幕上会提示“Install Caribe?”，如图6-15所示。

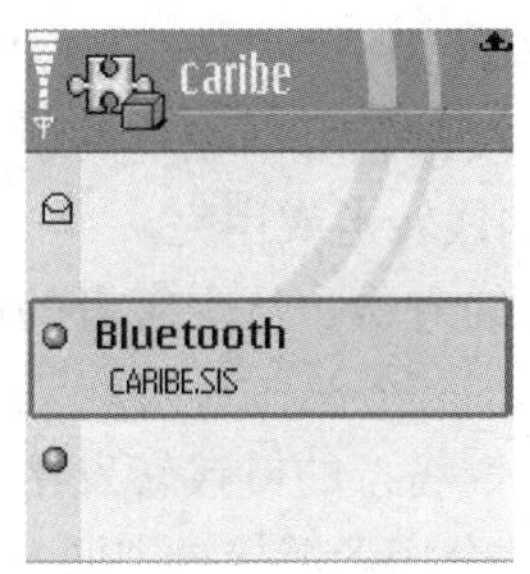

图 6-14　手机中的蓝牙

图 6-15　提示安装病毒

一旦开始安装，手机屏幕上会显示“Caribe-VZ/29a”，如图 6-16 所示。

病毒安装过程中，会对 Symbian 操作系统进行修改。此后用户每次打开手机时，Cabir 也随之启动。Cabir 会在手机上创建以下文件夹，如图 6-17 所示。

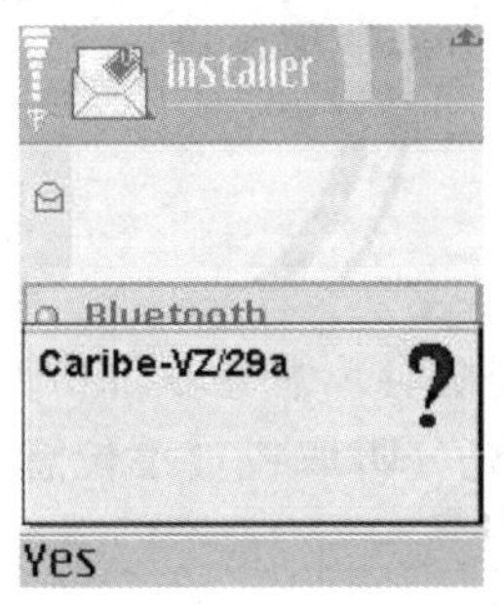

图 6-16　安装病毒

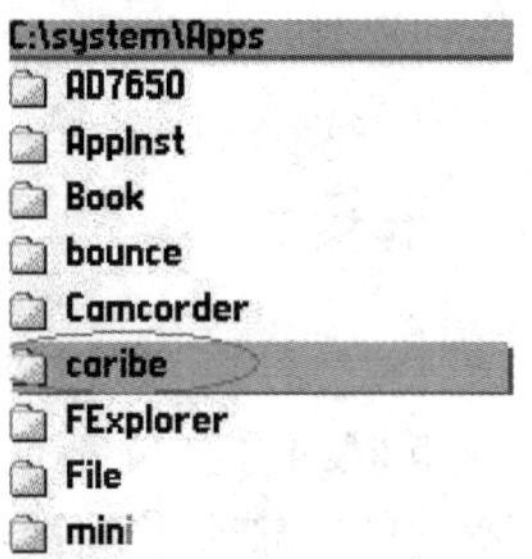

图 6-17　Cabir 手机病毒文件夹

被 Cabir 感染的手机将利用手机配备的蓝牙装置来搜索潜在的感染目标，并向目标对象发送一个名为 Caribe. sis（不同变种，名称不同）的文件，Cabir 病毒就隐藏在该文件内。Cabir 病毒并不会删除被感染手机上的数据，但它会阻塞正常的蓝牙连接，不断搜索附近的蓝牙手机，并因此导致手机电池的快速消耗。

2. Cabir 手机病毒防治

对于 Cabir 病毒最好的防治方法是：在不用蓝牙功能时，将手机的蓝牙设置为隐藏（不可被搜索到）或者直接关闭。

目前，类似 Cabir 这种阻塞网络正常连接，或导致手机电池快速消耗的手机病毒依然存在。现在的手机病毒危害性更强，涉及死机、关机、删除、寄存信息、向外发送垃圾信息、拨打电话等，此外，也可能导致手机系统的硬伤害，如损坏 SIM 卡芯片、硬件损坏等。

近几年出现的导致手机用户财产损失的病毒攻击也非常多，典型的如手机“克隆攻击”。克隆攻击主要是攻击者把带有手机病毒的木马链接，通过网络发送到受害者手机上；如果受害者打开了这个带病毒的链接，受害者手机就会立马中毒。主要表现在受害者手机上的所有应用数据都会复制到攻击者手机上，从而有可能造成受害者信息泄露和财产损失。

应用克隆攻击的危害主要表现在如下几个方面。

1）个人隐私的泄露。这个攻击就是把受害者手机里的所有应用都复制到攻击者手机上，受害者手机里的个人隐私信息全部被攻击者得到，比如个人私照、通讯录等。

2）受害者财产损失。受害者的应用被复制以后，攻击者可以在他的手机上打开受害者的支付宝支付、微信支付甚至银行卡信息等，把里面的钱转走或用完。

3）冒充受害者进行诈骗。攻击者可以冒充受害者的身份，从受害者的微信好友或通讯录好友那里骗取钱财。

4）利用受害者手机继续散播该病毒。攻击者会把带病毒的链接转发给受害者通讯录里的人，也就是受害者的朋友。一旦有朋友不小心打开这个病毒链接，则朋友的手机也会被这个病毒攻击。

6.3　恶意软件

恶意代码防范

恶意软件俗称流氓软件，是对破坏系统正常运行的软件的统称。恶意软件介于病毒软件和正规软件之间，同时具备正常功能（下载、媒体播放等）和恶意行为（弹广告、开后门），给用户带来实质危害。

6.3.1　恶意软件概述

在我国，对于恶意软件定义最权威的要属中国互联网协会反恶意软件协调工作组的定义。2006年，中国互联网协会反恶意软件协调工作组在充分听取成员单位意见的基础上，最终确定了“恶意软件”定义并向社会公布。

恶意软件俗称“流氓软件”，是指在未明确提示用户或未经用户许可的情况下，在用户计算机或其他终端上安装运行，侵害用户合法权益的软件，但不包含我国法律法规规定的计算机病毒。

具有下列特征之一的软件可以被认为是恶意软件。

1）强制安装：指未明确提示用户或未经用户许可，在用户计算机或其他终端上安装软件的行为。

2）难以卸载：指未提供通用的卸载方式，或在不受其他软件影响、人为破坏的情况下，卸载后仍然有活动程序的行为。

3）浏览器劫持：指未经用户许可，修改用户浏览器或其他相关设置，迫使用户访问特定网站或导致用户无法正常上网的行为。

4）广告弹出：指未明确提示用户或未经用户许可，利用安装在用户计算机或其他终端上的软件弹出广告的行为。

5）恶意收集用户信息：指未明确提示用户或未经用户许可，恶意收集用户信息的行为。

6）恶意卸载：指未明确提示用户、未经用户许可，或误导、欺骗用户卸载其他软件的行为。

7）恶意捆绑：指在软件中捆绑已被认定为恶意软件的行为。

8）其他侵害用户软件安装、使用和卸载知情权、选择权的恶意行为。

中国互联网协会在反恶意软件问题上始终采用公正、透明的工作机制，目的是通过行业自律的方式约束互联网企业的行为，维护互联网用户的合法权益，维护良好的网络环境。

6.3.2 恶意软件的类型

根据恶意软件的表现，可以将其分为以下 9 类。

1. 广告软件

广告软件（Adware）是指未经用户允许，下载并安装或与其他软件捆绑并通过弹出式广告和以其他形式进行商业广告宣传的程序。

2. 间谍软件

间谍软件（Spyware）是能够在使用者不知情的情况下，在用户计算机上安装后门程序的软件。用户的隐私数据和重要信息会被那些后门程序捕获，甚至这些“后门程序”还能使黑客远程操纵用户的计算机。

3. 浏览器劫持

浏览器劫持是一种恶意程序，通过 DLL 插件、BHO、Winsock LSP 等形式对用户的浏览器进行篡改。

4. 行为记录软件

行为记录软件（Track Ware）是指未经用户许可，窃取、分析用户隐私数据，记录用户使用计算机、访问网络习惯的软件。

5. 恶意共享软件

恶意共享软件（Malicious Shareware）是指采用不正当的捆绑或不透明的方式强制安装在用户的计算机上，并且利用一些常用的病毒技术手段造成软件很难被卸载或采用一些非法手段强制用户购买的免费、共享软件。

6. 搜索引擎劫持

搜索引擎劫持是指未经用户授权，自动修改第三方搜索引擎结果的软件。

7. 自动拨号软件

自动拨号软件是指未经用户允许，自动拨叫软件中设定的电话号码的程序。

8. 网络钓鱼

网络钓鱼（Phishing）一词，是“Fishing”和“Phone”的综合体，由于黑客始祖起初是以电话作案，所以用“Ph”来取代“F”，创造了“Phishing”，Phishing 发音与 Fishing 相同。

9. ActiveX 控件

ActiveX 是指在网络环境中能够实现互操作性的一组技术。ActiveX 建立在 Microsoft 的组件对象模型（COM）基础上。尽管 ActiveX 能用于桌面应用程序和其他程序，但目前主要用于开发 WWW 上的可交互内容。

6.3.3 恶意软件的清除

防止恶意软件入侵可以采取如下方法：

1）养成良好健康的上网习惯，不访问不良网站，不随便点击小广告。

2）安装软件尽量到该软件的官方网站或者信任度高的大站点进行下载。

3）安装软件的时候，每个安装步骤最好能仔细看清楚，防止捆绑软件入侵。

4）安装如 360 安全卫士等安全类软件，定时对系统做诊断，查杀恶意软件。图 6-18 所示为 360 安全卫士的主界面。

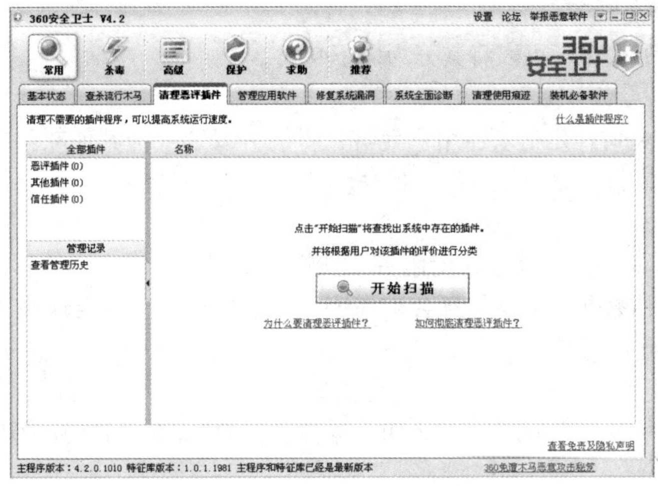

图 6-18　360 安全卫士的主界面

6.4　习题

1. 什么是计算机病毒，它是怎么产生的？
2. 计算机病毒的特征有哪些？
3. 如何清除 U 盘里的 autorun. inf 病毒？
4. 什么是恶意软件？
5. 恶意软件有哪些类型？

第 7 章 物理环境与设备安全

本章先讲述物理层安全威胁，主要包括物理安全环境和物理安全设备由于威胁而引起的不可用性，然后讲述要实现物理安全必须注意的一些要点。

- **知识与能力目标**

1）了解物理层安全威胁。

2）认知物理层安全防护。

3）认知物理层安全设备。

4）掌握物理层管理安全。

- **素养目标**

1）培养学生的规范意识。

2）培养学生的质量意识、成本意识。

3）培养学生遵纪守法，弘扬正气。

7.1 物理层安全威胁

物理层负责传输比特流。它从数据链路层接收数据帧，并将帧的结构和内容串行发送，即每次发送一个比特。

网络的物理安全风险主要指由于网络周边环境和物理特性引起的网络设备与线路的不可用，而造成网络系统的不可用，如设备被盗、设备老化、意外故障、电磁辐射泄密等。如果局域网采用广播方式，那么本广播域中的所有信息都可以被侦听。

物理层上的安全措施不多，如果黑客可以访问物理介质，如搭线窃听和嗅探，他将可以复制所有传送的信息。唯一有效的保护是使用加密、流量填充等。

安全管理员必须了解所保护的网络的所有布局。黑客最常用的攻击和渗透到网络中的一种方法是在公司内部主机上安装一个数据包嗅探器（Packet-Sniffer）。

7.2 物理层安全防护

1. 物理位置选择

机房应选择在具有防震、防风和防雨等能力的建筑内；机房的承重要求应满足设计要求；机房场地应避免设在建筑物的高层或地下室，以及用水设备的下层或隔壁；机房场地应当避开强电场、强磁场、强震动源、强噪声源、重度环境污染、易发生火灾和水灾、易遭受雷击的地区。

2. 物理访问控制

有人值守的机房出入口应有专人值守，鉴别进入的人员身份并登记在案；无人值守的机房门口应具备告警系统；被批准进入机房的来访人员，应限制和监控其活动范围；应对机房划分区域进行管理，区域和区域之间设置物理隔离装置，在重要区域前设置过渡区域；应对重要区域配置电子门禁系统，鉴别和记录进入的人员身份并监控其活动。可以考虑每个员工进入公司时，发放一个身份卡，这样出了安全问题后，容易找到具体实施的人。服务器应该安放在安装了监视器的隔离房间内，并且监视器要保留15天以上的摄像记录。

机箱、键盘和计算机桌抽屉要上锁，以确保旁人即使进入房间也无法使用计算机，钥匙要放在安全的地方。在自己的办公桌上安装笔记本计算机安全锁，以防止笔记本计算机的丢失。图7-1和图7-2所示为笔记本计算机安全锁和防盗锁。

图7-1　笔记本计算机安全锁

图7-2　笔记本计算机防盗锁

3. 防盗窃和防破坏

机房应将相关服务器放置在物理受限的范围内；应利用光、电等技术设置机房的防盗报警系统，以防进入机房的盗窃和破坏行为；应对机房设置监控报警系统。

4. 防雷击

机房建筑应设置避雷装置；应设置防雷保安器，防止感应雷；应设置交流电源地线。

5. 防火

机房应设置火灾自动消防系统，自动检测火情，自动报警，并自动灭火；机房及相关的工作房间和辅助房间，其建筑材料应具有耐火等级。

6. 防水和防潮

水管安装不得穿过屋顶和活动地板下；应对穿过墙壁和楼板的水管增加必要的保护措施，如设置套管；应采取措施防止雨水通过屋顶和墙壁渗透；应采取措施防止室内水蒸气结露和地下积水的转移与渗透。

安装温度湿度监测报警器，可以在机房温度和湿度高于某一值时报警，以防止火灾等灾害的发生。

7. 防静电

机房应采用必要的接地等防静电措施；应使用防静电地板。

8. 温湿度控制

机房应设置恒温恒湿系统，使机房温湿度的变化在设备运行所允许的范围之内。机房中应有防尘和有害气体控制；机房中应无易爆、导电、导磁性及腐蚀性尘埃；机房中应无腐蚀金属的气体；机房中应无破坏绝缘的气体。

9. 电力供应

机房供电应与其他市电供电分开；应设置稳压器和过电压防护设备；应提供短期的备用电力供应（如UPS设备）；应建立备用供电系统（如备用发电机），以备常用供电系统停电时启用。

10. 电磁防护要求

机房应采用接地方式防止外界电磁干扰和相关服务器寄生耦合干扰；电源线和通信线缆应隔离，避免互相干扰。

设备面临的物理安全问题

7.3　物理层安全设备

我国 2000 年 1 月 1 日起实施的《计算机信息系统国际联网保密管理规定》第二章第六条规定，“涉及国家秘密的计算机信息系统，不得直接或间接地与国际互联网或其他公共信息网络相连接，必须实行物理隔离”。从此之后，我国在物理隔离领域不断有新的产品出现，如物理安全隔离卡、双硬盘物理隔离器、物理隔离网闸等。

7.3.1　计算机网络物理安全隔离卡

计算机网络物理安全隔离卡把一台普通的计算机分成两或三台虚拟计算机，可以连接内部网或外部网，实现安全环境和不安全环境的绝对隔离，保护用户的机密数据和信息免受国际互联网上黑客的威胁和攻击。图 7-3所示为物理安全隔离卡。

图 7-3　计算机网络物理安全隔离卡

1. 技术特点

（1）内外网绝对隔离

计算机网络（物理）安全隔离卡把用户的计算机硬盘物理分隔成两个区：一个为公共区（外网），另一个为安全区（内网），分别拥有独立的操作系统，通过各自的专用接口与网络连接，安装在主板和硬盘之间，用硬件方式完全控制硬盘读写操作，使用继电器控制分区之间的转换和网络连接，任何时候两个分区均不存在共享数据，保证了内外网之间的绝对隔离。同时，用户可以根据需要方便地从一个分区切换到另一个分区。

（2）阻塞信息泄露通道

计算机网络物理安全隔离卡能够根据用户的要求，在计算机的两个硬盘或硬盘分区之间相互转换，通过有效地控制 IDE（或 SATA）总线，彻底阻塞黑客进入未授权分区的通路，防止信息泄露和破坏，并可根据用户需求实现从互联网到内部网络的单向数据传输。

（3）应用广泛

计算机网络物理安全隔离卡与操作系统无关，兼容所有操作系统，支持 ATA 133 标准，可以应用于所有 IDE-ATA 标准的硬盘；对网络技术和协议完全透明，支持单、双布线网络和调制解调器上网。

（4）实现成本低

计算机网络物理安全隔离卡价格低廉，简单实用，方便网络管理工作。

2. 技术原理

计算机网络物理安全隔离卡属于端设备物理隔离设备，通过物理隔离的方式，在两个网络间转换时，保证计算机的数据在网络之间不被重用。根据其产品设计方法，当计算机进入其中一个网络时，物理隔离部件保证被隔离的计算机硬盘（或硬盘分区）及网络相互不连通。在计算机处于内网状态时，物理隔离部件可以禁止用户使用光驱、软驱。计算机转换网络时必须重新启动，清空内存，不存在残留信息泄露的问题。

单硬盘型计算机网络物理安全隔离卡工作原理如图 7-4 所示。

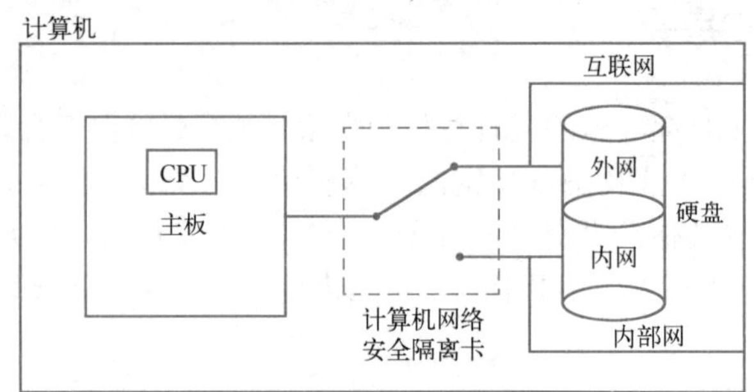

图 7-4　单硬盘型安全隔离卡原理图

双硬盘型计算机网络物理安全隔离卡用两个硬盘代替了一个硬盘上的两个分区，其工作原理与单硬盘隔离卡相同，如图 7-5 所示。

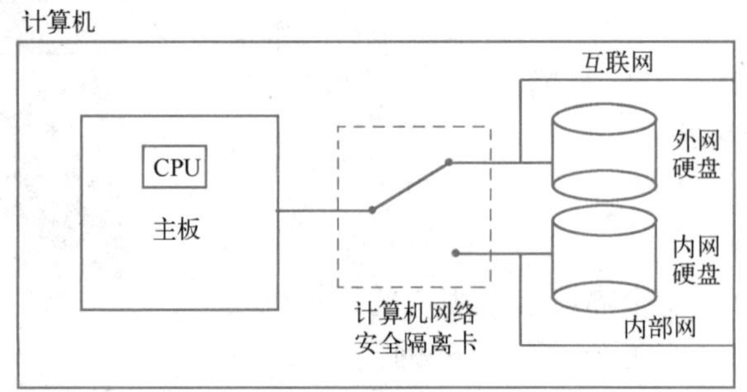

图 7-5　双硬盘型安全隔离卡原理图

计算机网络物理安全隔离卡实现一卡多用，通过板卡上的跳线设置选择适用于采用单硬盘或双硬盘方案的计算机和采用单布线或双布线方案的网络环境。

3. 解决方案

解决方案如图 7-6 所示。

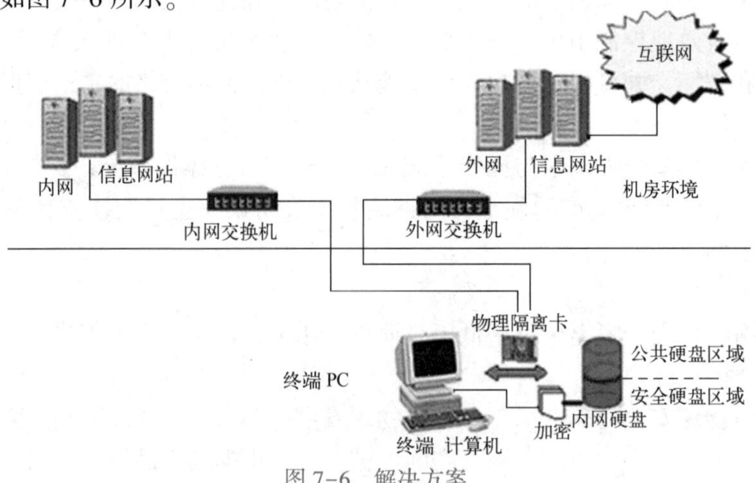

图 7-6　解决方案

7.3.2　其他物理隔离设备

1. 网络安全物理隔离器

网络安全物理隔离器是一种双硬盘物理隔离器，如图 7-7 所示。它实际上只是两个硬盘之间物理上交换文件的一个设备，其实现原理和上面的物理安全隔离卡相似，只是前面采用网卡的形式，这里采用的是磁盘的形式，这里就不再赘述。

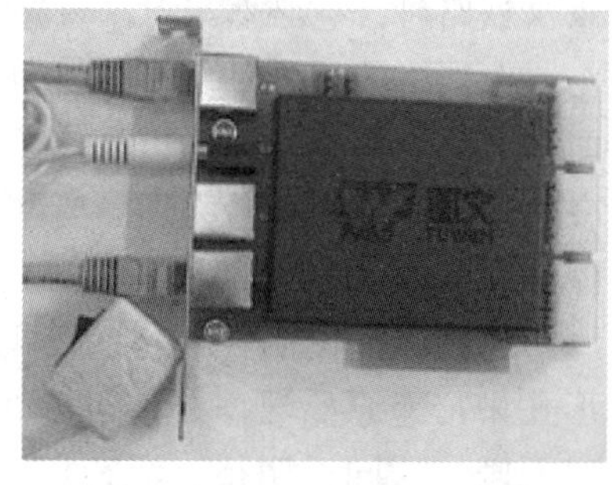

图 7-7　网络安全物理隔离器

2. 物理隔离网闸

物理隔离网闸最早出现在美国、以色列等国家的军方，用以解决涉密网络与公共网络连接时的安全问题。我国也有庞大的政府涉密网络和军事涉密网络，但是我国的涉密网络是与公共网络（特别是与互联网）无任何关联的独立网络，不存在与互联网的信息交换，也用不着使用物理隔离网闸解决信息安全问题。所以，在电子政务、电子商务出现之前，物理隔离网闸在我国因无市场需求，产品和技术发展较慢。

近年来，随着我国信息化建设步伐的加快，电子政务应运而生，并以前所未有的速度发展。电子政务体现在社会生活的各个方面，如工商注册申报、网上报税、网上报关、基金项目申报等。电子政务与国家和个人的利益密切相关，在我国电子政务系统建设中，外网连接着广大民众，内网连接着政府公务员桌面办公系统，专网连接着各级政府的信息系统，在外网、内网、专网之间交换信息是基本要求。如何在保证内网和专网资源安全的前提下，实现从民众到政府的网络畅通、资源共享、方便快捷是电子政务系统建设中必须解决的技术问题。一般采取的方法是在内网与外网之间实行防火墙的逻辑隔离，在内网与专网之间实行物理隔离。物理隔离网闸成为电子政务信息系统必须配置的设备，由此开始，物理隔离网闸产品与技术在我国快速兴起，成为我国信息安全产业发展的一个新的增长点。

（1）物理隔离网闸的定义

物理隔离网闸是指使用带有多种控制功能的固态开关来读写两个独立主机系统信息的安全设备。由于物理隔离网闸所连接的两个独立主机系统之间，不存在通信的物理连接、逻辑连接、信息传输命令、信息传输协议，不存在依据协议的信息包转发，只有数据文件的无协议“摆渡”，且对固态存储介质只有“读”和“写”两个命令，所以，物理隔离网闸从物理上隔离、阻断了具有潜在攻击可能的一切连接，使黑客无法入侵、无法攻击、无法破坏，实现了真正的安全。

（2）物理隔离网闸的信息交换方式

计算机网络依据物理连接和逻辑连接来实现不同网络之间、不同主机之间、主机与终端之间的信息交换与信息共享。物理隔离网闸隔离、阻断了网络的所有连接，实际上就是隔离、阻断了网络的连通。网络被隔离、阻断后，两个独立主机系统之间如何进行信息交换呢？事实上，网络只是信息交换的一种方式，而不是信息交换方式的全部。在互联网时代以前，信息照样进行交换，如数据文件复制、数据摆渡、数据镜像、数据反射等，物理隔离网闸就是使用数据“摆渡”的方式实现两个网络之间的信息交换。

网络的外部主机系统通过物理隔离网闸与网络的内部主机系统连接起来，物理隔离网闸将外部主机的TCP/IP全部剥离，将原始数据通过存储介质，以“摆渡”的方式导入内部主机系统，实现信息的交换。说到“摆渡”，会想到在1957年前，京汉铁路的列车只有通过渡轮“摆渡”到粤汉铁路。京汉铁路的铁轨与粤汉铁路的铁轨始终是隔离、阻断的。渡轮和列车不可能同时既连接京汉铁路的铁轨，又连接到粤汉铁路的铁轨。当渡轮和列车连接在京汉铁路时，它必然与粤汉铁路断开，反之亦然。与此类似，物理隔离网闸在任意时刻只能与一个网络的主机系统建立非TCP/IP的数据连接，即当它与外部网络的主机系统相连接时，它与内部网络的主机系统必须是断开的，反之亦然，这就保证内、外网络不能同时连接在物理隔离网闸上。物理隔离网闸的原始数据“摆渡”机制是原始数据通过存储介质的存储（写入）和转发（读出）。

物理隔离网闸在网络的第七层将数据还原为原始数据文件，然后以“摆渡文件”的形式来传递原始数据。任何形式的数据包、信息传输命令和TCP/IP都不可能穿透物理隔离网闸。这同透明桥、混杂模式、IP Over USB、代理主机，以及通过开关方式来转发信息包有本质的区别。下面以内网与专网之间的物理隔离网闸为例，说明通过物理隔离网闸的信息交换过程。

当内网与专网之间无信息交换时，物理隔离网闸与内网、物理隔离网闸与专网、内网与专网之间是完全断开的，即三者之间不存在物理连接和逻辑连接，如图7-8所示。

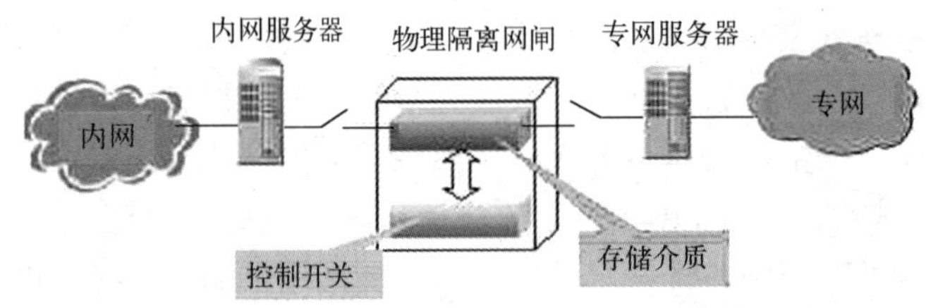

图7-8　内网、专网、物理隔离网闸无信息交换时的相互关系

当内网数据需要传输到专网时，物理隔离网闸主动向内网数据交换代理服务器发起非TCP/IP的数据连接请求，并发出“写”命令，将写入开关合上，并把所有的协议剥离，将原始数据写入存储介质。在写入之前，根据不同的应用，还要对数据进行必要的完整性、安全性检查，如病毒和恶意代码检查等。在此过程中，专网服务器与物理隔离网闸始终处于断开状态，如图7-9所示。

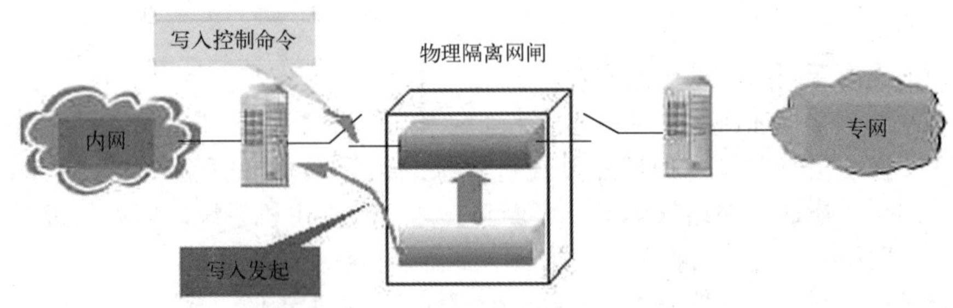

图7-9　内网写入物理隔离网闸时的信息交换关系

一旦数据完全写入物理隔离网闸的存储介质中，开关立即打开，中断与内网的连接，转而发起对专网的非 TCP/IP 的数据连接请求。当专网服务器收到请求后，发出“读”命令，将物理隔离网闸存储介质内的数据导向专网服务器。专网服务器收到数据后，按 TCP/IP 重新封装接收到的数据，交给应用系统，完成了内网到专网的信息交换，如图 7-10 所示。

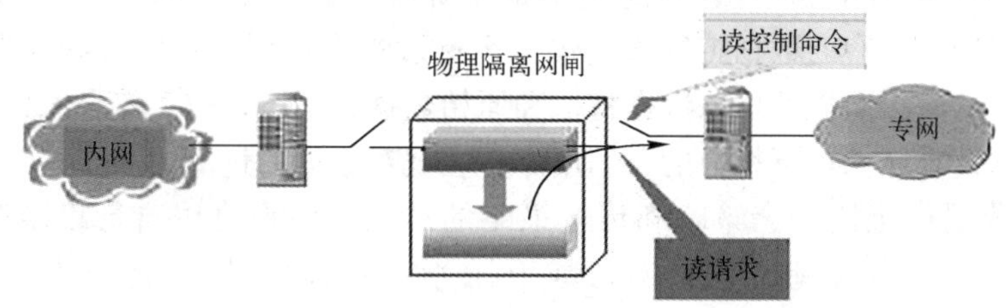

图 7-10　从物理隔离网闸读数据时的信息交换关系

至于从专网到内网的信息交换，与上述过程类似，只是方向相反。

不难看出，每一次数据交换，物理隔离网闸都经历了数据写入、数据读出两个过程；内网与外网（或内网与专网）永不连接；内网和外网（或内网与专网）在同一时刻最多只有一个同物理隔离网闸建立非 TCP/IP 的数据连接。

(3) 物理隔离网闸的组成

- 外部处理单元。
- 内部处理单元。
- 隔离硬件。

(4) 物理隔离网闸的主要安全模块

- 安全隔离模块：隔离硬件在两个网络上进行切换，通过对硬件上的存储芯片的读写，完成数据的交换。安全隔离模块保证两个网络在链路层断开，不与两个网络同时连接，两个网络交换的数据必须剥离 TCP/IP 后在应用层之上进行。
- 内核防护模块：在内、外部处理单元中嵌入安全加固的操作系统，设置基于内核的 IDS 等。
- 安全检查模块：数据完整性检查、病毒查杀、恶意攻击代码检查等。
- 身份认证模块：支持身份认证、数字签名。
- 访问控制模块：实行强制访问控制。
- 安全审计模块：建立完善日志系统。

(5) 物理隔离网闸的主要功能

- 阻断网络的直接物理连接：物理隔离网闸在任何时刻都只能与非可信网络和可信网络之一相连接，而不能同时与两个网络连接。
- 阻断网络的逻辑连接：物理隔离网闸不依赖操作系统，不支持 TCP/IP。两个网络之间的信息交换必须将 TCP/IP 剥离，将原始数据通过 P2P 的非 TCP/IP 连接方式，通过存储介质的“写入”与“读出”完成数据转发。
- 数据传输机制的不可编程性：物理隔离网闸的数据传输机制具有不可编程的特性。
- 安全审查：物理隔离网闸具有安全审查功能，即网络在将原始数据写入物理隔离网闸前，根据需要对原始数据的安全性进行检查，把可能的病毒代码、恶意攻击代码消灭干净。

- 原始数据无危害性：物理隔离网闸转发的原始数据不具有攻击或对网络安全有害的特性，就像 .txt 文本不会有病毒，也不会执行命令一样。
- 管理和控制功能：建立完善的日志系统。
- 根据需要建立数据特征库：在应用初始化阶段，结合应用要求，提取应用数据的特征，形成用户特有的数据特征库，作为运行过程中数据校验的基础。当用户请求时，提取用户的应用数据，抽取数据特征和原始数据特征库比较，符合原始特征库的数据请求进入请求队列，不符合的返回用户，实现对数据的过滤。
- 根据需要提供定制安全策略和传输策略的功能：用户可以自行设定数据的传输策略，如传输单位（基于数据还是基于任务）、传输间隔、传输方向、传输时间、启动时间等。
- 支持定时/实时文件交换，支持单向/双向文件交换，支持数字签名、内容过滤、病毒检查等功能。
- 邮件同步：支持标准的 SMTP 服务，支持安全、高可用性的邮件过滤策略，可为每个用户配置不同的邮件交换策略、内外网邮件镜像等。
- 支持 Web 方式。
- 数据库同步：支持双向/支持单向数据同步，同步内容可定制，有多种同步方式，数据可定时更新。
- 支持多种数据库：支持 Oracle、Sybase、Infomix、DB2、SQL Server 等多种主流数据库。

（6）物理隔离网闸主要指标

- 数据交换速率：支持百兆和千兆的数据交换速率。
- 切换时间：使用高速安全隔离电子开关，支持毫秒级的高速切换。

（7）物理隔离网闸的典型应用

局域网与互联网之间（内网与外网之间）需要有物理隔离网闸，如图 7-11 所示。有些局域网，特别是政府办公网络，涉及政府敏感信息，有时需要与互联网在物理上断开，物理隔离网闸是一个常用的办法。

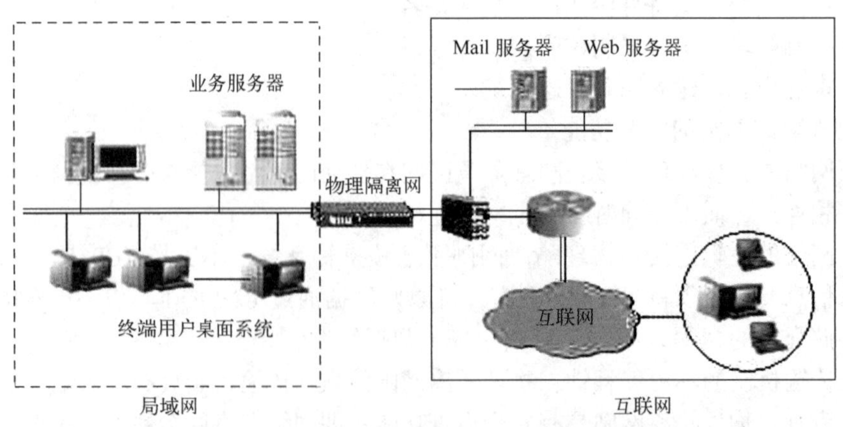

图 7-11　物理隔离网闸在局域网与互联网之间的应用

7.4　物理层管理安全

7.4.1　内部网络与外部网络隔离管理

公司内部的研发网与外面的互联网完全从物理上隔离（没有网线直接相接），这样可以防止公司的核心代码被外网上黑客盗用，也可以防止公司内部人员将公司代码“偷”出去，也最大限度上防止了来自外部恶意的入侵行为（如网上的病毒等）。

但是这样会使研发人员不能方便地从互联网上查找资料，势必会对研发效率产生影响。这一问题应该如何解决？以图 7-12 所示的某公司研发部为例来说明如何解决这一问题。这里给出两种解决方法。

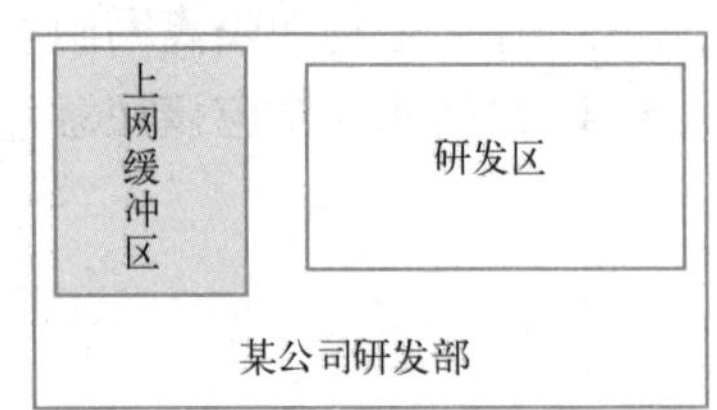

图 7-12　某公司研发部示意图

1）设置专门的上网区域（在研发区以外），称为上网缓冲区。这个上网缓冲区，可以自由在互联网上查找资料，供需要上互联网的研发人员使用。但是上网缓冲区与研发区是物理隔离的，没有任何形式的连接。

2）给重要员工配置笔记本计算机，通过无线方式，上互联网来查找资料。

7.4.2　内部网络的安全管理

研发区与互联网是物理隔离的，所以为了进一步的安全考虑，控制研发区里的传输介质就显得尤为重要。在研发区里，对于传输介质的控制，采用的是一个多层次、多方面的控制措施，这样可以最大限度上防止公司核心成果的外泄，特别是公司内部人员将公司机密泄露。具体方法如下。

1）禁止公司员工将自己的笔记本计算机、U 盘等传输介质带入公司，一经发现，严肃处理。如果必须使用 U 盘等传输介质来传输文件，则必须通过公司的专门人员完成（比如公司安全管理员）。禁止公司员工将公司的笔记本计算机带回家。

2）对于研发网内计算机上的 U 盘接口、串口、并口等，采用带有公司公章的封条封上。选择封条的时候要注意，要选择那种一碰就容易破的纸，并且在封之前，最好再给里面塞满纸。这样做的话，如果有人想要往里插线，还要将里面的纸取出，这时外面的封条早被破坏了。

3）将研发网机器内部 U 盘接口、串口和并口等的接口线拔掉。

4）将机箱上锁。

5）从机器 BIOS 设置里面将 U 盘接口、串口和并口等去掉。

6）如果员工要从内部向外部或从外部向内部复制资料，必须通过专门的安全管理人员进行。

7）最好不用文件删除方法来删除文件，而用文件粉碎或擦除技术。

8）将计算机上的 IP 地址与 MAC 地址绑定，这一点可以通过交换机来实现。除此之外，还要将计算机上的网线用带有公司公章的封条封上，以防止非法人员将网线拔掉，而插入别的计算机。

9）所有从内网到外网传输的资料，都要经过部门主管人员的审批。

10）主管人员审批后，交给管理员查杀病毒，管理员再放到内网的FTP服务器上，供需要的人员下载。

7.5　习题

1. 机房的物理位置选择应该注意哪些条件？
2. 简述门禁系统的作用。
3. 什么是物理隔离网闸？
4. 内网的安全应该注意什么？

第 8 章 防火墙技术

防火墙技术是信息安全当中最为重要的防护技术之一。防火墙被称为信息系统安全的门户。本章主要讲述防火墙的概念及最基本的技术实现、评价指标和部署方法等。

- **知识与能力目标**

1）了解防火墙基本知识。

2）认知防火墙的作用与局限性。

3）熟悉防火墙的技术实现。

4）掌握防火墙的部署。

- **素养目标**

1）培养学生一丝不苟的精神。

2）培养学生不畏艰难、勇于创新的精神。

3）培养学生的国家使命感和民族自豪感。

8.1 防火墙基本知识

防火墙的功能及特点

防火墙是位于两个信任程度不同的网络之间（如企业内部网络和互联网之间）的软件或硬件设备的组合，它对两个网络之间的通信进行控制，通过强制实施统一的安全策略，防止对重要信息资源的非法存取和访问，以达到保护信息系统的目的。

防火墙有网络防火墙和个人防火墙之分。个人防火墙主要是安装在个人计算机上的，用来保护的只是单一的个人计算机。很多公司都有个人防火墙（如瑞星个人防火墙等），感兴趣的读者可以自己下载，试试各种功能。本章主要介绍网络防火墙。

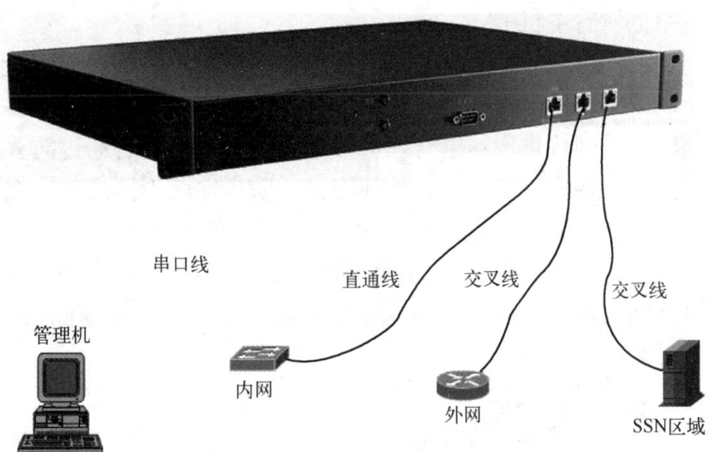

图 8-1　防火墙最一般的连接结构

最一般的防火墙如图 8-1 所示，它有三个向外的接口，一个通向外网，一个通向内网，最后一个通向安全服务器网络（Security Server Network，SSN）区域。

防火墙可以应用于不同安全级别的网络之间，或同一公司的不同部门之间，如图 8-2 所示为不同安全级别网络之间的防火墙。

如图 8-3 所示，防火墙可以根据访问控制规则决定进出网络的行为。

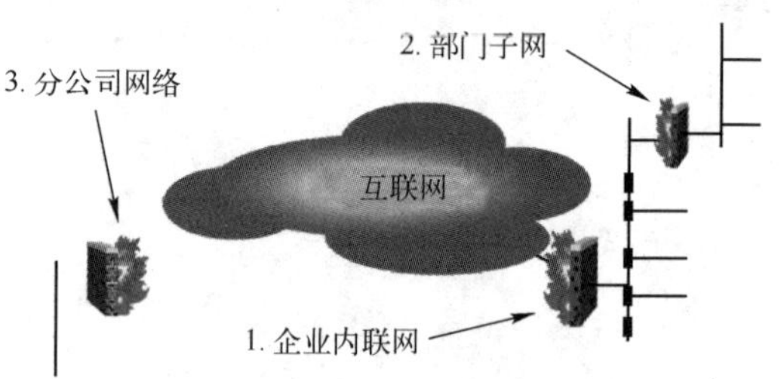

图 8-2　不同安全级别网络之间的防火墙

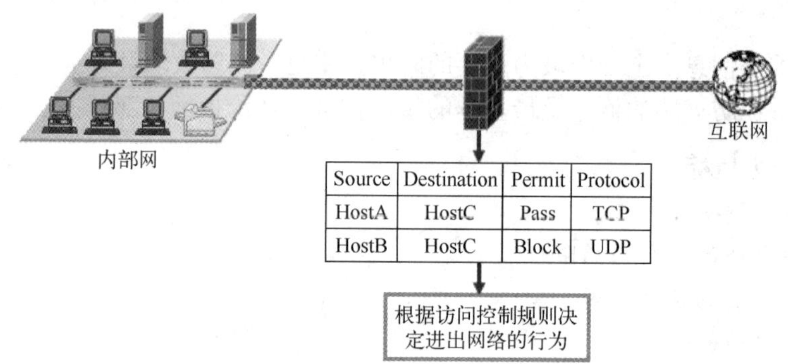

图 8-3　防火墙进行访问控制

8.2　防火墙的作用与局限性

8.2.1　防火墙的主要作用

防火墙主要有 5 大作用。

1）防火墙允许网络管理员定义一个中心"扼制点"来防止非法用户（如黑客、网络破坏者等）进入内部网络。禁止存在安全脆弱性的服务进出网络，并抗击来自各种路线的攻击。防火墙能够简化安全管理，网络安全性是在防火墙系统上得到加固，而不是分布在内部网络的所有主机上。

2）在防火墙上可以很方便地监视网络的安全性，并产生报警。这里要注意的是，对一个内部网络已经连接到互联网上的机构来说，重要的问题并不是网络是否会受到攻击，而是何时会受到攻击。网络管理员必须审计并记录所有通过防火墙的重要信息。如果网络管理员不能及时响应报警并审查常规记录，防火墙就形同虚设。在这种情况下，网络管理员永远不会知道防火墙是否受到攻击。

3）防火墙可以作为部署网络地址变换（Network Address Translator，NAT）的逻辑地址。因此防火墙可以用来缓解地址空间短缺的问题，并消除机构在变换网络服务提供商（ISP）时带来的重新编址的麻烦。

4）防火墙是审计和记录互联网使用量的一个最佳地点。网络管理员可以在此向管理部门提供互联网连接的费用情况，查出潜在的带宽瓶颈的位置，并能够根据机构的核算模式提供部门级的计费。

5）防火墙也可以成为向客户发布信息的地点。互联网防火墙作为部署 WWW 服务器和 FTP 服务器的地点非常理想。网络管理员还可以对防火墙进行配置，允许互联网访问上述服务，而禁止外部对受保护的内部网络上其他系统的访问。

8.2.2　防火墙的局限性

防火墙不是解决所有网络安全问题的万能药方，只是网络安全政策和策略中的一个组成部分。因此防火墙也有它的局限性，不要以为安装了防火墙就可以防护所有攻击了。防火墙的局限性如下。

1）防火墙不能防范绕过防火墙的攻击，例如，内部提供拨号服务可以绕过防火墙，如图 8-4 所示。

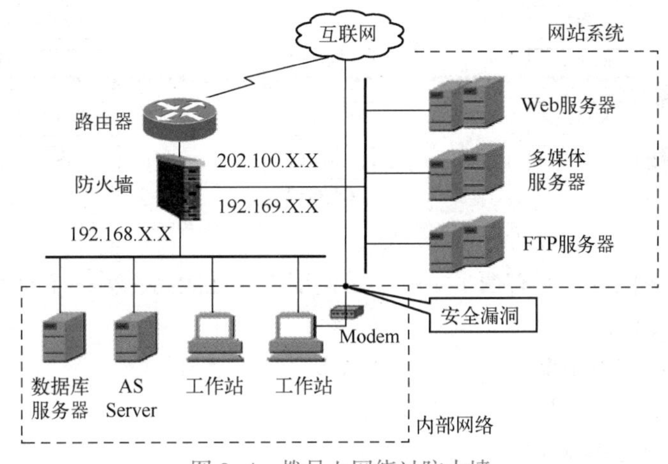

图 8-4　拨号上网绕过防火墙

2）防火墙不能防范来自内部人员的恶意攻击。

3）防火墙不能阻止被病毒感染的程序或文件的传递。

4）防火墙不能防止数据驱动式攻击，如特洛伊木马。

8.3　防火墙的技术实现

防火墙按照功能大概可以分为 5 类，分别是包过滤防火墙、应用代理防火墙、状态检测包过滤防火墙、包过滤与应用代理复合型防火墙、核检测防火墙。本节只介绍包过滤防火墙和应用代理防火墙。

8.3.1　包过滤防火墙

最简单的防火墙是包过滤防火墙，如图 8-5 所示。它对所接收的每个数据包做允许或拒绝的决定。防火墙审查每个数据包以便确定其是否与某一条包过滤规则匹配。过滤规则基于可以提供给 IP 转发过程的包头信息。

图 8-5　包过滤防火墙

包头信息中包括 IP 源地址、IP 目标端地址、内装协议（TCP、UDP、ICMP 或 IP Tunnel）、TCP/

UDP 目标端口、ICMP 消息类型、TCP 包头中的 ACK 位等。

包的进入接口和输出接口如果有匹配并且规则允许该数据包，那么该数据包就会按照路由表中的信息被转发。如果匹配并且规则拒绝该数据包，那么该数据包就会被丢弃。如果没有匹配规则，用户配置的默认参数会决定是转发还是丢弃数据包。其实早期的包过滤防火墙就是一个路由器，或者说这时的路由器就是一个防火墙。

包过滤防火墙主要工作在网络层，如图 8-6 所示。

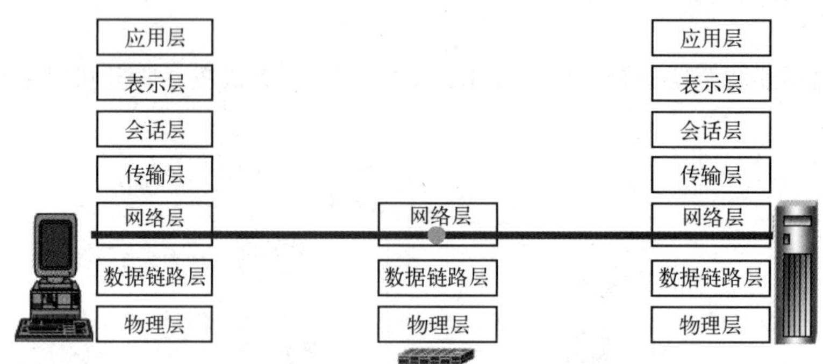

图 8-6　包过滤防火墙工作在网络层

包过滤防火墙的优点主要有两个：一个是速度快，性能高；另一个是对用户透明，用户不用管它是怎么设置的。

包过滤防火墙的缺点主要有 7 个：

1）维护比较困难（需要了解 TCP/IP）。

2）安全性低（IP 欺骗等）。

3）不提供有用的日志，或根本就不提供。

4）不防范数据驱动型攻击。

5）不能根据状态信息进行控制。

6）不能处理网络层以上的信息。

7）无法对网络上流动的信息提供全面的控制。

8.3.2　应用代理防火墙

应用代理（Application Proxy）也叫作应用网关，它作用在应用层，其特点是完全阻隔了网络通信流，通过对每种应用服务编制专门的代理程序，实现监视和控制应用层。

应用代理是已知代理服务向哪一个应用提供的代理，它在应用协议中理解并解释命令。应用代理的优点是，它能解释应用协议从而获得更多的信息，缺点是只适用于单一协议。

应用代理技术是指在 Web 服务器上或某一台单独主机上运行代理服务器软件，对网络上的信息进行监听和检测，并对访问内网的数据进行过滤，从而起到隔断内网与外网的直接通信的作用，保护内网不受破坏。在代理方式下，内部网络的数据包不能直接进入外网，内网用户对外网的访问变成代理对外网的访问。同样，外网的数据也不能直接进入内网，而是要经过代理的处理之后才能到达内网。所有通信都必须经应用层代理软件转发，应用层的协议会话过程必须符合代理的安全策略要求，因此在代理上就可以实现访问控制。应用代理防火墙部署如图 8-7 所示。

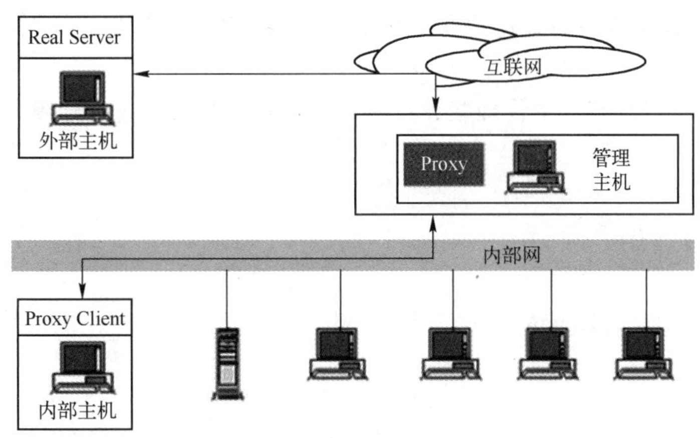

图 8-7　应用代理防火墙部署

应用代理防火墙主要工作在网络的应用层，如图 8-8 所示。

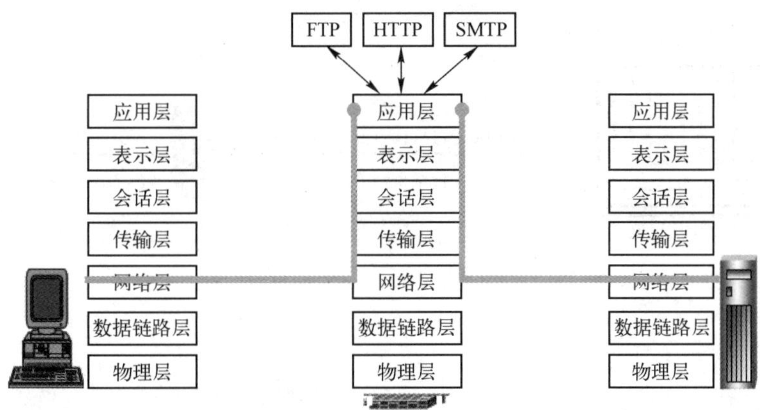

图 8-8　应用代理防火墙工作于应用层

应用代理防火墙主要有以下 5 个优点。

1）应用代理能够让网络管理员对服务进行全面的控制，因为代理应用限制了命令集并决定哪些内部主机可以被该服务访问。

2）网络管理员可以完全控制提供哪些服务，因为没有特定服务的代理就表示不提供该服务。

3）防火墙可以被配置成唯一的可被外部看到的主机，这样可以保护内部主机免受外部主机的进攻。

4）应用代理有能力支持可靠的用户认证并提供详细的注册信息。另外，用于应用层的过滤规则相对于包过滤防火墙来说更容易配置和测试。

5）代理工作在客户机和真实服务器之间，完全控制会话，所以可以提供很详细的日志和安全审计功能。

应用代理防火墙的缺点主要有两个。

1）代理的最大缺点是要求用户改变自己的行为，或者在访问代理服务的每个系统上安装特殊的软件。比如，通过应用代理 Telnet 访问要求用户通过两步而不是一步来建立连接。

不过，特殊的端系统软件可以让用户在Telnet命令中指定目标主机而不是应用代理来使应用代理透明。

2）应用程序都必须有一个代理服务程序来进行安全控制，应用升级时，一般代理服务程序也要升级。

8.4　防火墙的性能指标

防火墙的性能指标包括最大位转发率、吞吐量、延时、丢包率、最大并发连接数、最大并发连接建立速率、最大策略数、平均无故障间隔时间、支持的最大用户数等。这里介绍几个主要的性能指标。

1. 最大位转发率

防火墙的位转发率指在特定负载下每秒钟防火墙将允许的数据流转发至正确的目的接口的位数。最大位转发率如图8-9所示，指在不同的负载下反复测量得出的位转发率数值中的最大值。

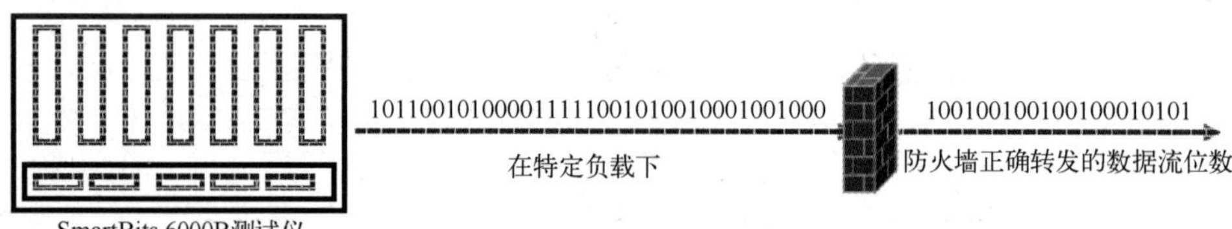

图8-9　最大位转发率

2. 吞吐量

防火墙的吞吐量如图8-10所示，是指在不丢包的情况下能够达到的最大速率。吞吐量是衡量防火墙性能的重要指标之一，吞吐量小就会造成网络新的瓶颈，以至于影响到整个网络的性能。

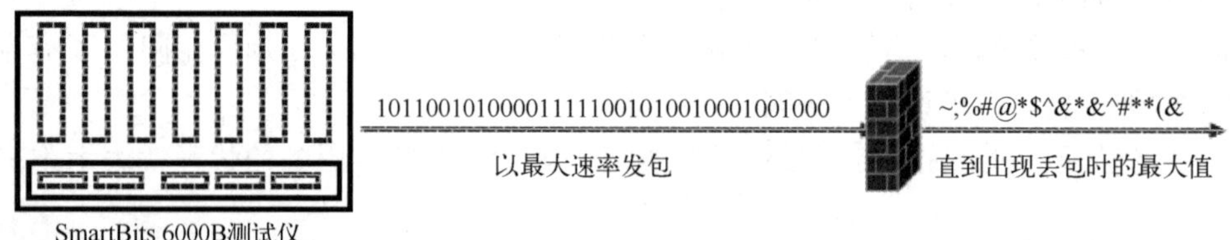

图8-10　防火墙的吞吐量

3. 延时

防火墙的延时如图8-11所示，是指从防火墙入口处输入帧最后一个比特到达至出口处输出帧的第一个比特输出所用的时间间隔。防火墙的延时能够体现它处理数据的速度。

4. 丢包率

防火墙的丢包率如图8-12所示，是指防火墙在连续负载的情况下，设备由于资源不足应转发却未转发的帧百分比。防火墙的丢包率对其稳定性、可靠性有很大的影响。

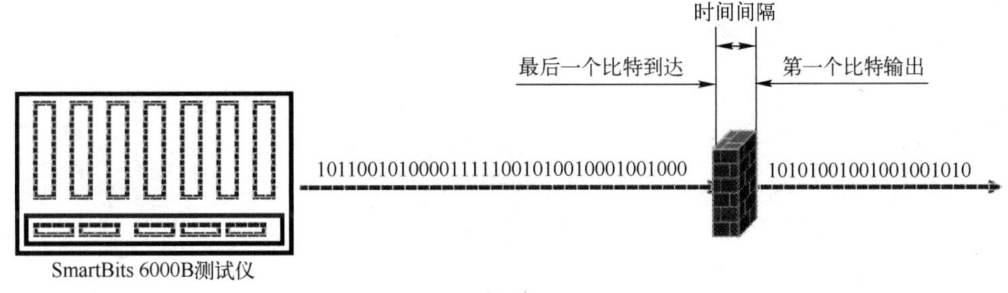

图 8-11　防火墙的延时

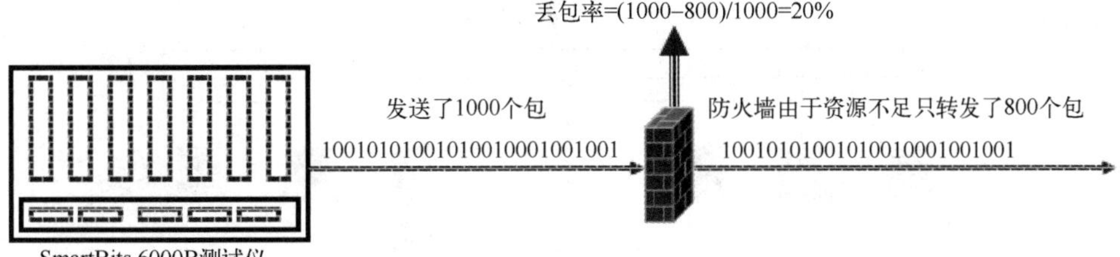

图 8-12　防火墙的丢包率

8.5　防火墙的部署

8.5.1　路由器类型的防火墙

路由器类型的防火墙往往就是一个路由器，如图 8-13 所示。路由器通常支持一个或者多个防火墙功能；它们可被划分为用于互联网连接的低端设备和传统的高端路由器。

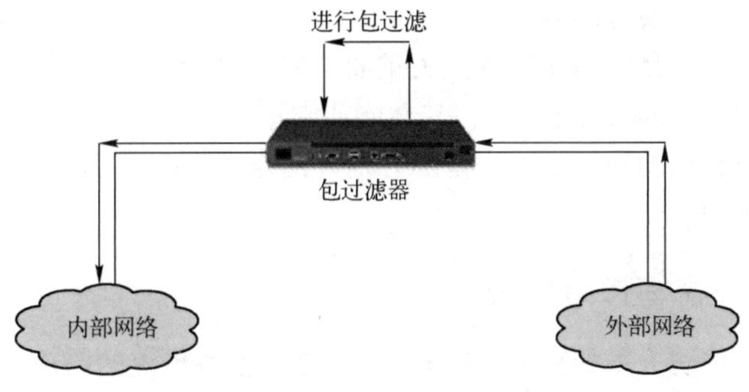

图 8-13　路由器类型的防火墙

低端路由器提供了用于阻止和允许特定 IP 地址与端口号的基本防火墙功能，并使用 NAT 来隐藏内部 IP 地址。通常将防火墙功能提供为标准的、为阻止来自互联网的入侵进行了优化的功能；虽然不需要配置，但是对它们进行进一步配置可优化它们的性能。

高端路由器可配置为通过阻止较为明显的入侵（如 ping）以及通过使用访问控制实现其他 IP 地址和端口限制，加强访问权限。

路由器也可提供其他的防火墙功能，这些功能在某些路由器中提供了静态数据包筛选。在高端路由器中，以较低的成本提供了与硬件防火墙设备相似的防火墙功能，但是吞吐量较低。

8.5.2　双重宿主主机结构防火墙

双重宿主主机结构防火墙主要是围绕双重宿主主机构筑的，如图 8-14 所示。

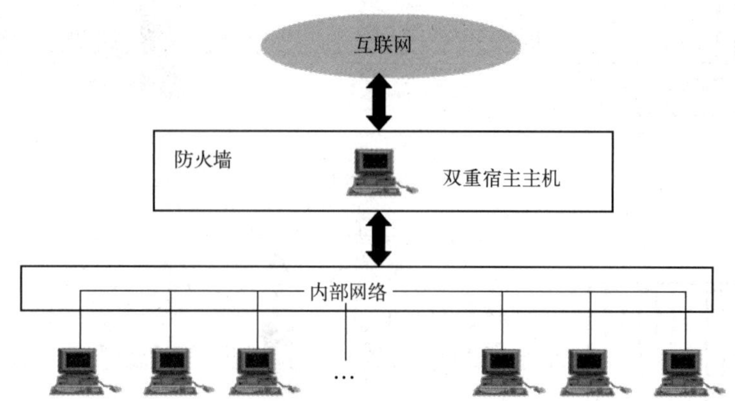

图 8-14　双重宿主主机结构防火墙

双重宿主主机结构防火墙至少有两个网络接口，它位于内部网络和外部网络之间，这样的主机可以充当与这些接口相连的网络之间的路由器，它能从一个网络接收 IP 数据包并将之发往另一个网络。然而实现双重宿主主机的防火墙体系结构禁止这种发送功能，完全阻止了内外网络之间的 IP 通信。因此，IP 数据包并不是从一个网络（如外部网络）直接发送到另一个网络（如内部网络）。外部网络能与双重宿主主机通信，内部网络也能与双重宿主主机通信。但是外部网络与内部网络不能直接通信，它们之间的通信必须经过双重宿主主机的过滤和控制。

这种结构当中，两个网络之间的通信可通过应用层数据共享和应用代理服务的方法实现。一般情况下采用代理服务的方法。

双重宿主主机的特性是：自身安全至关重要（唯一通道），其用户口令安全是关键；其次必须支持很多用户的访问（中转站），其性能非常重要。

双重宿主主机防火墙的缺点是：它是隔开内外网络的唯一屏障，一旦它被入侵，内部网络便向入侵者敞开大门。

8.5.3　屏蔽主机体系结构防火墙

屏蔽主机体系结构防火墙如图 8-15 所示，它是一种将传统的路由器防火墙和代理防火墙相结合的混合类型的防火墙。

双重宿主主机结构防火墙没有使用路由器。而屏蔽主机体系结构防火墙则使用一个路由器把内部网络和外部网络隔离开。屏蔽主机体系结构由防火墙和内部网络的堡垒主机承担安全责任。

屏蔽主机体系结构防火墙的典型构成是包过滤路由器加上堡垒主机。包过滤路由器配置在内部网络和外部网络之间，保证外部系统对内部网络的操作只能经过堡垒主机。堡垒主机配置在内部网络上，是外部网络主机连接到内部网络主机的桥梁，它需要拥有高的安全等级。

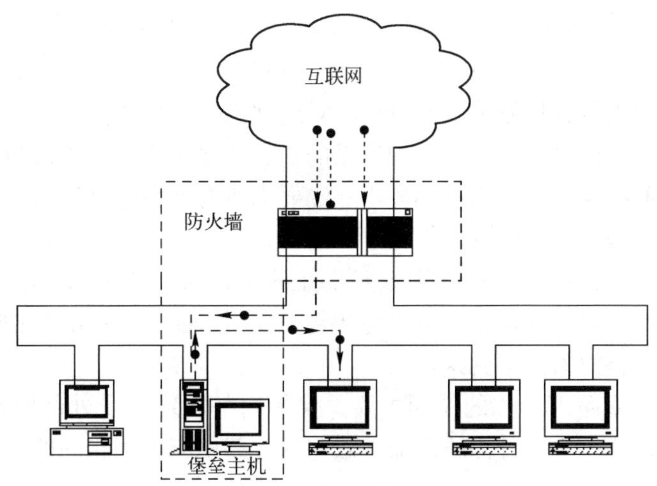

图 8-15　屏蔽主机体系结构防火墙

屏蔽路由器可按如下规则之一进行配置。

1）允许内部主机为了某些服务请求与外部网络上的主机建立直接连接（即允许那些经过数据包过滤的服务）。

2）不允许所有来自外部主机的直接连接（强迫那些主机经由堡垒主机使用代理服务）。

屏蔽主机体系结构防火墙的优点是安全性更高，双重保护，实现了网络层安全（包过滤）和应用层安全（代理服务）；缺点是过滤路由器能否正确配置是安全与否的关键。如果路由器被损害，堡垒主机将被穿过，整个网络对入侵者是开放的。

8.5.4　屏蔽子网结构防火墙

屏蔽子网结构防火墙如图 8-16 所示。它在本质上与屏蔽主机体系结构防火墙一样，但添加了额外的一层保护体系——周边网络。堡垒主机位于周边网络上，周边网络和内部网络被内部路由器分开。引入这种结构的主要原因是：堡垒主机是用户网络上最容易受入侵的机器；通过在周边网络上隔离堡垒主机，能减少堡垒主机被入侵的影响。

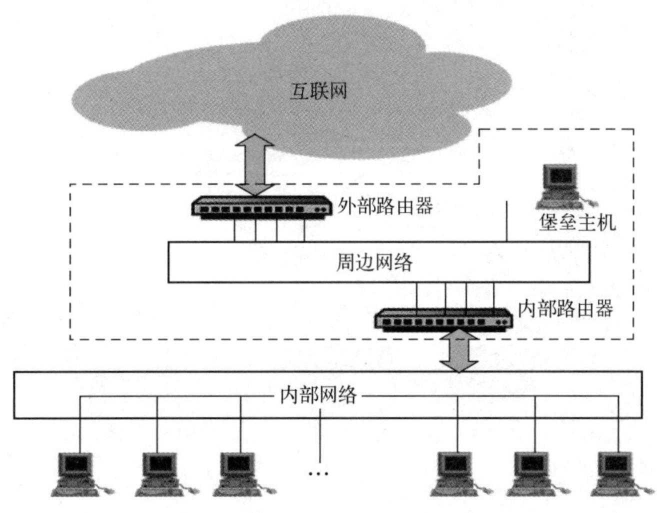

图 8-16　屏蔽子网结构防火墙

这种结构中，周边网络是一个防护层，在其上可放置一些信息服务器，它们是牺牲主机，可能会受到攻击，因此又被称为非军事区（Demilitarized Zone，DMZ）。周边网络的作用是即使堡垒主机被入侵者控制，它仍可消除对内部网络的侦听。

堡垒主机位于周边网络，是整个防御体系的核心。堡垒主机可被认为是应用层网关，可以运行各种代理服务程序。对于出站服务不一定要求所有的服务经过堡垒主机代理，但对于入站服务应要求所有服务都通过堡垒主机。

外部路由器（访问路由器）的作用主要是保护周边网络和内部网络不受外部网络的侵害。它把入站的数据包路由到堡垒主机，防止部分IP欺骗，它可分辨出数据包是否真正来自周边网络，而内部路由器做不到这一点。

内部路由器（阻塞路由器）的作用主要是保护内部网络不受外部网络和周边网络的侵害，它执行大部分过滤工作。外部路由器一般与内部路由器应用相同的规则。

8.6　习题

1. 防火墙的主要作用是什么？
2. 防火墙都有哪些技术实现？
3. 防火墙的部署种类有哪些？
4. 屏蔽子网结构防火墙中的非军事区（DMZ）指的是什么？
5. 防火墙不能防范什么样的攻击？
6. 防火墙都有哪些性能指标？

第9章 入侵检测技术

本章主要介绍入侵检测系统基本知识、入侵检测系统模型、入侵检测技术分类、入侵检测系统工作流程、典型的入侵检测系统 Snort、入侵检测技术存在的问题及发展趋势。

● **知识与能力目标**

1）了解入侵检测系统基本知识。

2）熟悉入侵检测系统模型。

3）熟悉入侵检测技术分类。

4）熟悉入侵检测系统工作流程。

5）了解典型的入侵检测系统 Snort。

6）了解入侵检测技术存在的问题及发展趋势。

● **素养目标**

1）培养学生爱党、爱国、爱人民的情怀。

2）培养学生正确的政治观、人生观、价值观。

3）培养学生的标准意识。

9.1 入侵检测系统基本知识

入侵检测，顾名思义，就是对入侵行为的发现。入侵检测系统（Intrusion Detection System，IDS）就是能够完成入侵检测功能的计算机软硬件系统。它通过对计算机网络或计算机系统中若干关键点收集信息并对其进行分析，从中发现网络或系统中是否有违反安全策略的行为和被攻击的迹象。入侵检测技术就是通过从计算机网络或计算机系统中的若干关键点收集信息并对其进行分析，从中发现网络或系统中是否有违反安全策略的行为和遭到袭击的迹象的一种安全技术。

入侵检测技术从计算机系统中的若干个节点获取不同信息，然后对数据进行分析，判断是否有违反安全策略的行为，从而对这些行为进行不同级别的告警。图 9-1 所示为入侵检测系统的主要工作方式。

入侵检测是一种能够积极主动地对网络进行保护的方法。由于攻击行为可以从外部网络发起，也可以从内部发起，还包括合法内部人员由于失误操作导致的虚假攻击，入侵检测会对以上三个方面进行分析。如果发现网络有受到攻击的迹象，那么就会对该行为做出相应的处理。入侵检测技术在监控网络的同时，对网络的性能影响不大。可以简单地把入侵检测技

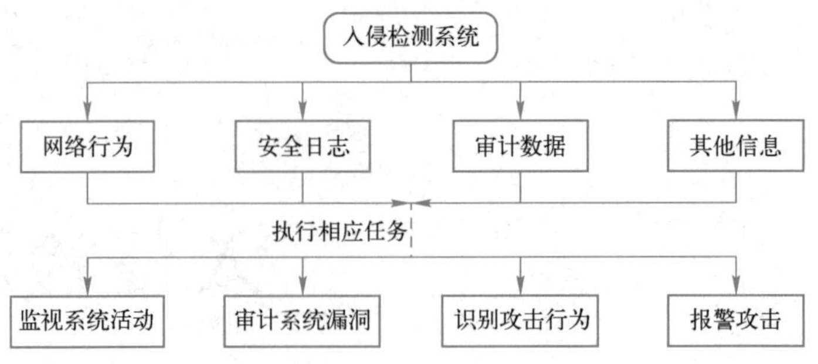

图 9-1　入侵检测系统的主要工作方式

术理解为一个有着丰富经验的网络侦查员，任务就是分析系统中的可疑信息，并进行相应的处理。入侵检测系统是一个相对主动的安全部件，可以把入侵检测看成网络防火墙的有效补充。图 9-2 是一个入侵检测系统的基本部署图。

入侵检测技术的主要作用体现在以下方面。

- 监控、分析用户和系统的活动。
- 评估关键系统和数据文件的完整性。
- 识别攻击的活动模式。
- 对异常活动进行统计分析。
- 对操作系统进行审计跟踪管理，识别违反政策的用户行为。

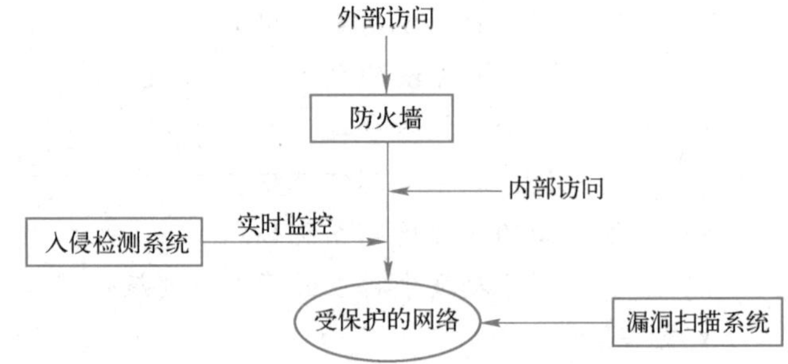

图 9-2　入侵检测系统的基本部署图

入侵检测系统一般不采取预防的措施来防止入侵事件的发生，是较为主动的安全部件。入侵检测作为安全技术，其主要目的有：识别入侵者；识别入侵行为；检测和监视已成功的安全突破；为对抗入侵及时提供重要信息，阻止事件的发生和事态的扩大。从这个角度看待安全问题，入侵检测非常必要，它可以有效弥补传统安全保护措施的不足。

9.2　入侵检测系统模型

入侵检测技术模型的发展变化大概可以分成三个阶段，分别是集中式、层次式和集成式。在每个阶段，研究人员都研究出了对应的入侵检测模型。其中，研究者在集中式阶段研究出了通用入侵检测模型，在层次式阶段研究出了层次式入侵检测模型，在集成式阶段研究出了管理式入侵检测模型。

1. Denning 入侵检测模型

入侵检测模型最早由 Dorthy Denning 在 1987 年提出，目前的各种入侵检测技术和体系都是在这个模型基础上的扩展和细化。Denning 提出的模型是一个基于主机的入侵检测模型。首先对主机事件按照一定的规则学习产生用户行为模型，然后将当前的事件和模型进行比较，如果不匹配则认为是异常入侵。

Denning 入侵检测模型是一个基于规则的模式匹配系统。该模型没有包含攻击方法和系统漏洞。它主要由主体、对象、审计记录、活动剖面、异常记录和规则集处理引擎 6 个部分组成。一个典型的 Denning 入侵检测模型如图 9-3 所示。

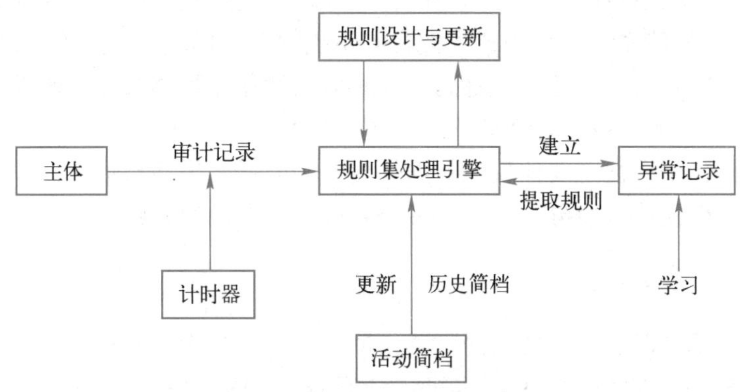

图 9-3　Denning 入侵检测模型

2. 层次式入侵检测模型

层次式入侵检测模型对收集到的数据进行加工抽象和关联操作，简化了对跨域单机的入侵行为识别。该模型将 IDS 分为 6 个层次，由低到高分别是数据层、事件层、主体层、上下文层、威胁层、安全状态层。

3. 管理式入侵检测模型

管理式入侵检测模型英文名称叫作 SNMP-IDSM（Simple Network Management Protocol-Intrusion Detection Systems Management），它从网络管理的角度出发解决多个 IDS 协同工作的问题。SNMP-IDSM 以 SNMP 为公共语言来实现 IDS 之间的消息交换和协同检测。图 9-4 展示了 SNMP-IDSM 的工作原理。

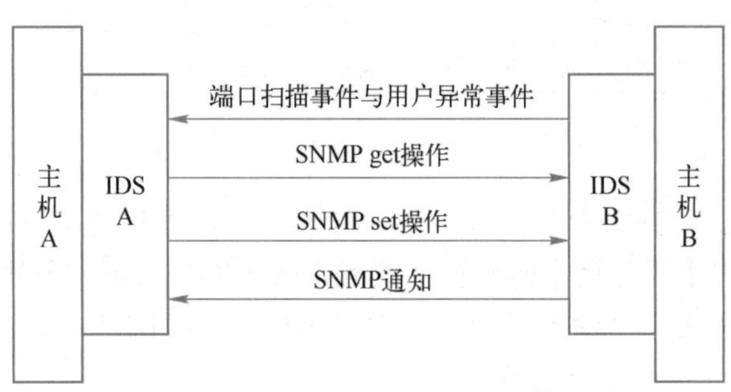

图 9-4　SNMP-IDSM 的工作原理

9.3　入侵检测技术分类

网络安全防护和检测技术

入侵检测技术按照不同的标准和方法可以分为不同的种类，常见方法包括根据各个模块运行分布方式分类、根据数据的来源分类或检测对象分类、根据所采用的技术分类等。

9.3.1　根据各个模块运行分布方式分类

根据系统各个模块运行的分布方式不同，可以将入侵检测系统分为如下两类。

1）集中式入侵检测系统。集中式入侵检测系统的各个模块（包括信息的收集和数据的分析以及响应单元）都在一台主机上运行，这种方式适用于网络环境比较简单的情况。

2）分布式入侵检测系统。分布式入侵检测系统是指系统的各个模块分布在网络中不同的计算机和设备上，分布性主要体现在数据收集模块上，如果网络环境比较复杂或数据流量较大，那么数据分析模块也会分为几个子模块，按照层次性的原则进行组织。

9.3.2　根据检测对象分类

入侵检测的对象，即要检测的数据来源，根据 IDS 所要检测的对象的不同，可将其分为基于主机的 IDS 和基于网络的 IDS。也可以说是这种 IDS 是按照入侵检测的数据来源分类的。

1）基于主机的 IDS，英文为 Host-based IDS，行业上称之为 HIDS。这种 IDS 获取数据的来源是主机。它主要是从系统日志、应用程序日志等渠道来获取数据，进行分析，从而判断是否有入侵行为，保护系统主机的安全。图 9-5 所示为基于主机的入侵检测系统。

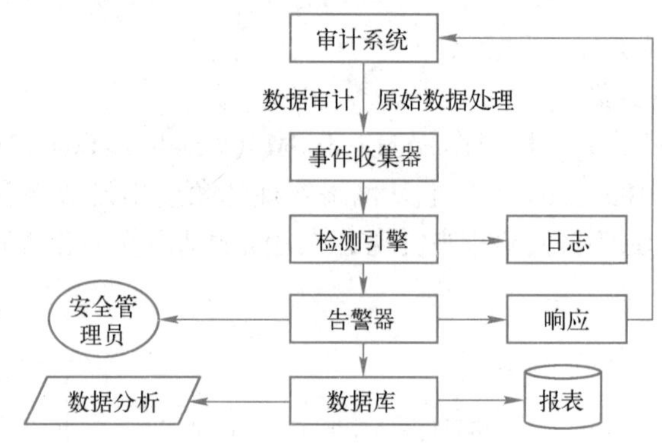

图 9-5　基于主机的入侵检测系统

2）基于网络的 IDS，英文为 Network-based IDS，行业上称之为 NIDS，系统获取数据的来源是网络数据包。它主要是用来监测整个网络中所传输的数据包并进行检测与分析，再加以识别，若发现有可疑情况（即入侵行为）立即报警，保护网络中正在运行的各台计算机。图 9-6 所示为基于网络的入侵检测系统。

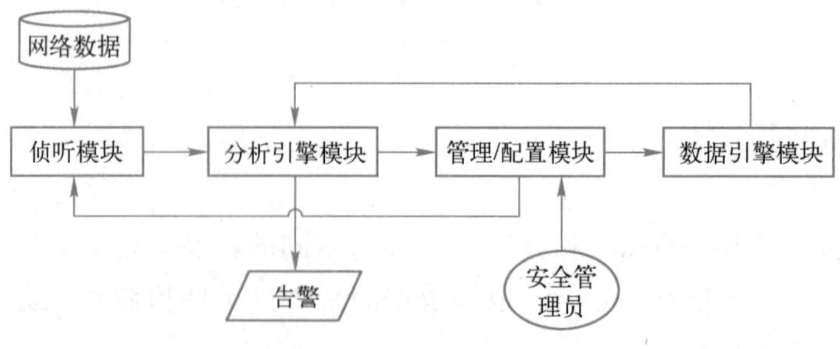

图 9-6　基于网络的入侵检测系统

9.3.3　根据所采用的技术分类

根据入侵检测系统所采用的技术可以将其分为异常入侵检测系统、误用入侵检测系统。

1. 异常入侵检测系统

异常入侵检测系统是将系统正常行为的信息作为标准，将监控中的活动与正常行为相比较。在异常入侵检测系统中，假设所有与正常行为不同的行为都被视为异常，而一次异常视为一次入侵。可以人为地建立系统正常的所有行为事件，那么理论上可以把与正常事件不同的所有行为视为可疑事件。事件中的异常阈值与它的值的选择是预测是否为入侵行为的关键。例如，通过对数据流量监控，将异常行为的异常网络流量视为可疑。它的局限性是系统的事件难以描述和计算，不能够完全找出异常行为，因为并非所有的入侵都表现为异常。图 9-7 所示为异常检测原理。

2. 误用入侵检测系统

误用入侵检测系统是收集非正常操作的行为，建立相关的攻击特征库，依据所有入侵行为都能够用一种特征来表示，那么所有已知的入侵方法都可以用模式匹配的方法发现。误用入侵检测的关键是如何制定检测规则，把入侵行为与正常行为区分开来。其优点是误报率较低，缺点是漏报率较高，因为它只能发现已知的攻击，如果攻击特征稍加变化，那该系统就无能为力了。图 9-8 所示为误用检测原理。

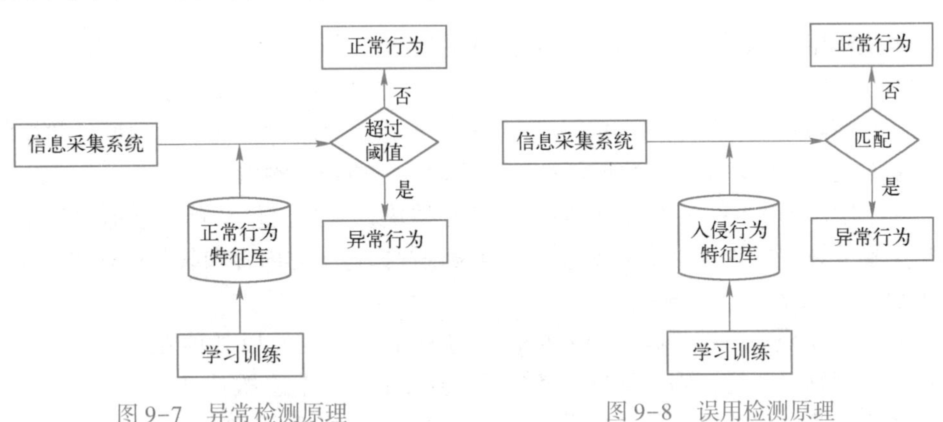

图 9-7　异常检测原理　　图 9-8　误用检测原理

9.4　入侵检测系统工作流程

通用的入侵检测系统的工作流程主要分为以下四步。

第一步：信息收集。信息收集的内容包括系统、网络、数据及用户活动的状态和行为。这一步非常重要，因为入侵检测系统很大限度上依赖于收集信息的可靠性和正确性。

第二步：信息分析。这是指对收集到的数据信息，进行处理分析。一般通过协议规则分析、模式匹配、统计分析和完整性分析几种手段与方法来分析。

第三步：信息存储。当入侵检测系统捕获到有攻击发生时，为了便于系统管理人员对攻击信息进行查看和对攻击行为进行分析，还需要将入侵检测系统收集到的信息进行保存，这些数据通常存储到用户指定的日志文件或特定的数据库中。

第四步：攻击响应。对攻击信息进行分析并确定攻击类型后，入侵检测系统会根据用户的设置，对攻击行为进行相应的处理，如发出警报、给系统管理员发邮件等方式提醒用户；或者利用自动装置直接进行处理，如切断连接、过滤攻击者的 IP 地址等，从而使系统能够较早地避开或阻断攻击。

9.5　典型的入侵检测系统 Snort

1998 年，Marty Roesch 用 C 语言开发了开放源代码的入侵检测系统 Snort。到今天，Snort 已发展成为一个多平台，具有实时流量分析、网络 IP 数据包记录等特性的强大的网络入侵检测系统。在网上可以通过免费下载获得 Snort，并且只需要几分钟就可以安装并开始使用它。图 9-9 所示为 Snort 的结构。

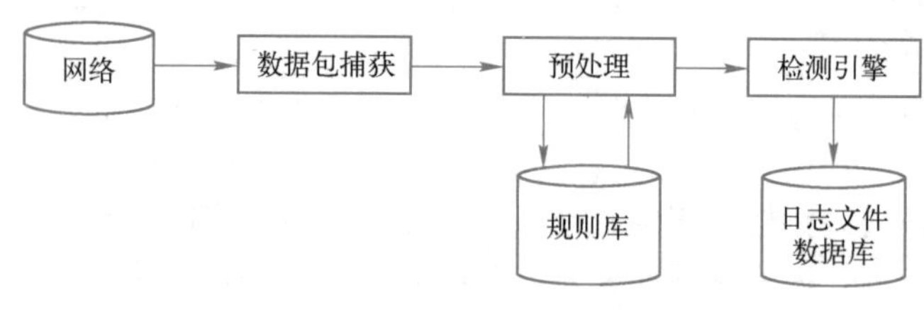

图 9-9　Snort 的结构

Snort 的结构由 4 大软件模块组成，它们分别是：

1）数据包捕获模块——负责监听网络数据包，对网络数据包进行分类。

2）预处理模块——该模块用相应的插件来检查原始数据包，从中发现原始数据的“行为”，如端口扫描、IP 碎片等，数据包经过预处理后才传到检测引擎。

3）检测引擎模块——该模块是 Snort 的核心模块。当数据包从预处理器送过来后，检测引擎依据预先设置的规则检查数据包，一旦发现数据包中的内容和某条规则相匹配，就通知报警模块。

4）报警/日志模块——经检测引擎检查后的 Snort 数据需要以某种方式输出。如果检测引擎中的某条规则被匹配，则会触发一条报警，这条报警信息会被传送给日志文件，甚至可以将报警传送给第三方插件，另外报警信息也可以记入 SQL 数据库。

Snort 拥有三大基本功能：嗅探器、数据包记录器和网络入侵检测。嗅探器模式仅从网络上读取数据包并作为连续不断的数据流显示在终端上。数据包记录器模式是把数据包记录到硬盘上。网络入侵检测模式是最复杂的，而且是可配置的，可以让 Snort 分析网络数据流以匹配用户定义的一些规则，并根据检测结果采取一定的动作。

9.6　入侵检测技术存在的问题及发展趋势

1. 入侵检测技术存在的问题

入侵检测技术存在的问题主要为，IDS 对攻击的检测效率和其对自身攻击的防护。

由于现在网络发展迅速，网络传输速率大大加快，这造成了 IDS 工作的很大负担，也意味着 IDS 对攻击活动检测的可靠性不高。而 IDS 在应对自身的攻击时，对其他传输的检测也会被抑制。同时由于模式识别技术的不完善，IDS 的虚警率较高也是一大问题。

2. 入侵检测技术的发展趋势

入侵检测技术的主要发展方向如下。

1）分布式入侵检测。传统的入侵检测系统一般局限于单一的主机或网络架构，对异构系统及大规模网络的检测明显不足，同时不同的入侵检测系统之间不能协同工作。基于此，分布式入侵检测技术是发展方向之一。

2）应用层入侵检测。目前的入侵检测系统对应用层的入侵检测较少，因此应用层的入侵检测技术是发展方向之一。

3）智能入侵检测。目前，入侵方法越来越多样化与综合化，速度也越来越快，尽管已经有智能体系、神经网络与遗传算法等方法应用在入侵检测领域，但这些还远远不够，需要对智能化的入侵检测系统做进一步研究，以解决其自学习与自适应能力。

4）与网络安全技术相结合。结合个人防火墙、网络防火墙、漏洞扫描、身份认证等安全技术与入侵检测技术相互联动，提供完整的网络安全保护系统。

5）其他相关技术。目前 IPS 和 IMS 都是入侵检测系统变异出来的安全防护系统。

总之，入侵检测系统作为一种主动的安全防护技术，提供了对内部攻击、外部攻击和误操作的实时检测与分析，在网络系统受到危害之前拦截和响应入侵，它是信息系统安全不可或缺的一部分。

9.7　习题

1. 入侵检测系统的作用是什么？
2. 什么是入侵检测技术？
3. 什么是异常入侵检测系统？
4. 什么是误用入侵检测系统？
5. 入侵检测系统的工作流程是什么？
6. 简述入侵检测系统的未来发展趋势。

第10章 虚拟专用网技术

本章简要介绍为什么信息系统要引入虚拟专用网、虚拟专用网的优点和分类、虚拟专用网的工作原理、虚拟专用网的技术原理、虚拟专用网应用举例等。

- **知识与能力目标**

1）了解虚拟专用网概念。

2）熟悉 VPN 的工作原理。

3）认知 VPN 的技术原理。

- **素养目标**

1）培养学生的质量意识、成本意识。

2）培养学生勤俭节约、艰苦奋斗的意识。

10.1 虚拟专用网概述

虚拟专用网（Virtual Private Network，VPN）通常是通过一个公用的网络（如 Internet）建立一个临时的、安全的、模拟的点对点连接。这是一条穿越公用网络的安全信息隧道，信息可以通过这条隧道在公用网络中安全传输。

虚拟专用网依靠 Internet 服务提供商（Internet Service Provider，ISP）和其他网络服务提供商（Net Service Provider，NSP），在公用网络中建立专用的数据通信网络。在虚拟专用网中，任意两个节点之间的连接并没有传统专网所需的端到端的物理链路，而是利用某种公众网的资源动态组成的。所谓虚拟，是指用户不再需要拥有实际的长途数据线路，而是使用 Internet 公众数据网络的长途数据线路。所谓专用网络是指用户可以为自己定制一个最符合自己需求的网络。

10.1.1 VPN 的需求

人们很多时候需要在异地连接网络。例如，企业员工在外出差或在家需要连接公司服务器；或者有第三方需要接入公司服务器（如电子商务）；或者企业数据需要进行异地灾备；还有的企业分支机构需要连接总公司等。这时候最经济、最便捷的方式就是使用 VPN 技术。图 10-1 所示很多地方需要接入 VPN。

虚拟专用网（VPN）是在公用网络上建立专用网络的技术。其之所以称为虚拟网，主要是因为整个 VPN 网络的任意两个节点之间的连接并没有传统专网所需的端到端的物理链路，而是架构在公用网络服务商所提供的网络（如 Internet、ATM（异步传输模式）、Frame Relay（帧中继）等）之上的逻辑网络，用户数据在逻辑链路中传输。

可以形象地称 VPN 为“网络中的网络”。而保证数据安全传输的关键就在于 VPN 使用了隧道协议（目前常用的隧道协议有 PPTP、L2TP 和 IPSec），适用范围比较广泛，如企业原有专线网络的带宽升级；企业远程用户需要实现远程访问；对通信线路的保密性和可用性要求较高的用户（如证券、保险公司）等。

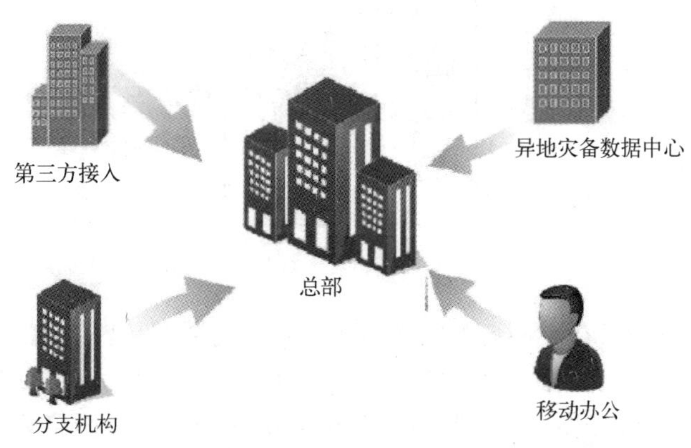

图 10-1　VPN 的需求

10.1.2　VPN 的优点

企业使用 VPN 有许多优点，具体来说，虚拟专用网的提出就是来解决如下问题。

1）使用 VPN 可降低成本。通过公用网络来建立 VPN，就可以节省大量的通信费用，而不必投入大量的人力和物力去安装与维护 WAN（广域网）设备和远程访问设备。通常租用电信的专用网络是很昂贵的。使用 VPN 可以降低企业使用网络的成本，这是 VPN 最大的优点。

2）传输数据安全可靠。虚拟专用网产品都是采用加密及身份验证等安全技术，来保证连接用户的可靠性及传输数据的安全和保密性。

3）连接方便灵活。用户若想与合作伙伴联网，如果没有虚拟专用网，双方的信息技术部门就必须协商如何在双方之间建立租用线路或帧中继线路，有了虚拟专用网之后，只需双方配置安全连接信息即可。

4）完全控制。虚拟专用网使用户可以利用 ISP 的设施和服务，同时又完全掌握着自己网络的控制权。用户只利用 ISP 提供的网络资源，对于其他的安全设置、网络管理变化则可由自己管理。在企业内部也可以自己建立虚拟专用网。

10.1.3　VPN 的分类

VPN 依据不同的方法，有多种不同的分类。最常用的是根据网络类型的差异，将 VPN 分为两种类型：Client-LAN 和 LAN-LAN 类型。

1) Client-LAN 类型的 VPN 也称为 Access VPN（远程接入 VPN），即远程访问方式的 VPN。

它提供了一种安全的远程访问手段，使用公网作为骨干网在设备之间传输 VPN 数据流量。例如，出差在外的员工、有远程办公需要的分支机构都可以利用这种类型的 VPN，实现对企业内部网络资源进行安全的远程访问。图 10-2 所示为 Client-LAN 类型的 VPN。

2) LAN-LAN 类型的 VPN，也称为 Intranet VPN（内联网 VPN），通过公司的网络架构连接来自同一公司的资源。

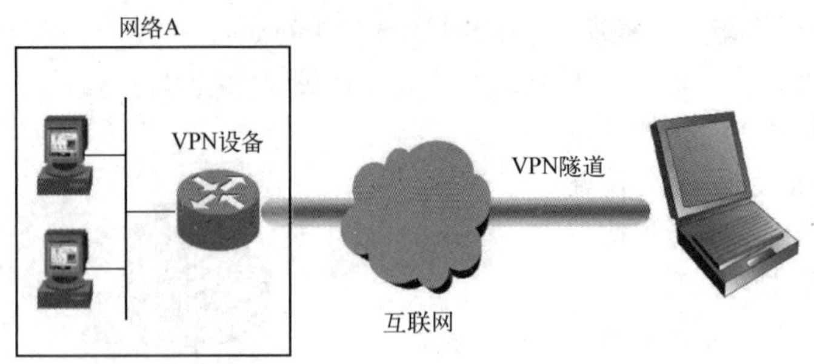

图 10-2　Client-LAN 类型的 VPN

为了在不同局域网之间建立安全的数据传输通道，例如在企业内部各分支机构之间或者企业与其合作者之间的网络进行互联，可以采用 LAN-LAN 类型的 VPN。采用 LAN-LAN 类型的 VPN，可以利用基本的 Internet 和 Intranet 网络建立起全球范围内物理的连接，再利用 VPN 的隧道协议实现安全保密需要，就可以满足公司总部与分支机构以及合作企业间的安全网络连接。图 10-3 所示为 LAN-LAN 类型的 VPN。

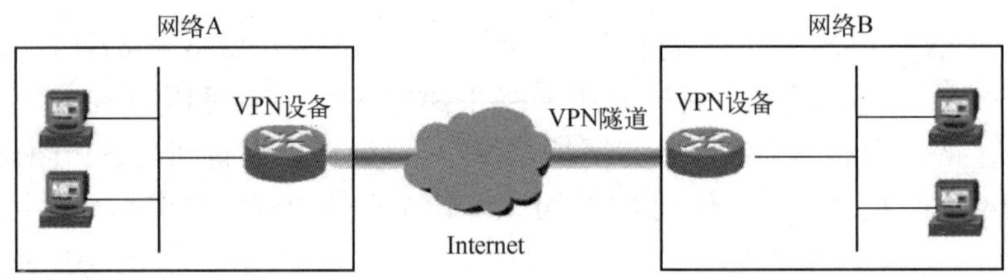

图 10-3　LAN-LAN 类型的 VPN

除了以上两种类型外，还有 Extranet VPN（外联网 VPN），即与合作伙伴企业网构成 Extranet，将一个公司与另一个公司的资源进行连接。这和 Client-LAN 类型的 VPN 类似。

10.2　VPN 的工作原理

VPN 的工作流程如图 10-4 所示。通常情况下，VPN 网关采取双网卡结构，外网卡使用公网 IP 接入 Internet。VPN 的基本工作步骤如下。

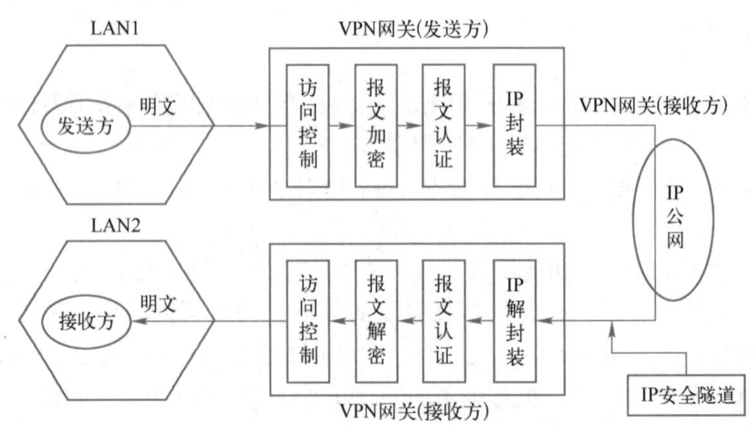

图 10-4　VPN 的工作流程

1）网络 1（假定为公网 Internet）的终端 A 访问网络 2（假定为公司内网）的终端 B，其发出的访问数据包的目标地址为终端 B 的内部 IP 地址。

2）网络 1 的 VPN 网关在接收到终端 A 发出的访问数据包时对其目标地址进行检查，如果目标地址属于网络 2 的地址，则将该数据包进行封装，封装的方式根据所采用的 VPN 技术不同而不同，同时 VPN 网关会构造一个新的 VPN 数据包，并将封装后的原数据包作为 VPN 数据包的负载，VPN 数据包的目标地址为网络 2 的 VPN 网关的外部地址。

3）网络 1 的 VPN 网关将 VPN 数据包发送到 Internet，由于 VPN 数据包的目标地址是网络 2 的 VPN 网关的外部地址，所以该数据包将被 Internet 中的路由正确地发送到网络 2 的 VPN 网关。

4）网络 2 的 VPN 网关对接收到的数据包进行检查，如果发现该数据包是从网络 1 的 VPN 网关发出的，即可判定该数据包为 VPN 数据包，并对该数据包进行解包处理。解包的过程主要是先将 VPN 数据包的包头剥离，再将数据包反向处理还原成原始的数据包。

5）网络 2 的 VPN 网关将还原后的原始数据包发送至目标终端 B，由于原始数据包的目标地址是终端 B 的 IP，所以该数据包能够被正确地发送到终端 B。在终端 B 看来，它收到的数据包就和从终端 A 直接发过来的一样。

6）从终端 B 返回终端 A 的数据包处理过程和上述过程一样，这样两个网络内的终端就可以相互通信了。

通过上述说明可以发现，在 VPN 网关对数据包进行处理时，有两个参数对于 VPN 通信十分重要：原始数据包的目标地址（VPN 目标地址）和远程 VPN 网关地址。根据 VPN 目标地址，VPN 网关能够判断对哪些数据包进行 VPN 处理，对于不需要处理的数据包通常情况下可直接转发到上级路由；远程 VPN 网关地址则指定了处理后的 VPN 数据包发送的目标地址，即 VPN 隧道的另一端 VPN 网关地址。由于网络通信是双向的，在进行 VPN 通信时，隧道两端的 VPN 网关都必须知道 VPN 目标地址和与此对应的远端 VPN 网关地址。

10.3 VPN 的技术原理

下面简要介绍 VPN 实现时使用的协议和技术，重点介绍使用最多的 VPN 技术 SSL VPN。

10.3.1 VPN 使用的安全协议

VPN 的实现都是通过使用安全协议完成的，它所使用的主要安全协议如下。

1. 点对点隧道协议（Point to Point Tunneling Protocol，PPTP）

通过 Internet 的数据通信，需要对数据流进行封装和加密，PPTP 就可以实现这两个功能，从而可以通过 Internet 实现多功能通信。

2. 第二层隧道协议（Layer2 Tunneling Protocol，L2TP）

PPTP 和 L2TP 十分相似，因为 L2TP 有一部分就是采用 PPTP 协议，两个协议都允许用户通过其间的网络建立隧道，L2TP 还支持信道认证。

3. 互联网安全协议（Internet Protocol Security，IPSec）

它用于确保网络层之间的安全通信。

4. 安全套接层（Secure Socket Layer，SSL）协议

它是Netscape公司所研发，用以保障在Internet上数据传输的安全，利用数据加密技术，可确保数据在网络上的传输过程中不会被截取及窃听。SSL协议位于TCP/IP与各种应用层协议之间，为数据通信提供安全支持。

10.3.2　VPN的实现

由于传输的是私有信息，VPN用户对数据的安全性要求比较高。目前，VPN主要采用四项技术来保证安全，这四项技术分别是隧道技术（Tunneling）、加解密技术（Encryption & Decryption）、密钥管理技术（Key Management）、用户与设备身份认证技术（Authentication）。

1. 隧道技术

隧道技术是VPN的基本技术。类似于点对点连接技术，它在公用网建立一条数据通道（隧道），让数据包通过这条隧道传输。隧道是由隧道协议形成的，分为第二、三层隧道协议。

第二层隧道协议是先把各种网络协议装到PPP中，再把整个数据包装入隧道协议中。第二层隧道协议有L2F、PPTP L2T等。

第三层隧道协议是把各种网络协议直接装入隧道协议中，形成的数据包依靠第三层协议进行传输。第三层隧道协议有VTP、IPSec等。IPSec（IP Security）是由一组RFC文档组成的，定义了一个系统来提供安全协议选择、安全算法，确定服务所使用密钥等服务，从而在IP层提供安全保障。

2. 加解密技术

加解密技术（如对称加密、公钥加密等）是数据通信中一项较成熟的技术，VPN可直接利用现有技术。

3. 密钥管理技术

密钥管理技术的主要任务是如何在公用数据网上安全地传递密钥而不被偷听、窃取。

4. 用户与设备身份认证技术

用户与设备身份认证技术最常用的是用户名与密码或卡片式认证等方式。

除了以上几种技术实现VPN以外，还有一种比较常用的VPN方式：SSL VPN，即SSL协议被使用于VPN中。这种方式经常用于访问银行、金融及机密系统。通过计算机访问银行的网银系统时使用的就是SSL VPN。它是将HTTP和SSL协议相结合形成的HTTPS（Hyper Text Transfer Protocol over Secure Socket Layer）。

图10-5所示为使用SSL VPN登录中国工商银行网站。

图10-6所示为使用SSL VPN协议访问北京市自然科学基金系统。

SSL协议提供了数据私密性、端点验证、信息完整性等特性。SSL置身于网络结构体系的传输层和应用层之间，本身就被几乎所有的Web浏览器支持，不需要为了支持SSL连接安装额外的软件。连接成功后，基于Java的客户端就会被下载到计算机Web浏览器，会在客户的计算机和VPN集线器或防火墙服务器之间创建一个虚拟连接。图10-7所示为SSL协议的工作层次。

图 10-5　使用 SSL VPN 登录中国工商银行网站

图 10-6　使用 SSL VPN 协议访问北京市自然科学基金系统

握手	加密参数修改	告警	应用数据(HTTP)
SSL记录协议层			
TCP			
IP			

图 10-7　SSL 协议的工作层次

10.4 虚拟专用网应用举例

以北京邮电大学（以下简称“北邮”）虚拟专用网举例。图10-8所示为没有使用VPN时的网页。这时通过校外的公有网络是不能访问北邮校内资源的。

图10-8 没有使用VPN时的网页

解决方案是下载一个北邮VPN客户端，登录界面如图10-9所示。

输入用户名和密码后，就可以连接北邮校内网络资源了。图10-10所示为成功连接到了北邮VPN。

图10-9 北邮VPN登录界面

图10-10 北邮VPN连接成功

连接后需要进行网络的身份认证，如图10-11所示。

身份认证后，就能使用VPN进入内网进行工作了，如图10-12所示。

图 10-11　进行网络的身份认证

图 10-12　用 VPN 登录后的北邮内网

10.5　习题

1. 什么是虚拟专用网（VPN）?
2. 企业为什么要引入 VPN?
3. VPN 的主要优点有哪些?
4. 根据网络类型的差异，VPN 可以分为哪些类型?

第 11 章 Windows 操作系统安全

Windows NT 是微软公司第一个真正意义上的网络操作系统，发展经过 NT 3.0、NT 4.0、NT 5.0（Windows 2000）和 NT 6.0（Windows 2003）、Windows XP、Vista 等众多版本，并逐步占据了广大的中小网络操作系统的市场。但是在 Windows 系统里面有一些安全配置，在默认情况下是没有设置的，需要根据具体情况进行设置。本章将以早期的 Windows 2000 操作系统为例进行安全配置说明，这些配置在更高版本的操作系统中大多存在。

- **知识与能力目标**

1）掌握 Windows 安全配置。

2）熟悉安装 Windows 操作系统的注意事项。

3）掌握给操作系统打补丁的方法。

- **素养目标**

1）培养学生诚实守信、严于律己的精神。

2）培养学生精益求精的精神。

11.1 Windows 操作系统介绍

Windows NT 众多版本的操作系统使用了与 Windows 9x 完全一致的用户界面和完全相同的操作方法，用户使用起来比较方便。与 Windows 9x 相比，Windows NT 的网络功能更加强大并且安全。

Windows NT 系列操作系统具有以下三个方面的优点。

1. 支持多种网络协议

在网络中可能存在多种客户机，如 Windows 95/98、Apple Macintosh、UNIX、OS/2 等，而这些客户机可能使用了不同的网络协议，如 TCP/IP、IPX/SPX 等。Windows NT 系列操作系统支持几乎所有常见的网络协议。

2. 内置 Internet 功能

随着 Internet 的流行和 TCP/IP 协议组的标准化，Windows NT 内置了 Internet 信息服务（Internet Information Services，IIS），可以使网络管理员轻松地配置 WWW 和 FTP 等服务。

3. 支持 NTFS

Windows 9x 所使用的文件系统是 FAT，在 NT 中内置同时支持 FAT 和 NTFS 的磁盘分区格式。使用 NTFS 的好处主要是可以提高文件管理的安全性，用户可以对 NTFS 中的任何文件、目录设置权限，这样当多用户同时访问系统的时候，可以增加文件的安全性。

11.2　Windows 安全配置

操作系统安全

11.2.1　保护账户

1. 保护 guest 账户

可将 guest 账户关闭、停用或改名。如果必须要用 guest 账户的话，需将 guest 列入“拒绝从网络访问”名单中（如果没有共享文件夹和打印机），防止 guest 从网络访问计算机、关闭计算机以及查看日志，如图 11-1 所示。

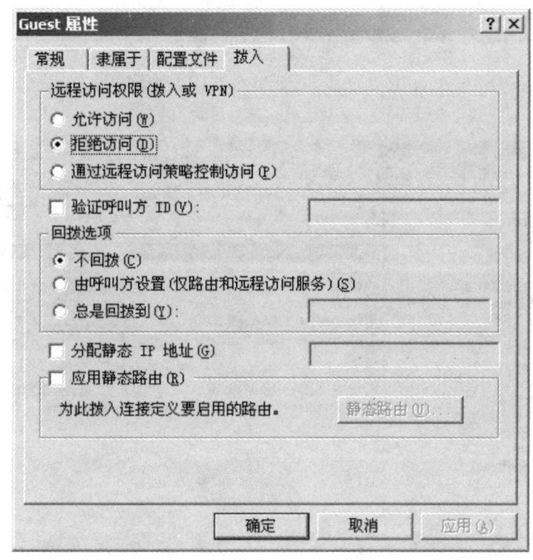

图 11-1　防止 guest 从网络访问计算机

2. 限制用户数量

可以通过去掉所有的测试账户、共享账户和普通部门账户等方式来限制用户数量。用户组策略设置相应权限，并且经常检查系统的账户，删除已经不使用的账户。

账户很多时候是黑客们入侵系统的突破口，系统的账户越多，黑客们得到合法用户权限的可能性一般也就越大。

对于 Windows NT/2000 主机，如果系统账户超过 10 个，一般就能找出一两个弱口令账户，所以账户数量最好不要大于 10 个。不用的账户可以去掉，如图 11-2 所示。

3. 管理员账户改名

Windows 2000 中的 Administrator 账户是不能被停用的，这意味着别人可以一遍又一遍地尝试这个账户的密码。把 Administrator 账户改名可以有效地防止这一点。

不要使用 Admin 之类的名字，否则改了等于没改，应尽量把管理员账户伪装成普通用户，比如改成 guestone。具体操作的时候只要选中账户名并改名就可以了，如图 11-3 所示。

4. 创建陷阱账户

陷阱账户是创建一个名为“Administrator”或“Admin”的本地账户，把它的权限设置成最低，什么事也干不了的那种，并且加上一个超过 10 位的复杂密码。

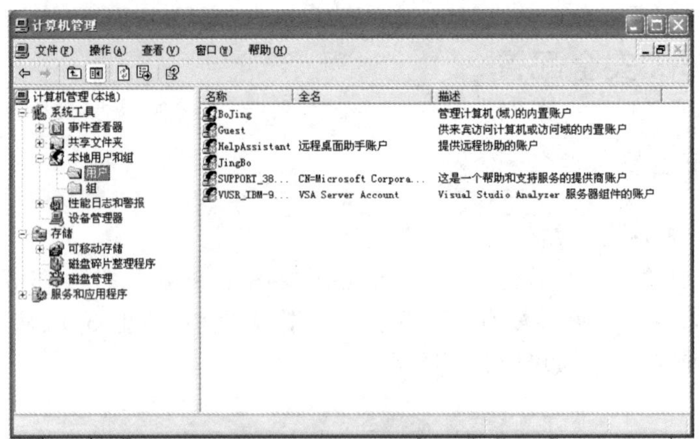

图 11-2　去掉不用的账户

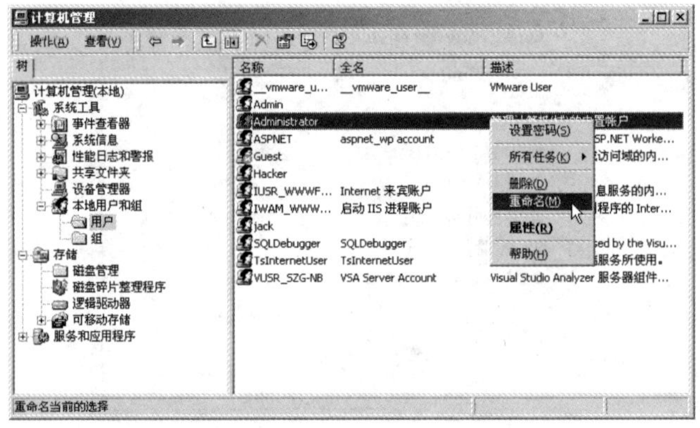

图 11-3　管理员账户改名

这样可以让那些企图入侵者忙上一段时间了，并且可以借此发现他们的入侵企图。可以将该用户隶属的组修改成 Guests 组。密码为大于 32 位的数字+字符+符号密码，如图 11-4 所示。建立的陷阱账户如图 11-5 所示。

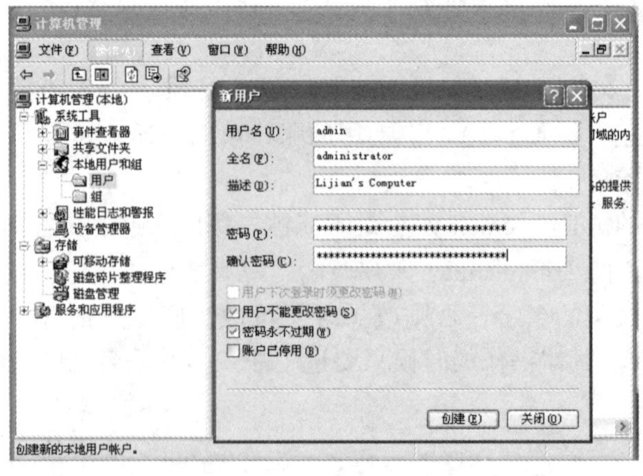

图 11-4　陷阱账户密码

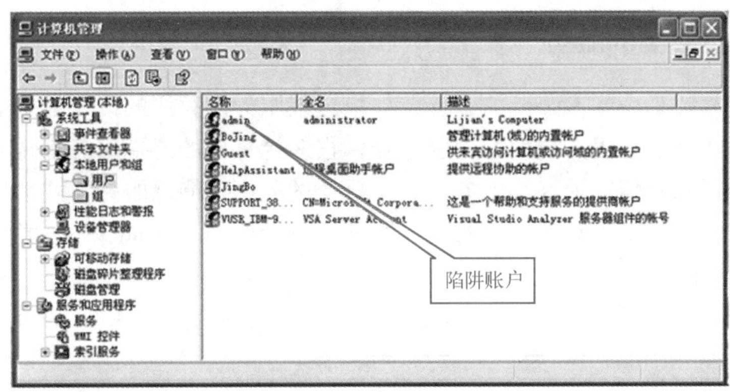

图 11-5　建立的陷阱账户

11.2.2　设置安全的密码

好的密码对于一个网络来说是非常重要的，但也是最容易被忽略的。一些网络管理员创建账户的时候往往将公司名、计算机名或者一些别的一猜就中的字符当作用户名，然后又把这些账户的密码设置得比较简单，如“welcome”“iloveyou”“letmein”或者和用户名相同的密码等。这样的账户应该要求用户首次登录的时候更改成复杂的密码，还要注意经常更换密码。

这里给“好”密码下了个定义：安全期内无法破解出来的密码就是好密码。也就是说，如果得到了密码文档，必须花 43 天或者更长的时间才能破解出来，则密码策略要求 42 天必须更改密码。

11.2.3　设置屏幕保护密码

设置屏幕保护密码是防止内部人员破坏服务器的一个屏障。注意不要使用 OpenGL 和一些复杂的屏幕保护程序，这样会浪费系统资源，黑屏就可以了。将屏幕保护的选项“密码保护”选中就可以，并将等待时间设置为最短时间“1 分钟”，如图 11-6 所示。

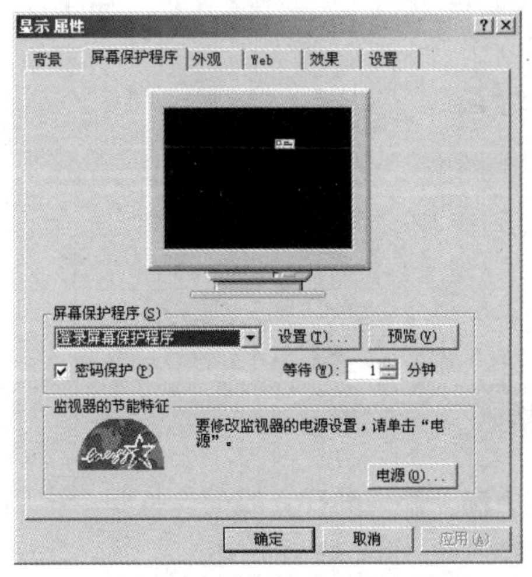

图 11-6　设置屏幕保护密码

11.2.4　关闭不必要的服务

计算机里通常装有一些不必要的服务，如果这些服务没有用的话，最好能将这些服务关闭。例如，为了能够在远程方便地管理服务器，很多计算机的终端服务都是开着的，如果开了，要确认已经正确地配置了终端服务。有些恶意的程序也能以服务方式悄悄地运行服务器上的终端服务。要留意服务器上开启的所有服务并每天检查。Windows 中可禁用的服务及其相关说明见表 11-1。

表 11-1　Windows 中可禁用的服务

服 务 名	说　　明
Computer Browser	维护网络上计算机的最新列表以及提供这个列表
Task Scheduler	允许程序在指定时间运行
Routing and Remote Access	在局域网以及广域网环境中为企业提供路由服务
Removable Storage	管理可移动媒体、驱动程序和库
Remote Registry Service	允许远程注册表操作
Print Spooler	将文件加载到内存中以便以后打印。要用打印机的用户不能禁用这项服务
Distributed Link Tracking Client	当文件在网络域的 NTFS 卷中移动时发送通知
Com+ Event System	提供事件的自动发布到订阅 COM 组件

11.2.5　关闭不必要的端口

关闭端口意味着减少功能，如果服务器安装在防火墙的后面，被入侵的机会就会少一些，但是不能认为这样就可以高枕无忧了。可以在操作系统里限制端口的访问，图 11-7 所示为从操作系统 TCP/IP 里限制端口，只开放 4 个端口。关于这一点，在第 5 章中已经介绍过了。

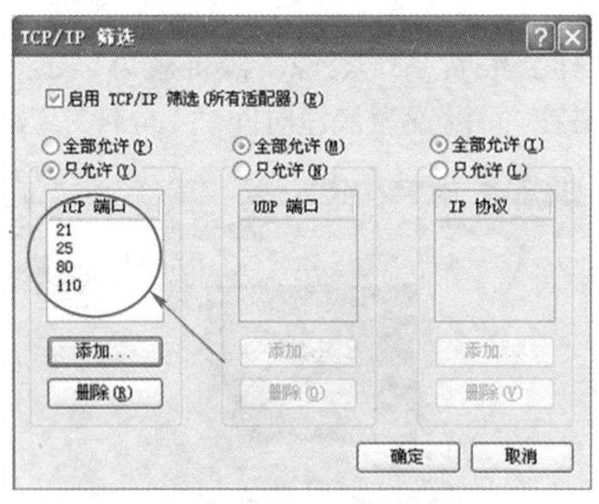

图 11-7　限制端口

11.2.6　开启系统审核策略

系统审核策略在默认的情况下都是没有开启的。打开“控制面板”→“管理工具”→“本地安全设置”→“审核策略”，如图 11-8 所示。

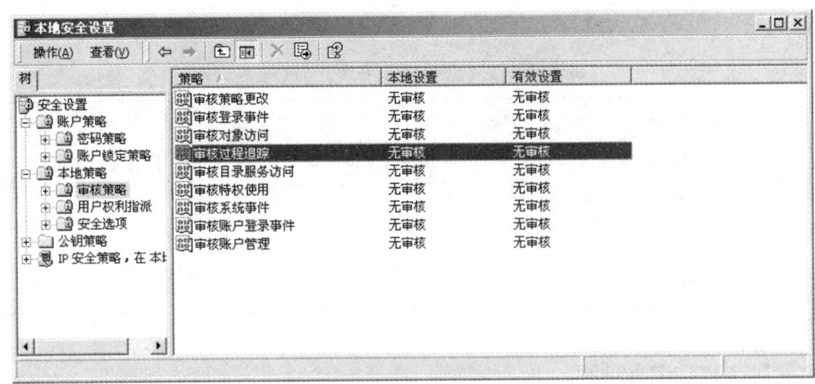

图 11-8　系统审核策略

从图 11-8 中可以看到，9 个审核策略都没有打开。最好将这些信息审核策略都打开，以便以后出现安全事件的时候进行查找。双击要打开的审核策略选项，出现如图 11-9 所示的界面。

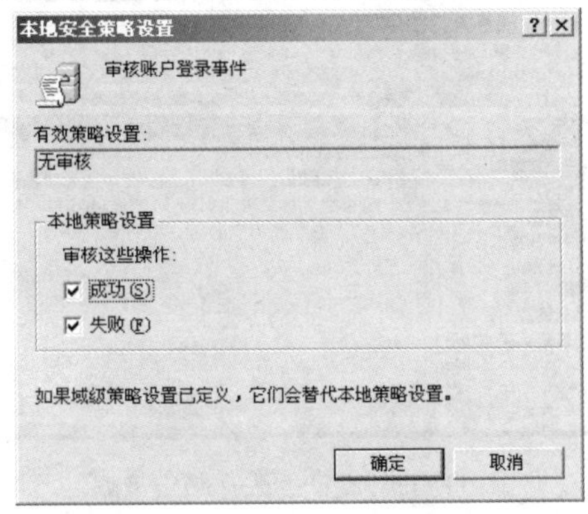

图 11-9　打开系统审核策略选项

将其中的“成功”和“失败”全选上，再单击“确定”按钮，这样审核策略就被添加上了。

11.2.7　开启密码策略

密码策略在默认的情况下都是没有开启的。打开“控制面板”→“管理工具”→“本地安全设置”→“密码策略”，如图 11-10 所示。

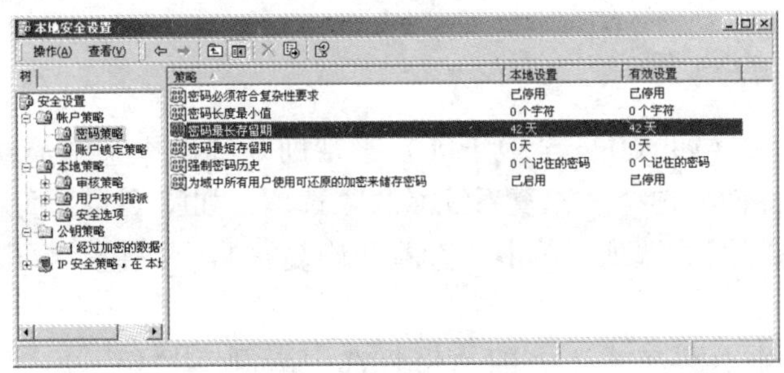

图 11-10　默认的密码策略

需要开启的密码策略见表11-2。

表11-2　需要开启的密码策略

策　　略	设　　置
密码复杂性要求	启用
密码长度最小值	8位
密码最长存留期	15天
强制密码历史	5个

11.2.8　开启账户锁定策略

账户锁定策略在默认的情况下都是没有开启的。打开“控制面板”→“管理工具”→“本地安全策略”→“账户策略”→“账户锁定策略”，如图11-11所示。

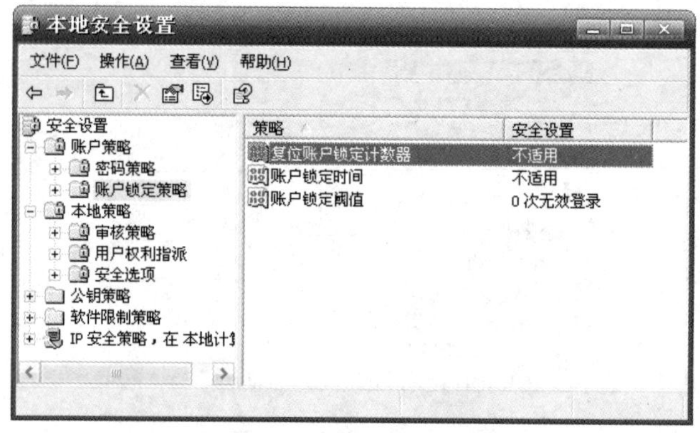

图11-11　默认的账户锁定策略

开启账户锁定策略可以有效地防止字典式攻击，设置见表11-3。

表11-3　账户锁定策略

策　　略	设　　置
复位账户锁定计数器	30分钟
账户锁定时间	30分钟
账户锁定阈值	5次

11.2.9　下载最新的补丁

可以使用一些工具（如360安全卫士等）来帮助下载操作系统最新的安全补丁。打开360安全卫士软件主界面，选择“修复系统漏洞”选项，如图11-12所示。

选择“系统存在漏洞”选项，单击“查看并修复漏洞”按钮，弹出如图11-13所示的界面。

选择要修复的漏洞，再单击下方的“修复选中漏洞”按钮，出现如图11-14所示的界面。

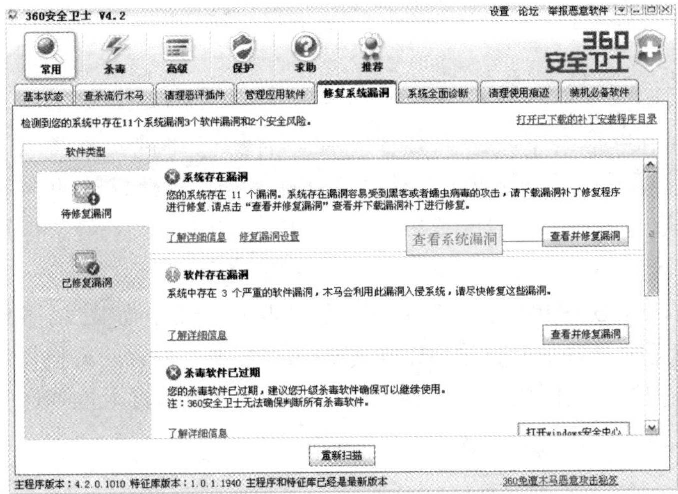

图 11-12　360 安全卫士界面

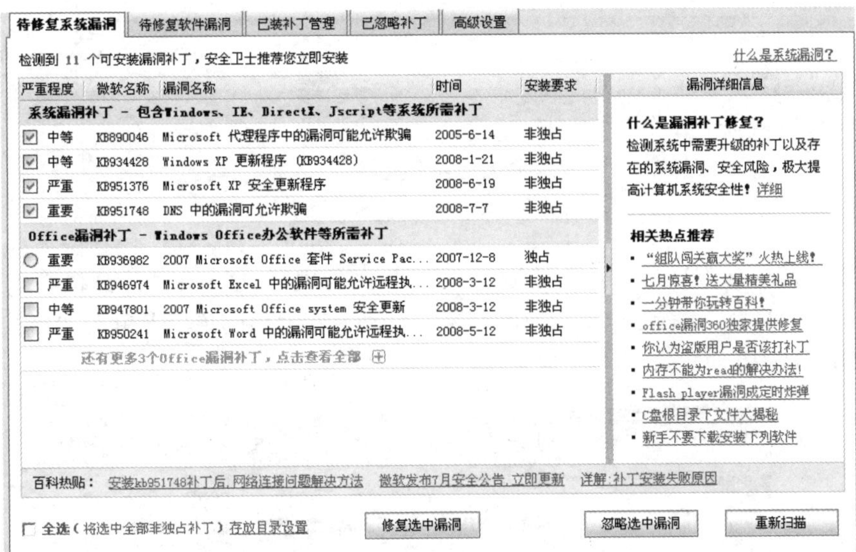

图 11-13　360 安全卫士找到的漏洞

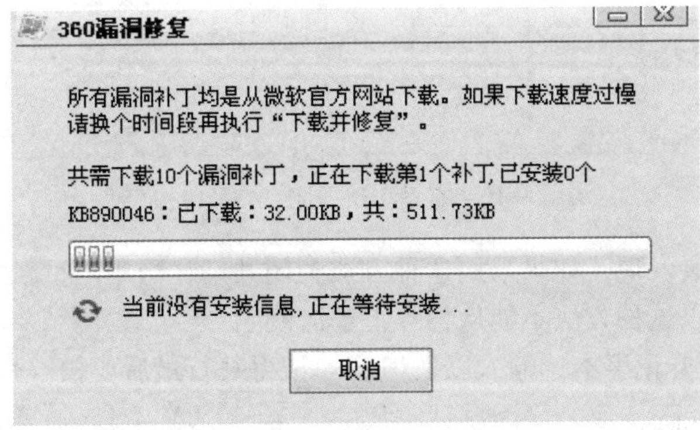

图 11-14　系统正在下载补丁

操作完成后，提示补丁下载消息和补丁安装消息，这样操作系统的补丁就打上了。

11.2.10　关闭系统默认共享

系统的共享为用户带来了很多麻烦，经常会有病毒通过共享进入计算机。Windows 2000/XP/2003 版本的操作系统提供了默认共享功能，查看这些默认的共享会发现其后都有"$"标志，意为隐含的，包括所有的逻辑盘（C$、D$、E$等）和系统目录 Winnt 或 Windows（admin$）。

这些共享，可以在 DOS 提示符下输入命令 net share 查看，如图 11-15 所示。因为操作系统的 C 盘、D 盘等全是共享的，这就给黑客的入侵带来了很大的方便。"震荡波"病毒的传播方式之一就是扫描局域网内所有带共享的主机，然后将病毒上传到这些主机上。下面介绍 5 种可以关闭操作系统共享的方法。

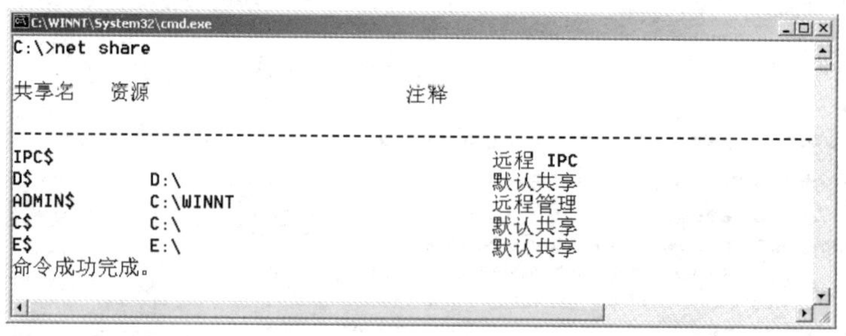

图 11-15　系统的默认共享

1）右键关闭法。方法是打开"控制面板"→"管理工具"→"计算机管理"→"共享文件夹"→"共享"，右键单击相应的共享文件夹，在弹出的菜单上单击"停止共享"选项即可，如图 11-16 所示。

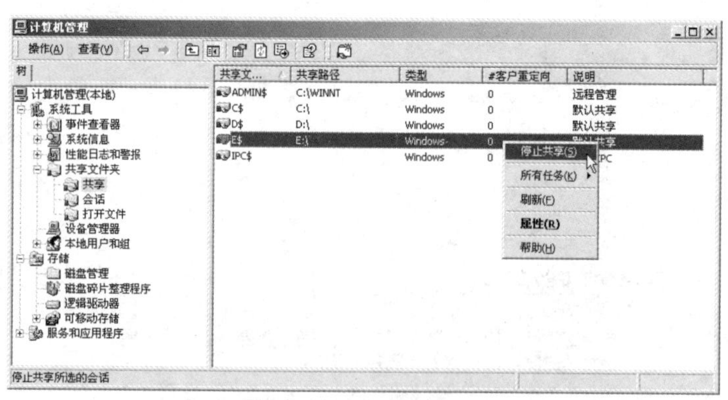

图 11-16　右键单击关闭"停止共享"

但是细心的读者会发现，如果采用这种方法关闭共享，当用户重新启动计算机后，那些共享又会加上了，所以这种方法不能从根本上解决问题。

2）批处理法。打开记事本，输入以下内容（记得每行最后要按〈Enter〉键）：

```
net share ipc$ /delete
net share admin$ /delete
```

```
net share c$/delete
net share d$/delete
net share e$/delete
……(有几个硬盘分区就写几行这样的命令)
```

将以上内容保存为 NetShare. bat（注意后缀），然后把这个批处理文件拖到“程序”→“启动”选项，这样每次开机就会运行它，也就是通过 net 命令关闭共享。如果哪一天需要开启某个或某些共享，只要重新编辑这个批处理文件即可（把相应的那个命令行删掉）。

3）注册表改键值法。单击“开始”→“运行”输入“regedit”确定后，打开注册表编辑器，找到“HKEY_LOCAL_MACHINE\SYSTEM\CurrentControlSet\Services\lanmanserver\parameters”选项，双击右侧窗口中的“AutoShareServer”选项将键值由 1 改为 0，这样就能关闭硬盘各分区的共享。如果没有“AutoShareServer”选项，可以自己新建一个再改键值。然后还是在这一窗口下再找到“AutoShareWks”选项，也把键值由 1 改为 0，关闭 admin $ 共享。最后到“HKEY_LOCAL_MACHINE\SYSTEM\CurrentControlSet\Control\Lsa”选项处找到“restrictanonymous”，将键值设为 1，关闭 IPC $ 共享。本方法必须重启计算机才能生效，但一经改动就会永远停止共享。

4）停止服务法。这种方法最简单，打开“控制面板”的“计算机管理”窗口，单击展开左侧的“服务和应用程序”并选中其中的“服务”，此时右侧就列出了所有服务项目。共享服务对应的名称是“Server”（在进程中的名称为 services），找到后右键单击它，在弹出的菜单中选择“属性”，如图 11-17 所示。在弹出的“Server 的属性”窗口中选择“常规”标签，把“启动类型”由原来的“自动”更改为“已禁用”。然后单击下面“服务状态”的“停止”按钮，再单击“确定”按钮，如图 11-18 所示。这样，系统中所有的共享都会去掉了。

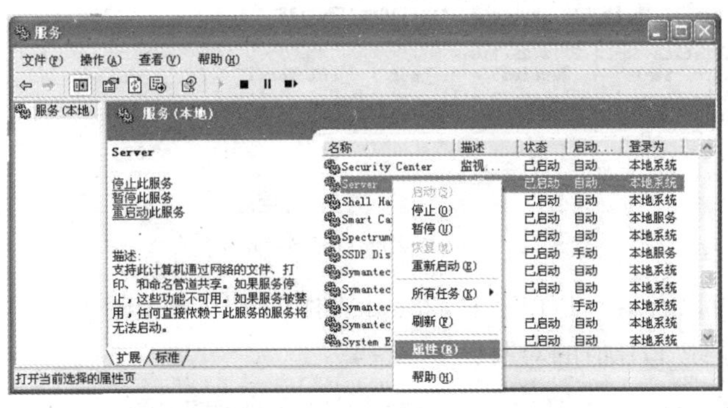

图 11-17　找到“Server”服务

5）卸载“文件和打印机共享”法。方法是右键单击“网上邻居”选择“属性”，在弹出的“网络和拨号连接”窗口中右键单击“本地连接”选择“属性”，从“此连接使用下列项目”中选中“Microsoft 网络的文件和打印机共享”后，单击下面的“卸载”按钮，再单击“确定”按钮，如图 11-19 所示。

注意：本方法最大的缺陷是当在某个文件夹上右键单击时，弹出的快捷菜单中的“共享”一项消失了，因为对应的功能服务已经被卸载了，如果以后再想使用共享，需要重新加载这个协议。

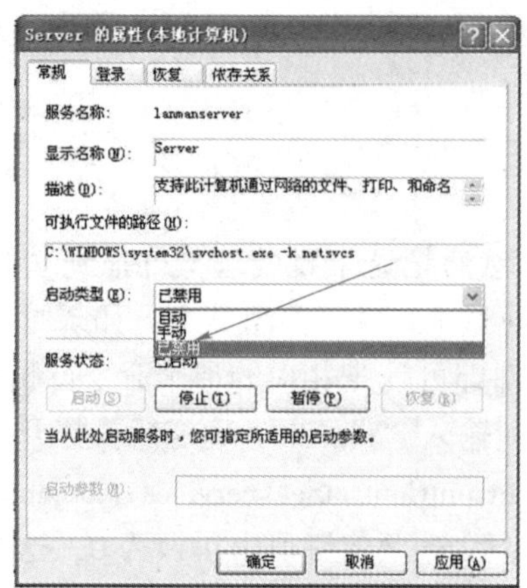

图 11-18　禁用“Server”服务

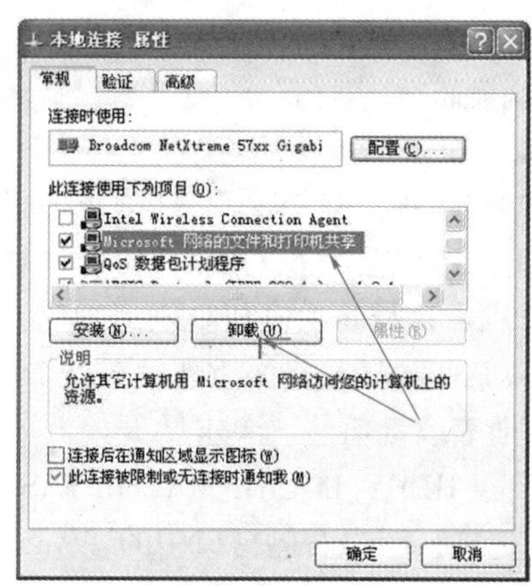

图 11-19　卸载“Microsoft 网络的文件和打印机共享”协议

11.2.11　禁止 TTL 判断主机类型

黑客利用活动时间（Time-To-Live，TTL）值可以鉴别操作系统的类型，通过 ping 指令能判断目标主机的类型。ping 的用处是检测目标主机是否连通。

许多入侵者首先会 ping 一下主机，因为攻击某一台计算机需要首先判断对方的操作系统是 Windows 还是 UNIX。如 TTL 值为 128 就可以认为系统为 Windows，如图 11-20 所示。

```
C:\WINNT\System32\cmd.exe
C:\>ping 172.18.25.110

Pinging 172.18.25.110 with 32 bytes of data:

Reply from 172.18.25.110: bytes=32 time<10ms TTL=128
Reply from 172.18.25.110: bytes=32 time<10ms TTL=128
Reply from 172.18.25.110: bytes=32 time<10ms TTL=128
Reply from 172.18.25.110: bytes=32 time<10ms TTL=128

Ping statistics for 172.18.25.110:
    Packets: Sent = 4, Received = 4, Lost = 0 (0% loss),
Approximate round trip times in milli-seconds:
    Minimum = 0ms, Maximum =  0ms, Average =  0ms

C:\>_
```

图 11-20　ping 命令

从图 11-20 中可以看出，TTL 值为 128，说明该主机的操作系统是 Windows 2000 操作系统。一些常见操作系统 TTL 值的对照见表 11-4。

表 11-4　TTL 值与操作系统类型的关系

操作系统类型	TTL 返回值
Windows 2000	128
Windows NT/XP/Vista	107
Windows 9x	128 或 127
Solaris	252
IRIX	240
AIX	247
Linux	241 或 240

修改 TTL 的值，入侵者就无法轻易入侵这台计算机了。比如将操作系统的 TTL 值改为 111。方法是修改主键 HKEY_LOCAL_MACHINE 的子键：SYSTEM\CURRENT_CONTROLSET\SERVICES\TCPIP\PARAMETERS 中 defaultTTL 的键值。如果没有，则新建一个双字节项 defaultTTL，如图 11-21 所示；然后将其值改为十进制的 111，如图 11-22 所示。设置完毕，重新启动计算机，再用 ping 命令，发现 TTL 的值已经被改成 111，如图 11-23 所示。

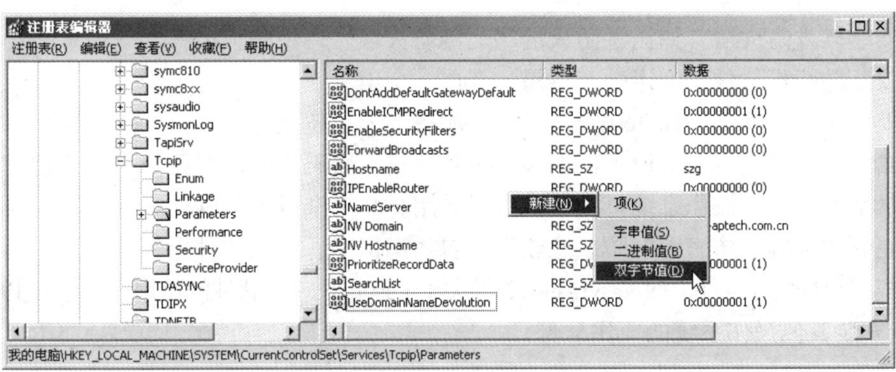

图 11-21　新建 defaultTTL 键

图 11-22　修改 TTL 的值

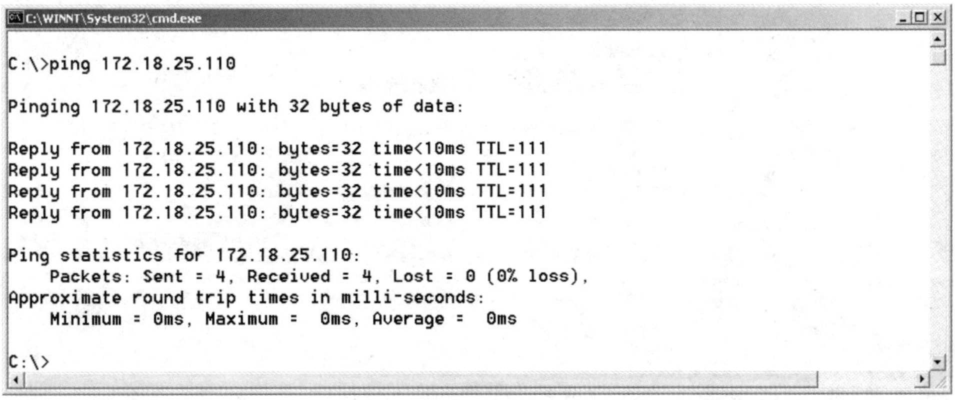

```
C:\WINNT\System32\cmd.exe

C:\>ping 172.18.25.110

Pinging 172.18.25.110 with 32 bytes of data:

Reply from 172.18.25.110: bytes=32 time<10ms TTL=111
Reply from 172.18.25.110: bytes=32 time<10ms TTL=111
Reply from 172.18.25.110: bytes=32 time<10ms TTL=111
Reply from 172.18.25.110: bytes=32 time<10ms TTL=111

Ping statistics for 172.18.25.110:
    Packets: Sent = 4, Received = 4, Lost = 0 (0% loss),
Approximate round trip times in milli-seconds:
    Minimum = 0ms, Maximum =  0ms, Average =  0ms

C:\>
```

图 11-23　TTL 值修改成功

11.3　安装 Windows 操作系统的注意事项

如何安装一个操作系统才能获得安全的工作环境？这是经常遇到的一个问题。安装一个安全的操作系统可以采用以下几步。

1）拔掉网线。

2）安装操作系统。

3）安装软件防火墙，如诺顿防火墙、天网防火墙、瑞星防火墙等。

4）安装防病毒软件，如诺顿、瑞星、江民、金山等。

5）安装防恶意软件，如 360 安全卫士、瑞星卡卡、超级兔子等。

6）给操作系统进行安全设置，如添加审核策略、密码策略、对账户进行管理等。

7）插上网线，给操作系统打补丁。可以采用 360 安全卫士等软件来打补丁。

8）更新防火墙、防病毒、防恶意软件，包括病毒库、恶意软件库等。

9）安装数据恢复软件，如 EasyRecovery。关于 EasyRecovery 软件的使用，会在第 19 章讲解。

10）安装其他操作系统的应用软件。

11.4　给操作系统打补丁

操作系统的安全机制

信息系统为什么会遭受黑客、病毒等的攻击？很多时候是因为没有对操作系统打补丁。作为信息系统的管理员来说，经常遇到的一个问题是如何一次性地将计算机所有的补丁都安装上，而不是使用互联网慢慢下载，一个一个地安装。

建议读者使用 360 安全卫士。这个软件不但能查杀恶意软件和木马，还可以帮助用户给操作系统打补丁。打开 360 安全卫士主界面，如图 11-24 所示。

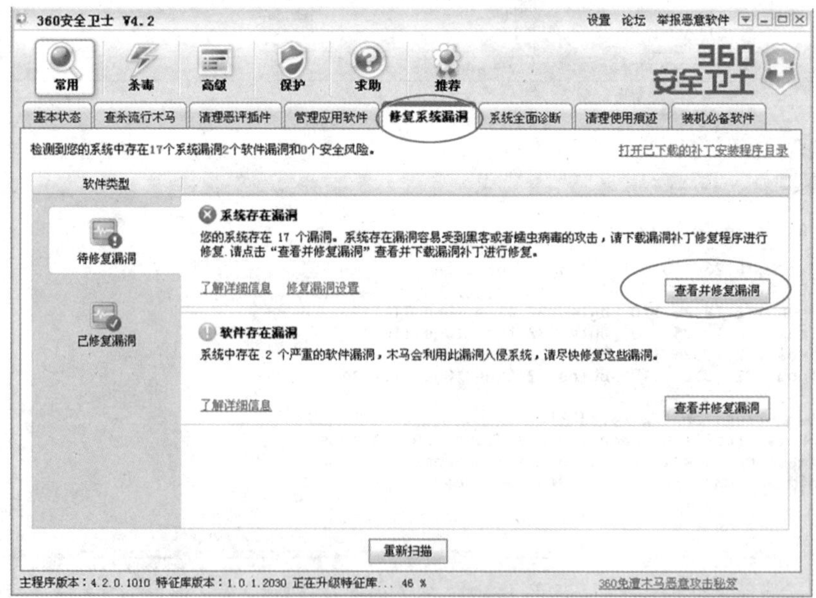

图 11-24　360 安全卫士主界面

选择“修复系统漏洞”标签，单击“查看并修复漏洞”按钮，出现如图 11-25 所示的界面。

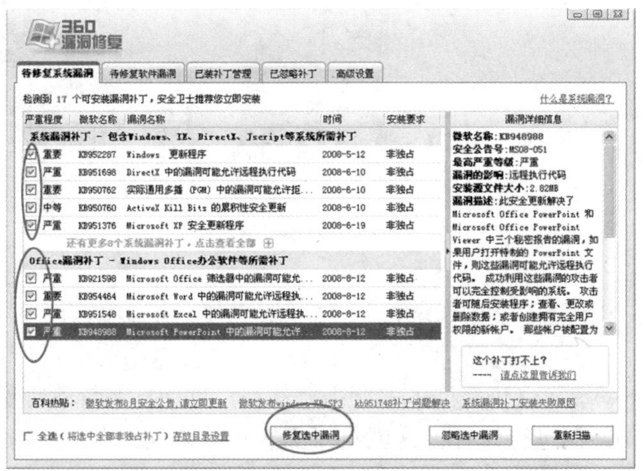

图 11-25　修复系统漏洞

选择要修复的漏洞，并单击“修复选中漏洞”按钮，这样 360 安全卫士就可以自动从互联网上下载最新的安全漏洞补丁并安装。下载的漏洞补丁保存在 360 安装目录下的 hotfix 文件夹当中，通常是“C:\Program Files\360safe\hotfix”里面，如图 11-26 所示。

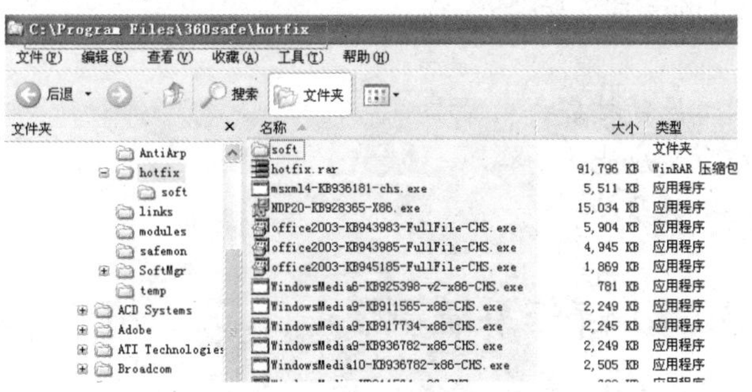

图 11-26　hotfix 文件夹里的补丁

如果想一次性给另外一台计算机上打补丁，只需要将本机上 hotfix 文件夹当中的文件复制到另外一台计算机安装 360 安全卫士的 hotfix 文件夹里，再运行 360 安全卫士，安装补丁就可以了。

11.5　习题

1. 如何保护系统账户安全?
2. 如何保证操作系统密码安全?
3. 如何删除操作系统中多余的共享?
4. 如何在操作系统中封掉一些不用的端口?
5. 如何安装一个安全的操作系统?
6. 如何一次性给一台新的计算机安装所有漏洞补丁?

第 12 章 UNIX 与 Linux 操作系统安全

Linux 被认为是一个比较安全的 Internet 服务器操作系统。作为一种开放源代码操作系统，一旦发现 Linux 中有安全漏洞，互联网上来自世界各地的志愿者会踊跃修补它。UNIX 作为一个稳定的操作系统，也仍有许多漏洞需要修补。然而，系统管理员往往不能及时地对 Linux/UNIX 系统中的漏洞进行修补，这就给了黑客可乘之机。但是，相对于这些系统本身的安全漏洞，更多的安全问题是由不当的配置造成的，可以通过适当的配置来防止。本章将介绍一些增强 Linux/UNIX 系统安全性配置的基本知识。

- **知识与能力目标**

1）了解 UNIX 与 Linux 操作系统。

2）认知 UNIX 与 Linux 系统安全。

- **素养目标**

1）培养学生大国工匠精神。

2）培养学生的社会适应能力。

3）培养学生吃苦耐劳精神。

12.1 UNIX 与 Linux 操作系统概述

1969 年，Ken Thompson、Dennis Ritchie 和其他一些人在 AT&T 贝尔实验室开始进行一项“little-used PDP-7 in a corner”的工作，它便是 UNIX 的雏形。此后的 10 年里，UNIX 在 AT&T 的发展经历了数个版本。V4（1974 年）用 C 语言重写，这成为系统间操作系统可移植性的一个里程碑。V6（1975 年）第一次在贝尔实验室以外使用，成为加州大学伯克利分校开发第一个 UNIX 版本的基础。

贝尔实验室继续在 UNIX 上工作到 20 世纪 80 年代，有 1983 年的 System 5 版本和 1989 年的 System 4 版本。同时，加利福尼亚大学的程序员改动了 AT&T 发布的源代码，引发了许多主要论题。伯克利标准发布版（Berkeley Standard Distribution，BSD）成为第二个主要的 UNIX 版本。

UNIX 操作系统经过 40 多年的发展后，已经成为一种成熟的主流操作系统，并在发展过程中逐步形成了一些新的特色，其主要特色包括 5 个方面。

- 可靠性高。
- 极强的伸缩性。
- 网络功能强。

- 强大的数据库支持功能。
- 开放性好。

在这期间，UNIX 操作系统出现了许多“变种”，如 Linux、Solaris 等，如图 12-1 所示。

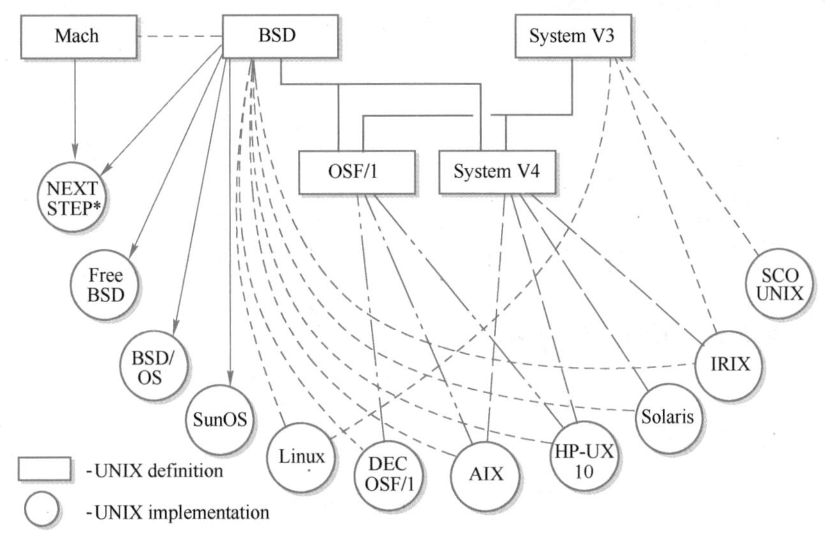

图 12-1　UNIX 操作系统的变种图

Linux 是一套可以免费使用和自由传播的类 UNIX 操作系统，主要用于基于 Intel x86 系列 CPU 的计算机上。这个系统是由世界各地的成千上万的程序员设计和实现的。其目的是建立不受任何商品化软件的版权制约的、全世界都能自由使用的 UNIX 兼容产品。

Linux 最早开始于一位名叫 Linus Torvalds 的计算机业余爱好者，当时他是芬兰赫尔辛基大学的学生。其目的是设计一个代替 Minix（是由一位名叫 Andrew Tannebaum 的计算机教授编写的一个操作系统教学程序）的操作系统。这个操作系统可用于 386、486 或奔腾处理器的个人计算机上，并且具有 UNIX 操作系统的全部功能。

Linus 看到了一个叫作 Minix 的小型 UNIX 系统，觉得自己能做得更好。1991 年秋天，他发行了一个叫“Linux”的免费软件内核的源代码——是他的姓和 Minux 的组合。到 1994 年，Linus 和一个内核开发小组发行了 Linux 1.0 版。Linus 和朋友们有一个免费内核，Stallman 和朋友们拥有一个免费的 UNIX 克隆系统的其余部分。人们把 Linux 内核和 GNU 合在一起组成一个完整的免费系统，该系统被称为“Linux”，尽管 Stallman 更愿意取名为“GNU/Linux System”。有几种不同类别的 GNU/Linux：一些可以被公司用来支持商业应用，如 Red Hat、Caldera Systems 和 SUSE；其他如 Debian GNU/Linux，更接近于最初的免费软件概念。

Linux 能在几种不同体系结构的芯片上运行，并已经被各界接纳或支持。其支持者有惠普、硅谷图像和 Sun（已被甲骨文收购）等有较长历史的 UNIX 供应商，还有康柏和戴尔等 PC 供应商以及 Oracle 和 IBM 等主要软件供应商。

Linux 是一个免费的操作系统，用户可以免费获得其源代码，并能够随意修改。它是在共用许可证（General Public License，GPL）保护下的自由软件，也有好几种版本，如 Red

Hat Linux、Slackware，以及国内的 Xteam Linux、红旗 Linux 等。Linux 的流行是因为它具有许多优点，典型的优点有如下 7 个：

1）完全免费。

2）完全兼容 POSIX 1.0 标准。

3）多用户、多任务。

4）良好的界面。

5）丰富的网络功能。

6）可靠的安全、稳定性能。

7）支持多种平台。

由于 UNIX 与 Linux 系统相似，所以本章将二者合起来介绍。

12.2 UNIX 与 Linux 系统安全

12.2.1 系统口令安全

UNIX 系统中的/etc/passwd 文件含有全部系统的关于每个用户的信息（加密后的口令也可能存放于/etc/shadow 文件中）。/etc/passwd 中包含用户的登录名、经过加密的口令、用户号、用户组号、用户注释、用户主目录以及用户所用的 Shell 程序。其中，用户号（UID）和用户组号（GID）用于 UNIX 系统唯一标识用户和同组用户，以及用户的访问权限。/etc/passwd 中存放的是加密后的口令，用户在登录时需要输入的口令经计算后与/etc/passwd 对应部分相比较，符合则允许登录，否则拒绝用户登录。用户可用 passwd 命令修改自己的口令，但不能直接修改/etc/passwd 中的口令部分。

一个好的口令应当至少有 6 个字符长度，不要用个人信息作为口令（如生日、名字、反向拼写的登录名、房间中可见的物品等），普通的英语单词也不合适（因为可用字典攻击法），口令中最好有一些非字母（如数字、标点符号、控制字符等），还要好记一些，同时不能写在纸上或计算机里的文件中。选择口令的一个推荐方法是将两个不相关的词用一个数字或控制字符相连，并截断为 8 个字符。当然，如果能记住 8 位乱码自然更好。

不应在不同计算机中使用同一个口令，特别是不同级别的用户不要使用同一口令，这可能导致安全隐患。用户应定期改变口令，至少 6 个月要改变一次，系统管理员可以强制用户定期做口令修改。为防止别人窃取口令，在输入口令时应注意保密。

12.2.2 账户安全

1. 禁用账户

在/etc/passwd 文件中的用户名前加一个“#”即可禁用该账户，把“#”去掉即可取消限制。在对操作系统做配置的时候，可以将一些不用的账户删除。

2. 保护 root 账户

1）除非必要，避免以超级用户登录。

2）严格限制 root 只能在某一个终端登录，远程用户可以使用/bin/su -l 来成为 root。

3）不要随意把 root Shell 留在终端上。

4）若某人确实需要以 root 来运行命令，则考虑安装 sudo 这样的工具，它能使普通用户以 root 来运行个人命令并维护日志。

5）不要把当前目录（“./”）和普通用户的 bin 目录放在 root 账户的环境变量 PATH 中。

6）永远不要以 root 运行其他用户的或不熟悉的程序。

12.2.3　SUID 和 SGID

UNIX 中的 SUID（Set User ID）和 SGID（Set Group ID）设置了用户 ID 和分组 ID 属性，允许用户以特殊权限来运行程序，这种程序执行时具有宿主的权限。当用户执行一个 SUID 文件时，用户 ID 在程序运行过程中被置为文件拥有者的用户 ID。如果文件属于 root，那用户就成为超级用户。同样，当一个用户执行 SGID 文件时，用户的组被置为文件的组。

如 passwd 程序，它就设置了 SUID 位：

```
-r-s--x--x   1 root root 10704 Apr 15 2002/usr/bin/passwd
    SUID 程序
```

这样，passwd 程序执行时就具有 root 的权限。

SUID 程序是为了使普通用户完成一些普通用户权限不能完成的事而设置的。比如每个用户都允许修改自己的密码，但是修改密码时又需要 root 权限，所以修改密码的程序需要以管理员权限来运行。

SUID 程序会对系统安全带来威胁，它会使非法命令执行和权限提升。为了保证 SUID 程序的安全性，在 SUID 程序中要严格限制功能范围，不能有违反安全性规则的 SUID 程序存在，并且要保证 SUID 程序自身不能被任意修改。

可以通过检查权限模式来识别一个 SUID 程序。如果“x”被改为“s”，那么程序是 SUID。例如：

```
ls-l/bin/su
-rwsr-xr-x   1 root root 12672 oct 27 1997 /bin/su
```

另外，用命令 chmodu -s file 可去掉 file 的 SUID 位。

12.2.4　服务安全

服务就是运行在网络服务器上监听用户请求的进程，服务是通过端口号来区分的。常见的服务及其对应的端口如下。

- FTP：21。
- Telnet：23。
- HTTP(www)：80。
- POP3：110。

在 UNIX 系统中，服务通过 inetd 进程或启动脚本来启动。通过 inetd 来启动的服务可以通过在/etc/inetd. conf 文件中注释来禁用。inetd 配置文件如图 12-2 所示。

通过启动脚本来启动的服务可以通过改变脚本名称的方式禁用。UNIX 系统中建议禁止使用的网络服务如下。

- Finger。

- TFTP。
- r 系列服务。
- Telnet。
- 大多数 RPC 服务。
- 其他不必要的服务。

```
# inetd.conf     This file describes the services that will be available
#                through the INETD TCP/IP super server.  To re-configure
#                the running INETD process, edit this file, then send the
#                INETD process a SIGHUP signal.
#
# Echo, discard, daytime, and chargen are used primarily for testing.
#
# To re-read this file after changes, just do a 'killall -HUP inetd'
#
#echo    stream  tcp     nowait  root    internal
#echo    dgram   udp     wait    root    internal
#discard         stream  tcp     nowait  root    internal
#discard         dgram   udp     wait    root    internal
#daytime         stream  tcp     nowait  root    internal
#daytime         dgram   udp     wait    root    internal
#chargen         stream  tcp     nowait  root    internal
#chargen         dgram   udp     wait    root    internal
#time    stream  tcp     nowait  root    internal
#time    dgram   udp     wait    root    internal
#
# These are standard services.
#
ftp     stream  tcp     nowait  root    /usr/sbin/tcpd  in.ftpd -l -a
telnet  stream  tcp     nowait  root    /usr/sbin/tcpd  in.telnetd
```

图 12-2　inetd 配置文件

12.3　习题

1. 在 UNIX 系统中，什么是 SUID，什么是 SGID？
2. 在 UNIX 系统中，如何禁止一个服务？

第 13 章 密码学基础

密码学源于希腊语 kryptós（意为“隐藏的”）和 gráphein（意为“书写”），传统意义上来说，是研究如何把信息转换成一种隐蔽的方式并阻止其他人得到它。密码学是信息安全的基础和核心，是防范各种安全威胁的最重要的手段，信息安全的许多知识都与密码学相关。本章讲述密码学的基本知识，包括古典密码、对称密码、非对称密码、散列函数、数据签名等知识。

- **知识与能力目标**

1）了解密码学概念。

2）了解古典密码学。

3）认知非对称密码学。

4）认知数字签名。

5）了解密码的绝对安全与相对安全。

6）了解量子密码概述。

7）了解密码学新方向。

- **素养目标**

1）培养学生的国家使命感和民族自豪感。

2）培养学生爱党、爱国、爱人民的情怀。

3）培养学生正确的世界观、人生观、价值观。

13.1 密码学概述

密码学是研究编制密码和破译密码的科学技术。研究密码变化的客观规律，并应用于编制密码以保守通信秘密的，称为编码密码学；应用于破译密码以获取通信情报的，称为破译密码学，总称密码学。

密码学是在编码与破译的斗争实践中逐步发展起来的，随着先进科学技术的应用，已成为一门综合性的尖端技术科学。它与语言学、数学、电子学、声学、信息论、计算机科学、军事学等有着广泛而密切的联系。它的现实研究成果，特别是各国政府现用的密码编制及破译手段都具有高度的保密性。

小小的密码还可能导致一场战争的胜负。二战期间，日本采用的最高级别的加密手段是采用 M-209 转轮机械加密改进型——紫密，其在手工计算的情况下不可能在有限的时间破解，美国利用密码机破译了日本的紫密密码，使日本在中途岛海战中一败涂地，日本海军的主力损失殆尽。1943 年，在解密后获悉日本山本五十六将于 4 月 18 日乘中型轰炸机，由 6 架战斗机护航到中途岛视察时，罗斯福总统亲自做出决定截击山本，山本乘坐的飞机在飞往中途岛的途中被美军击毁，山本坠机身亡，日本海军从此一蹶不振。可以说，密码学的发展直接影响了二战的战局。

13.1.1　密码学发展历史

最早的密码学应用可追溯到公元前 2000 年古埃及人使用的象形文字。这种文字由复杂的图形组成，其含义只被为数不多的人掌握。而最早将密码学概念运用于实际的人是凯撒大帝，他不太相信负责他和他手下将领通信的传令官，因此他发明了一种简单的加密算法把他的信件加密。

历史上的第一件军用密码装置是公元前 5 世纪的斯巴达密码棒（Scytale），如图 13-1 所示，它采用了密码学上的移位法（Transposition）。移位法是将信息内字母的次序调动，而密码棒利用了字条缠绕木棒的方式，把字母进行位移。收信人要使用相同直径的木棒才能得到还原的信息。

图 13-1　密码棒 Scytale

经典密码学（Classical Cryptography）的两大类别如下。

1）置换加密法，将字母的顺序重新排列。

2）替换加密法，将一组字母换成其他字母或符号。

经典加密法加密很易受统计的攻破，资料越多，破解就更容易，使用分析频率就是好办法。经典密码学现在仍未消失，常被用于考古学上，还经常出现在智力游戏之中。在 20 世纪早期，包括转轮机的一些机械设备被发明出来用于加密，其中最著名的是用于第二次世界大战的密码机“迷”（Enigma），如图 13-2 所示。这些机器产生的密码相当大程度上增加了密码分析的难度。针对 Enigma 的各种各样的攻击，在付出了相当大的努力后才得以成功。

图 13-2　Enigma 密码机

总结来说，密码学的发展划分为三个阶段。

1. 第一阶段——古代到 1949 年

这一时期可以看作科学密码学的前夜时期，这阶段的密码技术可以说是一种艺术，而不是一种科学。

这一时期还没有形成密码学的系统理论。这时的密码学专家进行密码的设计和分析凭借的往往是直觉，而不是严谨的推理和证明。

这个时期发明的密码算法在现代计算机技术条件下都是不安全的。但是，其中的一些算法思想，比如代换、置换，是分组密码算法的基本运算模式。

斯巴达密码棒就属于这一时期的杰作。

2. 第二阶段——1949 年到 1975 年

1949 年香农发表的《保密系统的信息理论》为私钥密码系统建立了理论基础，从此密码学成为一门科学，但密码学直到今天仍是具有艺术性的一门科学。这段时期密码学理论的研究工作进展不大，公开的密码学文献很少。

20 世纪 70 年代，在 IBM 沃森公司工作的菲斯特提出了一种被称为菲斯特密码的密码体制，成为当今著名的数据加密标准（DES）的基础。在 1976 年，菲斯特和美国国家安全局一起制定了 DES 标准，这是一个具有深远影响的分组密码算法。

这一时期的美、苏、英、法等很多国家已经意识到了密码的重要性，开始投入大量的人力和物力进行相关的研究，但是，研究成果都是保密的；而另一方面，作为个人，既没有系统的知识，更没有巨大的财力来从事密码学研究。这一状况一直持续到 1967 年 David Kahn 发表了《破译者》一书。这本书中虽然没有任何新颖的思想，但是，它详尽地阐述了密码学的发展和历史，使许许多多的人开始了解和接触密码学。此后，关于密码学的人才逐渐多起来。

3. 第三阶段——1976 年至今

1976 年 Diffie 和 Hellman 发表的“密码学的新动向”一文导致了密码学的一场革命。他们首先证明了在发送端和接收端无密钥传输的保密通信是可能的，从而开创了公钥密码学的新纪元。从此，密码开始充分发挥它的商用价值和社会价值，普通人能够接触到前沿的密码学。

1978 年，在 ACM 通信中，Rivest、Shamir 和 Adleman 公布了 RSA 密码体制，这是第一个真正实用的公钥密码体制，可以用于公钥加密和数字签名。由于 RSA 算法对计算机安全和通信的巨大影响，该算法的 3 个发明人因此获得了计算机界的诺贝尔奖——图灵奖。在 1990 年，中国学者来学嘉和 Massey 提出一种有效的、通用的数据加密算法 IDEA，试图替代日益老化的 DES，成为分组密码发展史上的又一个里程碑。

为了应对美国联邦调查局对公民通信的监控，Zimmerman 在 1991 年发布了基于 IDEA 的免费邮件加密软件 PGP。由于该软件提供了具有军用安全强度的算法并得到广泛传播，因此成为了一种事实标准。

现代密码学的另一个主要标志是基于计算复杂度理论的密码算法安全性证明。清华大学姚期智教授在保密通信计算复杂度理论上有重大的贡献，并因此获得图灵奖，是图灵奖历史上的第一位华人得主。在密码分析领域，王小云教授对经典哈希函数 MD5、SHA-1 等的破解是最近密码学的重大进展。

随着计算能力的不断增强，现在 DES 已经变得越来越不安全。1997 年美国国家标准技术研究所公开征集新一代分组加密算法，并于2000年选择 Rijndael 作为高级加密算法 AES 以取代 DES。

总的来说，在实际应用方面，古典密码算法有替代加密、置换加密；对称加密算法包括 DES 和 AES；非对称加密算法包括 RSA、背包密码、Rabin、椭圆曲线等。目前在数据通信中使用最普遍的算法有 DES 算法和 RSA 算法等。

除了以上这些密码技术外，一些新的密码技术如辫子密码、量子密码、混沌密码、DNA 密码等近年来也发展起来，但是它们距离真正的大规模使用还有一段距离。

13.1.2　密码学基本概念

图13-3所示为香农提出的保密通信模型。消息源要传输的消息 X（可以是文本文件、位图、数字化的语言、数字化的视频图像）就叫作明文，明文通过加密器加密后得到密文 Y，将明文变成密文的过程称为加密，记为 E，它的逆过程称为解密，记为 D。

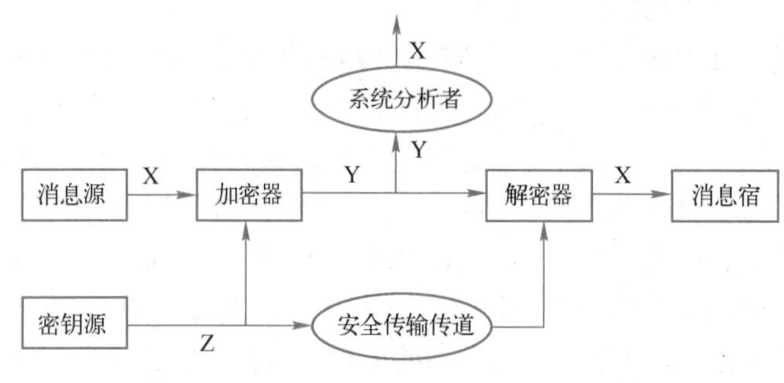

图13-3　香农的保密通信模型

要传输消息 X，首先加密得到密文 Y，即 Y=E(X)，接收者收到 Y 后，要对其进行解密 D(Y)，为了保证将明文恢复，要求：D(E(X))=X。

除了以上的术语以外还有如下一些术语。

- 密码员：对明文进行加密操作的人员称作密码员或加密员（Cryptographer）。
- 加密算法：密码员对明文进行加密时采用的一组规则称为加密算法（Encryption Algorithm）。
- 接收者：传送消息的预定对象称为接收者（Receiver）。
- 解密算法：接收者对密文进行解密时采用的一组规则称作解密算法（Decryption Algorithm）。
- 加密密钥和解密密钥：加密算法和解密算法的操作通常是在一组密钥（Key）的控制下进行的，分别称为加密密钥（Encryption Key）和解密密钥（Decryption Key）。
- 截收者：在消息传输和处理系统中，除了预定的接收者外，还有非授权者，他们通过各种办法，如搭线窃听、电磁窃听、声音窃听等来窃取机密信息，称其为截收者（Eavesdropper）。
- 密码分析：虽然不知道系统所用的密钥，但通过分析可能从截获的密文推断出原来的明文，这一过程称为密码分析（Cryptanalysis）。
- 密码分析者：从事密码分析工作的人称作密码分析员或密码分析者（Cryptanalyst）。

- Kerckholf 假设：通常假定密码分析者或敌手（Opponent）知道所使用的密码系统，这个假设称为 Kerckholf 假设。
- 密码编码学（Cryptography）：主要研究对信息进行编码，实现对信息的隐蔽。
- 密码分析学（Cryptanalytics）：主要研究加密消息的破译或消息的伪造。

13.1.3　密码体制的基本类型

进行明密变换的法则，称为密码的体制。指示这种变换的参数，称为密钥。它们是密码体制的重要组成部分。密码体制的基本类型可以分为四种。

1）错乱——按照规定的图形和线路，改变明文字母或数码等的位置成为密文。

2）代替——用一个或多个代替表将明文字母或数码等代替为密文。

3）密本——用预先编定的字母或数字密码组，代替一定的词组单词等变明文为密文。

4）加乱——用有限元素组成的一串序列作为乱数，按规定的算法，同明文序列相结合变成密文。

以上四种密码体制，既可单独使用，也可混合使用，以编制出各种复杂度很高的实用密码。

13.1.4　密码体制的分类

根据密钥的特点，将密码体制分为对称密码体制（Symmetric Cryptosystem）和非对称密码体制（Asymmetric Cryptosystem）两种。

对称密码体制又称单钥（One-key）、私钥（Private Key）或传统（Classical）密码体制。非对称密码体制又称双钥（Two-Key）或公钥（Public Key）密码体制。

在对称密码体制中，加密密钥和解密密钥是一样的或者彼此之间是容易相互确定的。在私钥密码体制中，按加密方式又将私钥密码体制分为流密码（Stream Cipher）和分组密码（Block Cipher）两种。在流密码中将明文消息按字符逐位地进行加密。在分组密码中将明文消息分组（每组含有多个字符），逐组地进行加密。

在公钥密码体制中，加密密钥和解密密钥不同，从一个难于推出另一个，可将加密能力和解密能力分开。

现代密码学的一个基本原则是：一切秘密都存在于密钥之中。其含义是，在设计加密系统时，总是假设密码算法是公开的，真正需要保密的是密钥。这是因为密码算法相对密钥来说更容易泄露。算法不需要保密的事实意味着制造商能够并已经开发了实现数据加密算法的低成本芯片，这些芯片可广泛使用并能与一些产品融为一体。对于加密算法的使用，主要的安全问题是维护其密钥的安全。

那么，什么样的密码体制是安全的？有一种理想的加密方案，叫作一次一密密码（One-Time Pad），它是由 Major Joseph Mauborgne 和 AT&T 公司的 Gilbert Vernam 在 1917 年发明的。一次一密的密码本是一个大的不重复的真随机密钥字母集，这个密钥字母集被写在几张纸上，并一起粘成一个密码本。发方用密码本中的每一个作为密钥的字母准确地加密一个明文字符。加密是明文字符和一次一密密码本密钥字符的模 26 加法。

每个密钥仅对一个消息使用一次。发方对所发的消息加密，然后销毁密码本中用过的一页。收方有一个同样的密码本，并依次使用密码本上的每个密钥去解密密文的每个字符，收方在解密消息后销毁密码本中用过的一页。

只要密码本不被泄露，该密码体制是绝对安全的。该体制的主要问题是密码本的安全分配和安全存储问题。

13.1.5　对密码的攻击

根据密码分析者破译时已具备的前提条件，通常人们将对密码的攻击分为四种。

1）唯密文攻击（Ciphertext-only Attack）：密码分析者有一个或更多个用同一密钥加密的密文，通过对这些截获的密文进行分析得出明文或密钥。

2）已知明文攻击（Known Plaintext Attack）：除待解密的密文外，密码分析者有一些明文和用同一个密钥加密这些明文所对应的密文。

3）选择明文攻击（Chosen Plaintext Attack）：密码分析者可以得到所需要的任何明文所对应的密文，这些明文与待解的密文是用同一密钥加密得来的。

4）选择密文攻击（Chosen Ciphertext Attack）：密码分析者可得到所需要的任何密文所对应的明文（这些明文可能是不大明了的），解密这些密文所使用的密钥与待解密的密文的密钥是一样的。

上述四种攻击类型的强度按序递增，如果一个密码系统能抵抗选择明文攻击，那么它当然能够抵抗唯密文攻击和已知明文攻击。

13.2　古典密码学

密码体制的组成和分类

密码技术的应用一直伴随着人类文明的发展，其古老甚至原始的方法奠定了现代密码学的基础。使用密码的目标就是使一份消息或记录对非授权的人是不可理解的。可能有人认为这很容易，但这必须考虑原定的接收方是否能解读消息。如果接收方是没有经验的，随便写个便条他也可能很长时间无法读懂。因此不一定要求加密和解密方法特别复杂，它必须适应使用它的人员的智力、知识及环境。下面介绍古典密码体制发展演化的过程。

13.2.1　古典加密方法

最为人们所熟悉的古典加密方法，莫过于隐写术。它通常将秘密消息隐藏于其他消息中，使真正的秘密通过一份无伤大雅的消息发送出去。隐写术分为两种：语言隐写术和技术隐写术。技术方面的隐写比较容易想象：比如不可见的墨水，洋葱法和牛奶法也被证明是普遍且有效的方法（只要在背面加热或用紫外线照射即可复现）。语言隐写术与密码编码学关系比较密切，它主要提供两种类型的方法：符号码和公开代码。

1. 符号码

符号码是以可见的方式，如手写体字或图形，隐藏秘密的书写。在书或报纸上标记所选择的字母，比如用点或短线，这比上述方法更容易让人怀疑，除非使用隐显墨水，但此方法易于实现。一种变形的应用是降低所关心的字母，使其水平位置略低于其他字母，但这种降低几乎让人觉察不到。

2. 公开代码

一份秘密的信件或伪装的消息要通过公开信道传送，需要双方事前的约定，也就是需要一种公开代码。这可能是保密技术的最古老形式，公开文献中经常可以看到。古代东方和远东的商人与赌徒在这方面有独到之处，他们非常熟练地掌握了手势和表情的应用。在美国的纸牌骗子中较为盛行的方法有：手拿一支烟或用手挠一下头，表示所持的牌不错；一只手放在胸前并且跷起大拇指，意思是“我将赢得这局，有人愿意跟我吗?”右手手掌朝下放在桌子上，表示“是”，手握成拳头表示“不”。

13.2.2　代替密码

代替密码就是将明文字母表中的每个字符替换为密文字母表中的字符。这里对应的密文字母可能是一个，也可能是多个。接收者对密文进行逆向替换即可得到明文。代替密码有五种表现形式。

1. 单表代替

单表代替即简单代替密码或者称为单字母代替，明文字母表中的一个字符对应密文字母表中的一个字符。这是所有加密中最简单的方法。

2. 多名码代替

多名码代替就是将明文字母表中的字符映射为密文字母表中的多个字符。多名码简单代替早在 1401 年就由 DuchyMantua 公司使用。在英文中，元音字母出现频率最高，降低对应密文字母出现频率的一种方法就是使用多名码，如 e 可能被密文 5、13 或 25 替代。

3. 多音码代替

多音码代替就是将多个明文字符代替为一个密文字符。比如将字母“i”和“j”对应为“K”，“v”和“w”代替为“L”。最古老的这种多字母加密始见于 1563 年由波他的《密写评价》(De Furtiois Literarum Notis) 一书。

4. 多表代替

多表代替即由多个简单代替组成，也就是使用了两个或两个以上的代替表。比如使用有五个简单代替表的代替密码，明文的第一个字母用第一个代替表，第二个字母用第二个代替表，第三个字母用第三个代替表，以此类推，循环使用这五张代替表。多表代替密码由莱昂·巴蒂斯塔于 1568 年发明，著名的维吉尼亚密码和博福特密码均是多表代替密码。

5. 密本

密本不同于代替表，一个密本可能由大量代表字、片语、音节和字母等明文单元和数字密本组组成，如 1563-baggage、1673-bomb、2675-catch、2784-custom、3645-decide to、4728-from、then on 等。在某种意义上，密本就是一个庞大的代替表，其基本的明文单位是单词和片语，字母和音节主要用来拼出密本中没有的单词。实际使用中，密本和代替表的区别还是比较明显的，代替表是按照规则的明文长度进行操作的，而密本是按照可变长度的明文组进行操作的。密本最早出现在 1400 年左右，后来大多应用于商业领域。二战中盟军的商船密本、美国外交系统使用的 GRAY 密本都是典型的例子。

凯撒密码是一个古老的代替加密方法，当年凯撒大帝行军打仗时用这种方法进行通信，因此得名。它的原理很简单，其实就是单字母的替换。举一个简单的例子：“This is Caesar Code”。用凯撒密码加密后字符串变为“Vjku ku Ecguct Eqfg”。看起来似乎加密得很“安全”。可是只要把这段很难懂的字符串的每一个字母换为字母表中前移两位的字母，结果就出来了。凯撒密码的字母对应关系如下：

```
Abcdefghi... xyz
Cdefghijk... zab
```

如何破解包括凯撒密码在内的单字母替换密码？方法是字母频度分析。尽管不知道是谁发现了字母频度的差异可以用于破解密码，但是 9 世纪的科学家阿尔·金迪在《关于破译加密信息的手稿》中对该技术做了最早的描述：“如果知道一条加密信息所使用的语言，那么破译这条加密信息的方法就是找出同样的语言写的一篇其他文章，大约一页纸长，然后计算其中每个字母的出现频率。将频率最高的字母标为 1 号，频率排第二的标为 2 号，排第三的标为 3 号，以此类推，直到数完样品文章中的所有字母。然后观察需要破译的密文，同样分类出所有的字母，找出频率最高的字母，并全部用样本文章中最高频率的字母替换。第二高频的字母用样本中 2 号代替，第三高频的字母则用 3 号替换，直到密文中所有字母均已被样本中的字母替换”。

以英文为例，首先以一篇或几篇一定长度的普通文章，建立字母表中每个字母的频度表，如图 13-4 所示。再分析密文中的字母频率，将其对照即可破解。

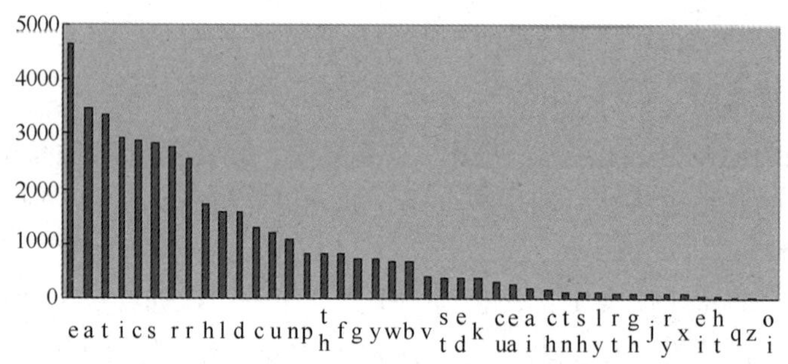

图 13-4　字母的频度表

虽然设密者后来针对频率分析技术对以前的设密方法做了改进，比如说引进空符号等，目的是打破正常的字母出现频率。但是小的改进已经无法掩盖单字母替换法的巨大缺陷了。到 16 世纪，最好的密码破译师已经能够破译当时大多数的加密信息。

这种破解方法也有其局限性。短文可能严重偏离标准频率，假如文章少于 100 个字母，那么对它的解密就会比较困难。而且不是所有文章都适用标准频度。

13.2.3　换位密码

在换位密码中，明文字符集保持不变，只是字母的顺序被打乱了。比如简单的纵行换位，就是将明文按照固定的宽度写在一张图表纸上，然后按照垂直方向读取密文。这种加密方法也可以按下面的方式解释：明文分成长为 m 个元素的块，每块按照 n 来排列。这意味着一个重复且宽度为 m 的单字母的多表加密过程，即分块换位是整体单元的换位。简单的换位可用纸笔轻易实现，而且比分块换位出错的机会少。尽管它跑遍整个明文，但它并不比整体单元换位提供更多的密码安全。

在第二次世界大战中，德军曾一度使用一种被称为 bchi 的双重纵行换位密码，而且作为陆军和海军的应急密码，只不过是密钥字每天变换，并且在陆军团以下单位使用。此时英国人早就能解读消息了，两个不同的密钥字甚至三重纵行换位的使用也无济于事。

在这种密码中最简单的是栅栏技术，在该密码中以对角线顺序写下明文，并以行的顺序读出。例如，为了用深度 2 的栅栏密码加密明文消息“meet me after the toga party”，写出如下形式：

```
M e m a t r h t g p r y
  e t e f e t e o a a t
```

被加密后的消息是：MEMATRHTGPRYETEFETEOAAT。

破译这类密码很简单，一种更为复杂的方案是以一个矩形逐行写出消息，再逐列读出该消息，并以行的顺序排列，列的阶则成为该算法的密钥。

密钥：4 3 1 2 5 6 7

明文：a t t a c k p

o s t p o n e

d u n t i l t

w o a m x y z

密文：TTNAAPTMTSUOAODWCOIXKNLYPETZ

纯置换密码易于识别，因为它具有与原明文相同的字母频率，对于刚才显示的列变换的类型，密码分析相当直接，可将这些密文排列在一个矩阵中，并依次改变行的位置。双字母组和三字母组频率表能够派上用场。通过执行多次置换，置换密码的安全性能够有较大改观，其结果是使用更为复杂的排列且不容易被重构。

13.3　对称密码学

13.3.1　对称密码学概述

对称密码学所采用的算法也称为对称密钥算法。所谓的对称密钥算法就是用加密数据使用的密钥可以计算出用于解密数据的密钥，反之亦然。绝大多数的对称加密算法的加密密钥和解密密钥都是相同的。对称加密算法要求通信双方在建立安全信道之前，约定好所使用的密钥。对于好的对称加密算法，其安全性完全取决于密钥的安全，算法本身是可以公开的，因此一旦密钥泄露就等于泄露了被加密的信息。传统常用的算法如 DES、3DES、AES 等算法都属于对称算法。图 13-5 所示为对称加密算法的原理图。

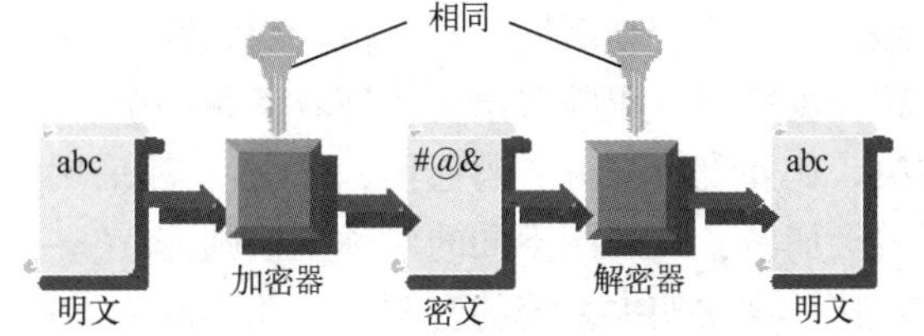

图 13-5　对称加密算法原理

13.3.2　DES 算法

DES（Data Encryption Standard）算法是美国政府机关为了保护信息处理中的计算机数据而使用的一种加密方式，是一种常规密码体制的密码算法，目前已广泛用于电子商务系统中。64 位 DES 算法的详细情况已在美国联邦信息处理标准（FIPS PUB46）上发表。该算法输入的是 64 位的明文，在 64 位密钥的控制下产生 64 位的密文；反之输入 64 位的密文，输出 64 位的明文。64 位的密钥中含有 8 位的奇偶校验位，所以实际有效密钥长度为 56 位。图 13-6 所示为 DES 算法的流程图。图 13-7 所示为 DES 算法的结构。

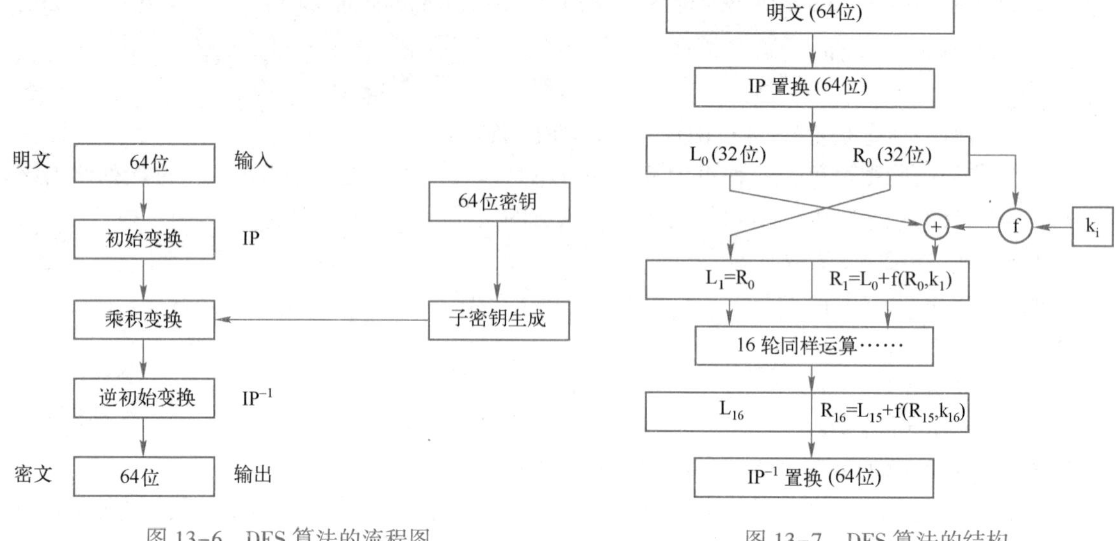

图 13-6 DES算法的流程图

图 13-7 DES算法的结构

随着研究的发展，DES算法在基本不改变加密强度的条件下，发展了许多变形DES。3DES是DES算法扩展其密钥长度的一种方法，可使加密密钥长度扩展到128位（112位有效）或192位（168位有效）。其基本原理是将128位的密钥分为64位的两组，对明文多次进行普通的DES加解密操作，从而增强加密强度。具体实现方式不在此详细描述。

对称算法最主要的问题是：由于加解密双方都要使用相同的密钥，因此在发送、接收数据之前，必须完成密钥的分发。因而，密钥的分发便成了该加密体系中最薄弱、风险最大的环节，各种基本的手段均很难保障安全地完成此项工作。从而使密钥更新的周期加长，给他人破译密钥提供了机会。实际上这与传统的保密方法差别不大。在历史战争中，破获他国情报的纪录不外乎两种方式：一种是在敌方更换“密码本”的过程中截获对方密码本；另一种是敌方密钥变动周期太长，被长期跟踪，找出规律从而被破获。在对称算法中，尽管由于密钥强度增强，跟踪找出规律破获密钥的机会大大减小了，但密钥分发的困难问题几乎无法解决。比如设有n方参与通信，若n方都采用同一个对称密钥，一旦密钥被破解，整个体系就会崩溃；若采用不同的对称密钥则需n(n-1)个密钥，密钥数与参与通信人数的平方数成正比。这便使大系统的密钥管理几乎成为不可能。

13.4 非对称密码学

13.4.1 非对称密码学概述

所谓非对称加密算法是指用于加密的密钥与用于解密的密钥是不同的，从加密的密钥无法推导出解密的密钥。这类算法之所以被称为公钥算法，是因为用于加密的密钥是可以广泛公开的，任何人都可以得到加密密钥并用来加密信息，但是只有拥有对应解密密钥的人才能将信息解密。图13-8为非对称加密算法示意图。

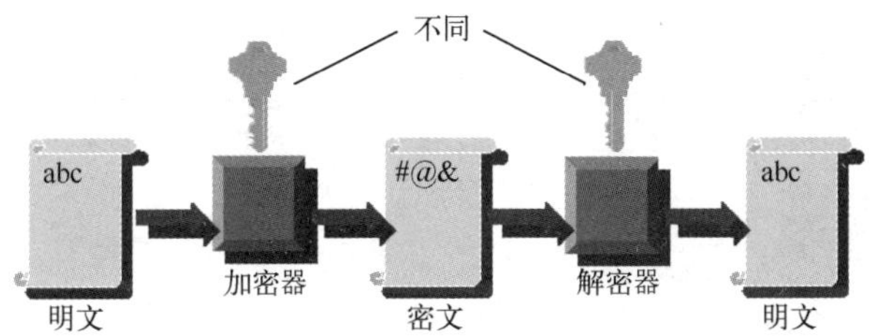

图 13-8　非对称加密算法示意图

在公钥体制中，加密密钥不同于解密密钥，将加密密钥公之于众，谁都可以使用；而解密密钥只有解密人自己知道。它们分别称为公开密钥（Public Key，PK）和秘密密钥（Secret Key，SK）。目前已经有许多种非对称加密算法，如 RSA 算法、ECC 算法等。

迄今为止的所有公钥密码体系中，RSA 系统是最著名、使用最广泛的一种。RSA 公开密钥密码系统是由 R. Rivest、A. Shamir 和 L. Adleman 三位教授于 1977 年提出的。RSA 的取名就是来自于这三位发明者的姓的第一个字母。

13.4.2　RSA 算法

RSA 算法是目前应用最为广泛的公钥密码算法，它的基本原理如下。

密钥管理中心产生一对公开密钥和秘密密钥，方法是在离线方式下，先产生两个足够大的强质数 p、q，可得 p 与 q 的乘积为 $n=p\times q$。再由 p 和 q 算出另一个数 $z=(p-1)\times(q-1)$，然后选取一个与 z 互素的奇数 e，称 e 为公开指数；从这个 e 值可以找出另一个值 d，并能满足 $e\times d=1 \bmod (z)$ 条件。由此而得到的两组数（n,e）和（n,d）分别被称为公开密钥和秘密密钥，或简称公钥和私钥。

对于明文 M，用公钥（n,e）加密可得到密文 C。

$$C = M \bmod (n) \tag{13-1}$$

对于密文 C，用私钥（n,d）解密可得到明文 M。

$$M = C \bmod (n) \tag{13-2}$$

式（13-2）的数学证明用到了数论中的欧拉定理，具体过程这里不赘述。

同法，也可定义用私钥（n,d）先进行解密后，然后用公钥（n,e）进行加密（用于签名）。

p、q、z 由密钥管理中心负责保密，密钥对一经产生便自动将其销毁或者为了以后密钥恢复的需要将其存入离线的安全黑库里面；如果密钥对是用户自己离线产生的，则 p、q、z 的保密或及时销毁由用户自己负责。在本系统中，这些工作均由程序自动完成。在密钥对产生好后，公钥则通过签证机关 CA 以证书的形式向用户分发；经加密后的密态私钥用 PIN 卡携带分发至用户本人。

RSA 算法之所以具有安全性，是基于数论中的一个特性事实：即将两个大的质数合成为一个大数很容易，而相反的过程则非常困难。在当今技术条件下，当 n 足够大时，为了找到 d，从 n 中通过质因子分解试图找到与 d 对应的 p、q 是极其困难甚至是不可能的。由此可见，RSA 的安全性是依赖于作为公钥的大数 n 的位数长度的。为保证足够的安全性，一般认为现在的个人应用需要用 384 位或 512 位的 n，公司应用需要用 1024 位的 n，极其重要的场合应该用 2048 位的 n。

13.5 散列函数

13.5.1 散列函数概述

散列函数，也称为Hash算法、杂凑函数、哈希算法、散列算法或消息摘要算法。它通过把一个单向数学函数应用于数据，将一块任意长度的数据转换为一块定长的、不可逆转的数据。Hash算法可以敏感地检测到数据是否被篡改。Hash算法再结合其他的算法就可以用来保护数据的完整性。Hash算法处理流程如图13-9所示。

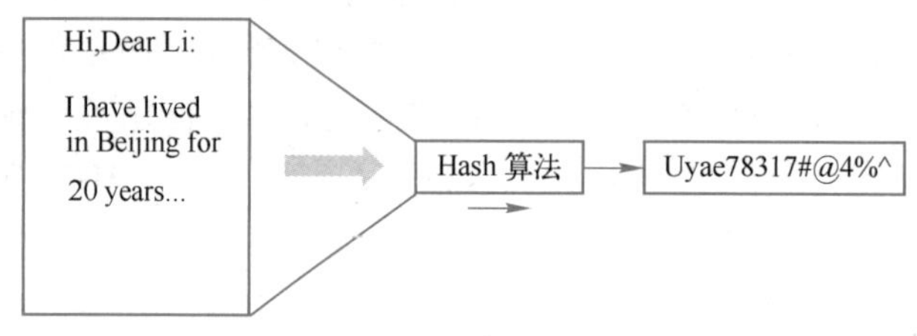

图13-9 Hash算法处理流程

Hash算法的特点如下。

1）接收的输入报文数据没有长度限制。

2）对输入任何长度的报文数据能够生成该报文固定长度的摘要（数字指纹）输出。

3）从报文能方便地算出摘要。

4）从指定的摘要生成一个报文，极难由该报文又反推算出该指定的摘要。

5）两个不同的报文极难生成相同的摘要。

曾有数学家统计计算结果表明，如果数字指纹$h(m)$的长度为128位时，则任意两个分别为M1、M2的报文具有完全相同的$h(m)$的概率为$(1/2)^{128}$，即接近于零的重复概率。而当取$h(m)$的长度为384位乃至1024位时，则更是不可能重复了。

另外，如报文M1与报文M2全等，则有$h(m1)$与$h(m2)$全等，如果只将M2或M1中的任意一位改变了，其结果将导致$h(m1)$与$h(m2)$中有一半左右对应的位的值都不相同。这种发散特性使电子数字签名很容易发现（验证签名）报文的关键位的值是否被篡改。

目前常用的Hash函数有MD5(128 bit)和SHA-1(160 bit)等，它们都是以MD4为基础设计的。Hash算法在信息安全方面的应用主要体现在以下三个方面。

（1）文件校验

比较熟悉的校验算法有奇偶校验和CRC校验，这两种校验都没有抗数据篡改的能力，它们在一定程度上能检测并纠正数据传输中的信道误码，但不能防止对数据的恶意破坏。

MD5 Hash算法的“数字指纹”特性，使它成为目前应用最广泛的一种文件完整性校验和（Checksum）算法。

（2）数字签名

Hash算法也是现代密码体系中的一个重要组成部分。由于非对称算法的运算速度较慢，所以在数字签名协议中，单向散列函数扮演了一个重要的角色。对Hash值（又称“数字摘要”）进行数字签名，在统计上可以认为是与对文件本身进行数字签名等效的，而且这样的协议还有其他的优点。

(3) 鉴权协议

鉴权协议又被称作“挑战——认证模式”，在传输信道是可被侦听但不可被篡改的情况下，这是一种简单而安全的方法。

13.5.2　MD5 算法

MD5 的全称是 Message Digest Algorithm 5（信息-摘要算法），在 20 世纪 90 年代初由 MIT Laboratory for Computer Science 和 RSA Data Security Inc 的 Ronald L. Rivest 开发出来，经 MD2、MD3 和 MD4 发展而来。它的作用是让大容量信息在用数字签名软件签署私人密钥前被“压缩”成一种保密的格式（就是把一个任意长度的字节串变换成一定长的大整数）。不管是 MD2、MD4 还是 MD5，它们都需要获得一个随机长度的信息并产生一个 128 位的信息摘要。虽然这些算法的结构或多或少有些相似，但 MD2 的设计与 MD4 和 MD5 完全不同，这是因为 MD2 是为 8 位机做过设计优化的，而 MD4 和 MD5 却是面向 32 位的计算机。这三个算法的描述和 C 语言源代码在 Internet RFCs 1321 中有详细的描述（http://www.ietf.org/rfc/rfc1321.txt），这是一份最权威的文档，由 Ronald L. Rivest 在 1992 年 8 月向 IEFT 提交。

MD5 以 512 位分组来处理输入的信息，且每一个分组又被划分为 16 个 32 位子分组，经过了一系列的处理后，算法的输出由 4 个 32 位分组组成，这 4 个 32 位分组级联后将生成一个 128 位散列值。

2004 年 8 月 17 日，在美国加州圣巴巴拉召开的国际密码学会议（Crypto’2004）安排了 3 场关于 Hash 算法的特别报告。在国际著名密码学家 Eli Biham 和 Antoine Joux 相继做了对 SHA-1 的分析与给出 SHA-0 的一个碰撞之后，来自山东大学的王小云教授（目前在清华大学）做了破译 MD5、HAVAL-128、MD4 和 RIPEMD 算法的报告。王小云教授的报告轰动了全场，得到了与会专家的赞叹。

不久，密码学家 Lenstra 利用王小云提供的 MD5 碰撞，伪造了符合 X.509 标准的数字证书，这就说明了 MD5 的破译已经不仅仅是理论破译结果，而是可以导致实际的攻击，MD5 的撤出迫在眉睫。

13.6　数字签名

数字证书

数字签名就是通过某种密码运算生成一系列符号及代码组成电子密码进行签名，以代替书写签名或印章，对于这种电子式的签名还可以进行技术验证，其验证的准确度是一般手工签名和图章的验证无法比拟的。数字签名是目前电子商务、电子政务中应用最普遍、技术最成熟、可操作性最强的一种电子签名方法。它采用了规范化的程序和科学化的方法，用于鉴定签名人的身份以及对一项电子数据内容的认可。它还能验证出文件的原文在传输过程中有无变动，确保传输电子文件的完整性、真实性和不可抵赖性。

数字签名在 ISO 7498-2 标准中定义为：“附加在数据单元上的一些数据，或是对数据单元所做的密码变换，这种数据和变换允许数据单元的接收者用以确认数据单元来源和数据单元的完整性，并保护数据，防止被人（如接收者）伪造”。美国电子签名标准（DSS，FIPS

186-2）对数字签名做了如下解释："利用一套规则和一个参数对数据计算所得的结果，用此结果能够确认签名者的身份和数据的完整性"。在数据签名当中，最常用到的是采用公钥技术进行数字签名。

信息发送者使用公开密钥算法的主要技术产生别人无法伪造的一段数字串。发送者用自己的私钥加密数据后传给接收者，接收者用发送者的公钥解开数据后，就可以确定消息来自于谁，同时也是对发送者发送的信息的真实性的一个证明，发送者对所发信息不能抵赖。

简单数据签名原理如图 13-10 所示。带加密的数据签名原理如图 13-11 所示。

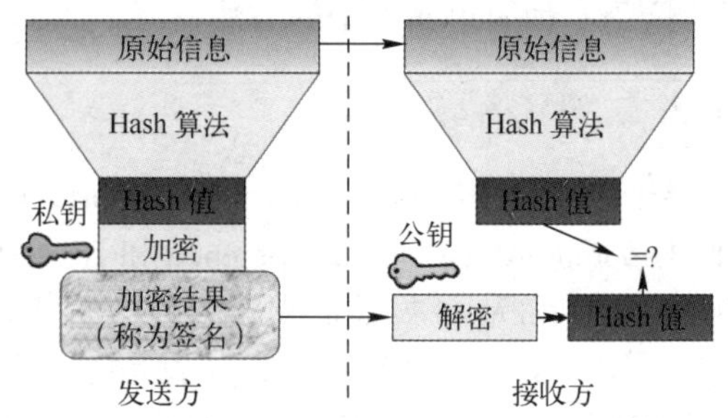

图 13-10　简单数据签名原理

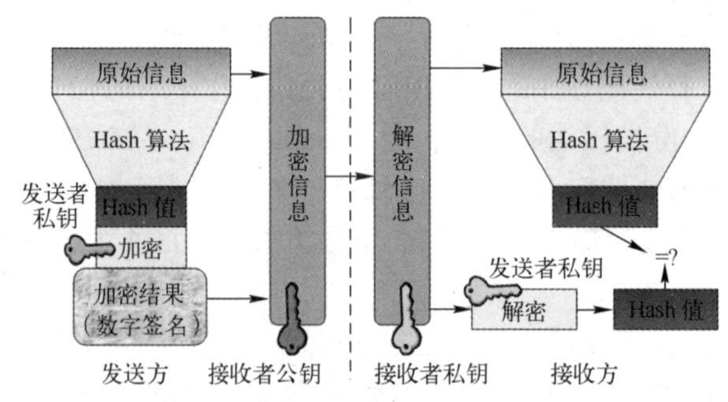

图 13-11　带加密的数据签名原理

在实际应用中，数字签名的过程通常这样实现：将要传送的明文通过一种函数运算（Hash）转换成报文摘要（不同的明文对应不同的报文摘要），报文摘要用私钥加密后与明文一起传送给接收方，接收方用发送方的公钥来解密报文摘要，再将收到的明文产生新的报文摘要与发送方的报文摘要比较，比较结果一致表示明文确实来自期望的发送方，并且未被改动。如果不一致表示明文已被篡改或不是来自期望的发送方。数据签名的过程如图 13-12 所示。

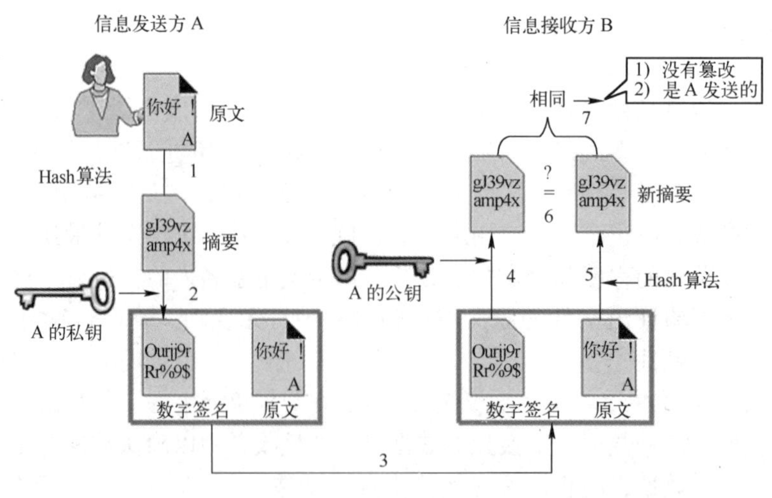

图 13-12　数字签名的过程

实现数字签名有很多方法，目前数字签名采用较多的是公钥加密技术，如基于 RSA Data Security 公司的 PKCS（Public Key Cryptography Standards）、DSA（Digital Signature Algorithm）、X. 509、PGP（Pretty Good Privacy）。1994 年美国标准与技术协会公布了数字签名标准（Digital Signature Standard，DSS）而使公钥加密技术广泛应用。应用 Hash 算法也是实现数字签名的一种方法。

13. 6. 1　使用非对称密码算法进行数字签名

1. 算法的含义

非对称密码算法使用两个密钥：公开密钥和私有密钥，分别用于对数据的加密和解密。即如果用公开密钥对数据进行加密，只有用对应的私有密钥才能进行解密；如果用私有密钥对数据进行加密，则只有用对应的公开密钥才能解密。使用公钥密码算法进行数字签名通用的加密标准有 RSA、DSA、Diffie-Hellman 等。

2. 签名和验证过程

发送方（甲）首先用公开的单向函数对报文进行一次变换，得到数字签名，然后利用私有密钥对数字签名进行加密后附在报文之后一同发出。

接收方（乙）用发送方的公开密钥对数字签名进行解密变换，得到一个数字签名的明文。发送方的公钥可以由一个可信赖的技术管理机构即认证中心（CA）发布。

接收方将得到的明文通过单向函数进行计算，同样得到一个数字签名，再将两个数字签名进行对比，如果相同，则证明签名有效，否则无效。

这种方法使任何拥有发送方公开密钥的人都可以验证数字签名的正确性。由于发送方私有密钥的保密性，使得接收方既可以根据结果来拒收该报文，也能使其无法伪造报文签名及对报文进行修改，这是因为数字签名是对整个报文进行的，是一组代表报文特征的定长代码，同一个人对不同的报文将产生不同的数字签名。这就解决了银行通过网络传送一张支票，而接收方可能对支票数额进行改动的问题，也避免了发送方逃避责任的可能。

13. 6. 2　使用对称密码算法进行数字签名

1. 算法含义

对称密码算法所用的加密密钥和解密密钥通常是相同的，即使不同也可以很容易地由其中的一个推导出另一个。在此算法中，加、解密双方所用的密钥都要保守秘密。目前有许多对称加密算法，如 RD4 和 DES，用 IDEA 作数字签名是不提倡的。使用分组密码算法进行数字签名通用的加密标准有 DES、3DES、RC2、RC4、CAST 等。

2. 签名和验证过程

Lamport 发明了被称为 Lamport-Diffle 的对称算法：利用一组长度是报文位数（n）两倍的密钥 A 来产生对签名的验证信息，即随机选择 $2n$ 个数 B，由签名密钥对这 $2n$ 个数 B 进行一次加密交换，得到另一组 $2n$ 个数 C。

发送方从报文分组 M 的第一位开始，依次检查 M 的第 i 位，若为 0，则取密钥 A 的第 i 位，若为 1，则取密钥 A 的第 $i+1$ 位，直至报文全部检查完毕。所选取的 n 个密钥位形成了最后的签名。

接收方对签名进行验证时，也是首先从第一位开始依次检查报文 M，如果 M 的第 i 位为

0，它就认为签名中的第 i 组信息是密钥 A 的第 i 位，若为 1 则为密钥 A 的第 i+1 位；直至报文全部验证完毕后，就得到了 n 个密钥。由于接收方具有发送方的验证信息 C，所以可以利用得到的 n 个密钥检验验证信息，从而确认报文是否由发送方所发送。

由于这种方法是逐位进行签名的，只要有一位被改动过，接收方就得不到正确的数字签名，因此其安全性较好。其缺点是签名太长（对报文先进行压缩再签名，可以减少签名的长度）；签名密钥及相应的验证信息不能重复使用，否则极不安全。

13.6.3　数字签名的算法及数字签名的保密性

数字签名的算法很多，应用最为广泛的 3 种是 Hash 签名、DSS 签名、RSA 签名。

1. Hash 签名

Hash 签名不属于强计算密集型算法，应用比较广泛。很多少量现金付款系统，如 DEC 的 Millicent 和 CyberCash 的 CyberCoin 等都使用 Hash 签名。Hash 签名是较快的算法，可以降低服务器资源的消耗，减轻中央服务器的负荷。Hash 签名的主要局限是接收方必须持有用户密钥的副本以检验签名，因为双方都知道生成签名的密钥，较容易被攻破，存在伪造签名的可能。如果中央或用户计算机中有一个被攻破，那么其安全性就受到了威胁。

2. DSS 和 RSA 签名

DSS 和 RSA 签名采用公钥算法，不存在 Hash 的局限性。RSA 是最流行的一种加密标准，许多产品的内核中都有 RSA 的软件和类库，早在 Web 飞速发展之前，RSA 数据安全公司就负责数字签名软件与 Mac 操作系统的集成，在 Apple 的协作软件 PowerTalk 上还增加了签名拖放功能，用户只要把需要加密的数据拖到相应的图标上，就完成了电子形式的数字签名。RSA 与 Microsoft、IBM、Sun 和 Digital 都签订了许可协议，在其生产线上加入了类似的签名特性。与 DSS 不同，RSA 既可以用来加密数据，也可以用于身份认证，和 Hash 签名相比，在公钥系统中，生成签名的密钥只存储于用户的计算机中，安全系数大一些。

数字签名的保密性很大限度上依赖于公开密钥。数字认证是基于安全标准、协议和密码技术的电子证书，用以确定一个人或服务器的身份，它把一对用于信息加密和签名的电子密钥捆绑在一起，保证了这对密钥真正属于指定的个人和机构。数字认证由验证机构 CA 进行电子化发布或撤销公钥验证，信息接收方可以从 CA Web 站点上下载发送方的验证信息。Verisign 是第一家 X.509 公开密钥的商业化发布机构，在它的 Digital ID 下可以生成、管理应用于其他厂商的数字签名的公开密钥验证。

13.7　密码的绝对安全与相对安全

13.7.1　没有绝对的安全

在介绍现代的密码和信息安全技术之前，有必要澄清一个观念：密码技术里提到的信息安全性通常不是绝对的，它是一个相对的范畴。

一位密码学家曾经这样评论：如果想让信息绝对安全，必须把要保密的信息写下来装在保险柜里，把保险柜焊死，到太平洋海底某个不为人知的角落挖坑深埋，这样也许会接近绝对的安全。可是这样的安全是没有用的，因为这并不能让需要信息的人得到它。实际上，这不能叫作“信息安全”，把它叫作“信息隐藏”也许更为合适。

本书所讨论的信息安全，是有使用价值的信息安全。这种安全是相对的安全。不过“相对安全”并不意味着不安全。日常生活中用的锁其实也是相对的安全。事实上，密码算法的安全强度要比平常的锁的安全强度高出很多倍。

13.7.2　相对的安全

在数学家香农创立的信息论中，用严格的数学方法证明了一个结论：一切密码算法，除了一次一密以外，在理论上都是可以被破解的。这些密码算法，包括现在的和过去的，已知的和未知的，不管它多么复杂、多么先进，只要有足够强大的计算机，有足够多的密文，一定可以被破译。

那么就产生了一个问题：既然这样，那密码还有什么用？这就是要讨论相对安全的原因。

前面提到了，一切密码，理论上都是可以被破译的。但是，只有在拥有足够强大的计算机的情况下才有可能被破译。在实际上，也许并不存在这么强的计算机。如果破译一个算法需要现在最强的计算机运算几百年，那么这样的算法即使理论上可以被破译，在实践中还是有实用价值的。

因此，可以这样理解相对安全的观念：假如一条信息需要保密 10 年，但要花 20 年的时间才能破解它，那么信息就是安全的，否则就不安全。

在现实中，能获得的计算能力在一定程度上与付出的经济代价成比例。因此，也可以从经济的角度来衡量安全程度。假如一条信息价值一百万元，如果需要花一千万元的代价才能制造出足够强的计算机来破解它，那它就是安全的；但是，如果信息价值一千万，用一百万元就能获得足够的计算能力来破解它，那么它就是不安全的。

13.8　量子密码概述

目前，量子密码主要研究的是量子密码协议或量子安全通信协议。量子安全通信是利用量子力学的基本原理或基于物质量子特性的通信技术。量子安全通信的最大优点是其具有理论上的无条件的安全性和高效性。理论上无条件安全性是指在理论上可以证明，即使攻击者具有无限的计算资源和任意物理学容许的信道窃听手段，量子安全通信仍可保证通信双方安全地交换信息；高效性是利用量子态的叠加性和纠缠特性，有望以超越经典通信极限的条件下传输和处理信息。因此，量子安全通信对金融、电信、军事等领域有极其重要的意义，并在实际中最先获得了发展和应用。量子安全通信领域的研究范畴如图 13-13 所示。

通信理论和量子力学是量子安全通信领域的两大基础，在此基础上建立和发展了量子信息理论，并形成了多种量子安全通信协议，或称为量子安全通信方案。实现一个完整的量子安全通信系统则以量子编码理论为基础，以特定的量子安全通信协议为核心，通过实现量子信号产生、调制和探测等关键技术，最终实现量子信息或经典信息的传送。随着通信网络理论的发展以及量子中继技术的突破，量子安全通信网络有望从局域网络走向更大规模的广域网络，乃至发展为全球规模的量子安全通信网络。

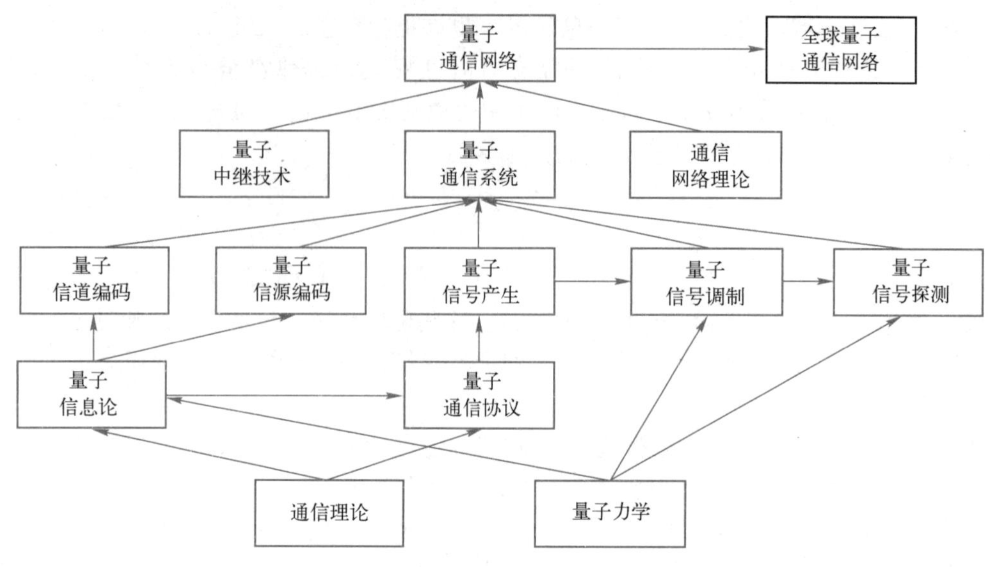

图 13-13　量子安全通信的研究范畴

13.8.1　量子安全通信的特点

量子安全通信起源于对通信保密的要求。通信安全自古以来一直受到人们的重视，特别是在军事领域。当今社会，随着信息化程度的不断提高，如互联网、即时通信和电子商务等应用，都涉及信息安全，信息安全又关系到每个人的切身利益。对信息进行加密是保证信息安全的重要方法之一。G. Vernam 在 1917 年提出一次一密（One Time Pad，OTP）的思想，对于明文采用一串与其等长的随机数进行加密（相异或），接收方用同样的随机数进行解密（再次异或）。这里的随机数称为密钥，其真正随机且只用一次。OTP 协议已经被证明是安全的，但关键是要有足够长的密钥，必须实现在不安全的信道（存在窃听）中无条件地、安全地分发密钥，这在经典领域很难做到。后来，出现了公钥密码体制，如著名的 RSA 协议。在这类协议中，接收方有一个公钥和一个私钥，接收方将公钥发给发送方，发送方用这个公钥对数据进行加密，然后发给接收方，只有用私钥才能解密数据。公钥密码被大量应用，它的安全性由数学假设来保证，即一个大数的质因数分解是一个非常困难的问题。但是量子计算机的提出，改变了这个观点。已经证明：一旦实现了量子计算机，大数很容易被分解，从而现在广为应用的密码系统完全可以被破解。

幸运的是，在人们认识到量子计算机的威力之前，基于量子力学原理的量子密钥分发（Quantum Key Distribution，QKD）技术就被提出来了。量子密钥分发应用了量子力学的原理，可以实现无条件安全的密钥分发，进而结合 OTP 策略，确保通信的绝对保密。量子安全通信有以下特点。

1. 量子安全通信具有理论上无条件的安全性

量子安全通信起源于利用量子密钥分发获得的密钥加密信息，基于量子密钥分发的理论上的无条件安全性，从而可实现安全的保密通信。QKD 利用量子力学的海森堡不确定性原理和量子态不可克隆定理，前者保证了窃听者在不知道发送方编码基的情况下无法准确测量获得量子态的信息，后者使得窃听者无法复制一份量子态并在得知编码基后进行测量，从而使得窃听必然导致明显的误码，于是通信双方能够察觉出被窃听。

2. 量子安全通信具有传输的高效性

根据量子力学的叠加原理，一个 n 维量子态的本征展开式有 2^n 项，每项前面都有一个系数，传输一个量子态相当于同时传输这 2^n 个数据。可见，量子态携载的信息非常丰富，使其不但在传输方面，而且在存储、处理等方面相比于经典方法都更为高效。

3. 可以利用量子物理的纠缠资源

纠缠是量子力学中独有的资源，相互纠缠的粒子之间存在一种关联，无论它们的位置相距多远，若其中一个粒子改变，另一个也必然改变，或者说一个经测量坍缩，另一个也必然塌缩到对应的量子态上。这种关联的保持可以用贝尔不等式来检验，因此用纠缠可以协商密钥，若存在窃听，即可被发现。利用纠缠的这种特性，也可以实现量子态的远程传输。

13.8.2 量子安全通信的类型

量子安全通信系统的基本部件包括量子态发生器、量子通道和量子测量装置。按其所传输的信息是经典还是量子而分为两类。前者主要用于量子密钥的传输，后者则可用于量子隐形传态和量子纠缠的分发。图 13-14 所示是量子安全通信系统的一个基本模型图。量子信息发射源产生消息并发送出去；量子调制将原始消息转换成量子态形式，产生量子信号；量子信息接收器是消息的接收者，量子解调将量子态的消息恢复成原始消息；另外通常还有辅助信道，是指除了传输信道以外的附加信道，如经典信道，主要用于密钥协商等。

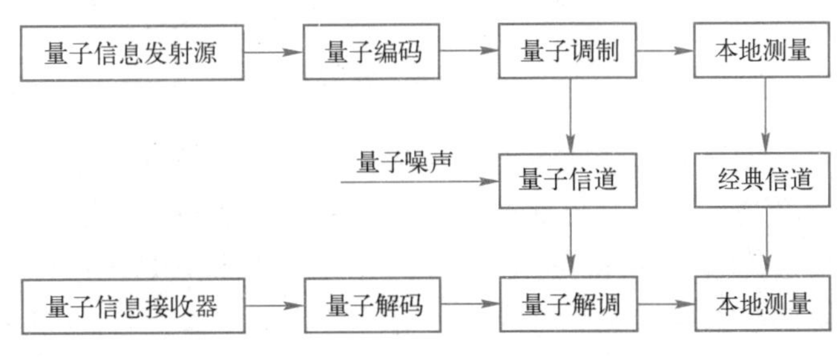

图 13-14　量子安全通信系统模型

目前，量子安全通信的主要形式包括基于 QKD 的量子保密通信、量子间接通信和量子直接安全通信。

1. 基于 QKD 的量子保密通信

1984 年，Bennett 和 Brassard 提出了第一个量子密钥分发协议，利用单个量子比特实现密钥的分配，又称作 BB84 协议。在完美的发射源和探测器存在的假设下，科学家已经证明了 BB84 协议是无条件安全的。1991 年，Ekert 提出了第一个基于 EPR 对的 QKD 协议，称作 E91。然后，Bennett 在 1992 年利用非正交基和两个量子比特态实现 QKD，并称作 B92 协议。与此同时，众多利用单量子比特序列进行经典密钥分发的研究开始流行起来。

在理论研究如火如荼的同时，关于 QKD 的实验与实践也受到了研究者们的广泛关注。但是，理论与实践的鸿沟是巨大的，例如信源、探测器、信道和通信距离等都是需要面临的重大挑战。2012 年提出了一个测量设备无关（MDI）的 QKD 协议，能自动免疫所有的探测攻击。紧接着 2013 年，MDI-QKD 的 50 km 光纤传递获得成功。

2015 年，QKD 的距离上升到 307 km。随后，2016 年，中科院的研究团队成功利用光纤将MDI-QKD通信距离提升到404 km。同时，来自意大利的研究团队利用LAGEOS-2人造卫星和MLRO地面站进行了7000 km的单光子交换。2016年8月16日，在潘建伟院士领导下第一颗量子科学实验卫星“墨子号”发射成功，中国的空间科学研究又迈出了重要的一步。2017年9月29日，世界首条量子保密通信干线——“京沪干线”正式开通，结合“京沪干线”与“墨子号”的天地链路，成功实现了洲际量子保密通信。

基于QKD的量子保密通信是通过QKD使得通信双方获得密钥，进而利用经典通信系统进行保密通信的，如图13-15所示。

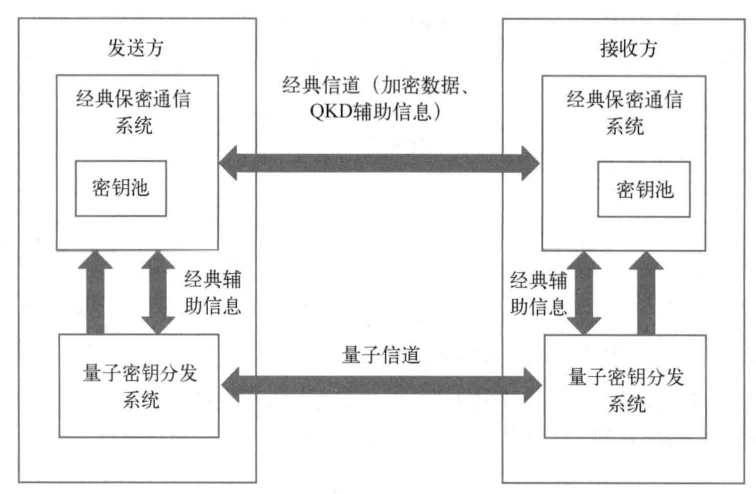

图13-15　基于QKD的量子保密通信系统示意图

由图13-15可见，发送方和接收方都由经典保密通信系统和量子密钥分发（QKD）系统组成，QKD系统产生密钥并存放在密钥池当中，作为经典保密通信系统的密钥。系统中有两个信道，量子信道传输用以进行QKD的光子，经典信道传输QKD过程中的辅助信息，如基矢对比、数据协调和密性放大，也传输加密后的数据。基于QKD的量子保密通信是目前发展最快且已获得实际应用的量子信息技术。

2. 量子间接通信

量子间接通信可以传输量子信息，但不是直接传输，而是利用纠缠粒子对，将携带信息的光量子与纠缠光子对之一进行贝尔态测量，将测量结果发送给接收方，接收方根据测量结果进行相应的酉变换，从而可恢复发送方的信息，如图13-16所示。这种方法称为量子隐形传态（Quantum Teleportation）。应用量子力学的纠缠特性，基于两个量子具有的量子关联特性建立量子信道，可以在相距较远的两地之间实现未知量子态的远程传输。

另一种方法是发送方对纠缠粒子之一进行酉变换，变换之后将这个粒子发送到接收方，接收方对这两个粒子联合测量，根据测量结果判断发送方所做的变换类型（共有四种酉变换，因而可携带两比特经典信息），这种方法称为量子密集编码（Quantum Dense Coding）。

3. 量子直接安全通信

量子直接安全通信（Quantum Secure Direct Communication），可以直接传输信息，并通过在系统中添加控制比特来检验信道的安全性，其原理如图13-17所示。量子态的制备可采用纠缠源或单光子源。若为单光子源，可将信息调制在单光子的偏振态上，通过发送装置

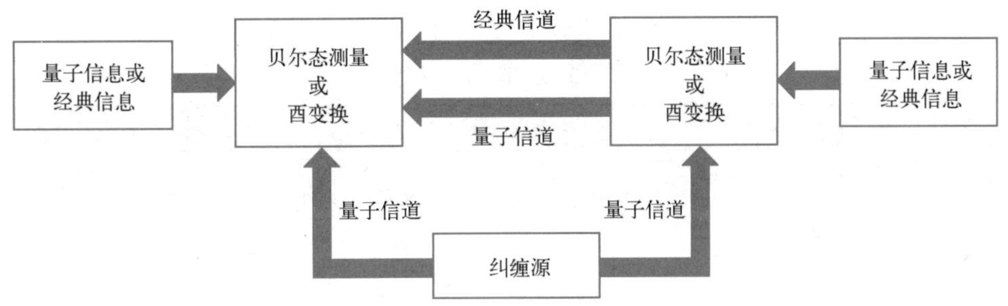

图 13-16　量子间接通信示意图

发送到量子信道；接收端收到后进行测量，通过对控制比特进行测量的结果来分析判断信道的安全性，如果信道无窃听则进行通信。其中，经典辅助信息辅助进行安全性分析。

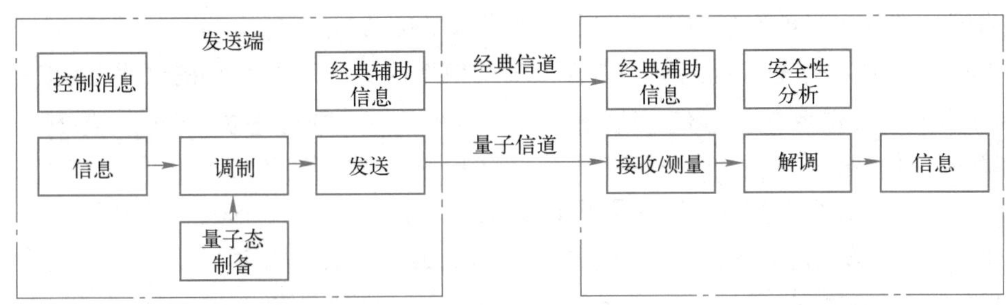

图 13-17　量子直接安全通信示意图

除了上述三种量子安全通信的形式外，还有量子秘密共享（Quantum Secret Sharing，QSS）、量子私钥加密、量子公钥加密、量子认证（Quantum Authentication）、量子签名（Quantum Signature）等。

13.8.3　量子 BB84 协议

目前，已经有许多量子安全通信协议。但是由于量子态存储时间短、很难实现量子中继等原因，大多数量子安全通信协议很难大规模实用。现实中使用最多的是基于单光子的量子 BB84 协议。本小节简单介绍该协议。

1984 年，Bennett 和 Brassard 首次提出了量子密钥分发协议，现在被称为 BB84 协议。自从这个协议被提出后，就受到了各界的广泛关注。1989 年，IBM 公司和蒙特利尔大学第一次完成了量子加密实验，并从实验角度证明了 BB84 协议的实用性。

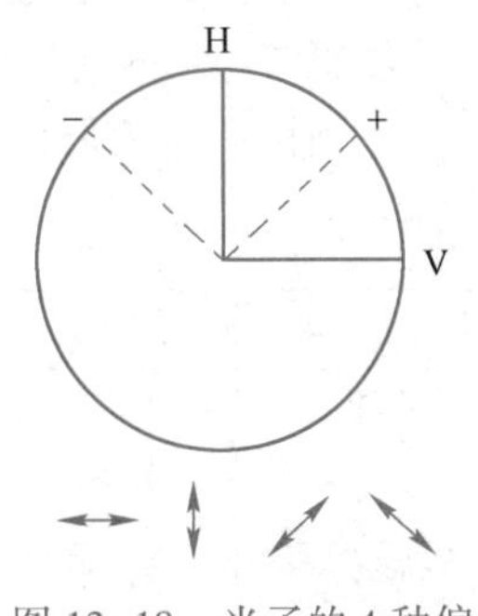

图 13-18　光子的 4 种偏振态和关系

BB84 协议通过光子的 4 种偏振态来进行编码：线偏振态（光子在 0°或 90°偏振）和圆偏振（光子在 45°或 135°偏振），如图 13-18 所示。其中，线偏振光子和圆偏振光子的两个状态各自正交（正交即内积为零。或简单地理解为两个光子的交叉角为 90°），但是线偏振光子和圆偏振光子之间的状态互不正交。

调制光子态见表 13-1。消息的发送方（一般叫 Alice，或 A）可以制备 4 种量子态：|0>、|1>、|+>、|->，分别对应经典信息的 0、1、0、1。调制光子态

分别为↔、↕、⤢、⤡。

表 13-1　调制光子态

经典消息序列	量　子　态	调制光子态	测　量　基	测量基序列
0	|0>	↔	✛	Z
1	|1>	↕		
0	|+>	⤢	✕	X
1	|->	⤡		

消息的接收方（一般叫 Bob，或 B）在接收到光子后，有两种基进行测量，分别是 Z 基✛或 X 基✕。Z 基可以正确测量光子态↔或↕；X 基可以正确测量光子态⤢或⤡。如果测量的基使用不正确，得到的结果也不正确。例如发送方发的是↔或↕光子，而接收方使用 X 基✕进行测量，则有 50%的概率得到⤢，有 50%的概率得到⤡；同理，发送方发的是⤢或⤡光子，而接收方使用 Z 基✛进行测量，则有 50%的概率得到↔，有 50%的概率得到↕。

BB84 协议中发送者 Alice 和接受者 Bob 经过 6 个步骤，即可建立一个公共的密钥：

步骤 1：Alice 随机准备一个二进制比特串 10101101 作为密钥。

步骤 2：根据二进制比特串制备量子相应的光子态↔、↕、⤢、⤡发送给 Bob。

步骤 3：Bob 随机选取两种测量基中的一个进行测量，并公布对每个光子使用的测量基（注意这里不是公布测量结果）。接收方 Bob 的测量方法及对应的测量结果见表 13-2。

表 13-2　测量方法及对应的结果

测量基序列	采用测量基	光　子　态	量 子 信 息	经 典 信 息
Z	✛	↔	|0>	0
		↕	|1>	1
X	✕	⤢	|+>	0
		⤡	|->	1

步骤 4：Alice 和 Bob 比较测量基，并移除使用错误测量基测量的结果，一般丢弃 50%的量子比特。

步骤 5：Bob 对使用正确测量基测量的结果进行纠错和保密放大。

步骤 6：Alice 和 Bob 最终得到商定的随机密钥，协议结束。

下面以一个实际的例子，来讲述量子 BB84 协议的通信过程见表 13-3。

表 13-3　BB84 协议的通信过程实例

步　骤	过　程									
步骤 1	1	0	0	1	1	1	0	1	0	1
步骤 2	↕	↔	↔	⤡	⤡	↕	⤢	↕	⤢	↕
步骤 3	Z	X	Z	Z	X	X	X	Z	Z	X
步骤 4	↕		↔		⤡		⤢	↕		
步骤 5	1		0		1		0	1		
步骤 6	1				1		0	1		

步骤 1：Alice 随机制备经典信息“1001110101”。

步骤 2：对应的 Alice 制备偏振态光子序列“↕、↔、↔、⤡、⤡、↕、⤢、↕、⤢、↕”。

步骤 3：接收方 Bob 在接收到 Alice 发送的光子后，随机采用两种基进行测量。他使用的基的顺序为“Z、X、Z、Z、X、X、X、Z、Z、X”。

步骤 4：Bob 向所有人（包括窃听者）公开自己的测量基序列“Z、X、Z、Z、X、X、X、Z、Z、X”；发送方 Alice 告诉 Bob，他测量的第 1、3、5、7、8 个基是正确的。

步骤 5：Bob 只保留正确基测量的结果，即 10101。Bob 再对这个结果进行纠错和保密放大。

步骤 6：双方得到纠错和保密放大之后的密钥为 1101。协议结束。

如果 Alice 和 Bob 双方对同一个量子比特选择相同的测量基，则测量结果是一致的。例如，如果 Alice 选择 Z 基对应量子态 $|0>$ 编码，Bob 同样选择 Z 基进行测量，则结果为 $|0>$，最终双方利用协议获得相同的密钥。

如果信道中存在一个窃听者 Eve 采用截获重发攻击进行窃听，他可以截获 Alice 发送的密钥序列，测量之后发送一个结果与测量结果相同的量子态（破坏的密钥序列）给 Bob。例如，Alice 准备一个量子态 $|0>=1/\sqrt{2}(|+>+|->)$，Eve 选择 X 基对其进行测量，结果为 $|+>=1/\sqrt{2}(|0>+|1>)$ 或 $|->=1/\sqrt{2}(|0>-|1>)$。无论得到什么结果，Bob 在使用正确基的条件下最终得出 $|0>$ 和 $|1>$ 的概率均为 50%。通信双方还可以选择部分量子比特进行信道窃听者检测，一个量子比特 Eve 逃脱检测的概率为 3/4，对于 n 个量子比特的信道检测，Eve 成功窃听的概率为 $1-(3/4)^n$。

下面计算在有 Eve 进行窃听的情况下，BB84 协议的错误概率。Eve 通过截获-重发攻击对发送方的量子比特进行攻击。首先在信道中截取发送方 Alice 发送的光子态，随机选取一组基对光子态进行测量。而后，再根据测量结果在该测量基下制备对应的偏振光子态发送给接收方 Bob。

假设 Alice 发送的是水平光子态（见图 13-19），结果有如下两种情况。

1）若 Eve 测量基选择正确（Z 基）（有 50%的概率），则 Eve 测量对结果不造成影响。

2）若 Eve 选择错误（X 基）（有 50%概率），则光子态发生坍缩。之后，Bob 采取正确测量基（Z 基），有 50%概率得到正确结果，则正确结果概率是 $1/2\times1/2=1/4$。因此错误率是 $1-(1/2+1/2\times1/2)=1/4$。

以上分析告诉我们，在量子 BB84 协议里，如果存在窃听者进行截获-重发攻击，则他引入的整体错误率为 25%。

在 BB84 协议中，所采用的线偏振和圆偏振是共轭态，满足测不准原理。根据测不准原理，线偏振光子的测量结果越精确意味着对圆偏振光子的测量结果越不精确。因此，任何攻击者的测量必定会对原来量子状态产生改变，而合法通信双方可以根据测不准原理检测出该扰动，从而检测出与否存在窃听。另外，线偏振态和圆偏振态是非正交的，因此它们是不可区分的，攻击者不可能精确地测量所截获的每一个光子态，也就不可能制造出相同的光子来冒充。测不准原理和量子不可克隆定理保证了 BB84 协议通信的无条件安全性。

以上详细介绍了单光子的 BB84 协议。在量子安全通信领域还有基于纠缠态的协议（如量子乒乓协议）等，感兴趣的读者可以自己找资料学习。

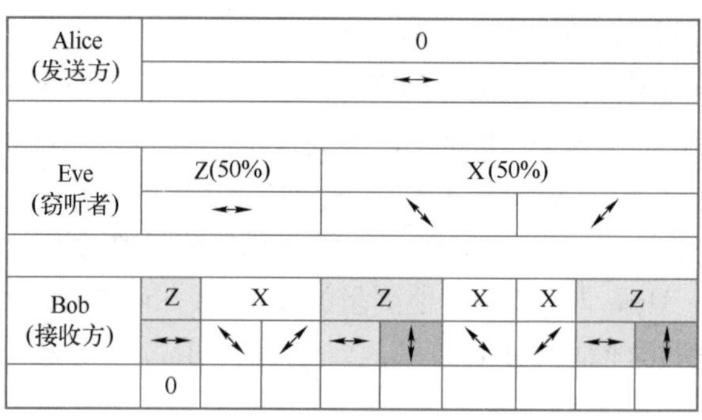

图 13-19　有窃听时错误概率

13.9　密码学新方向

1. 密码专用芯片集成

密码技术是信息安全的核心技术，它无处不在，目前已经渗透到大部分安全产品之中，正向芯片化方向发展。在芯片设计制造方面，目前微电子水平已经发展到 3 nm 工艺以下，芯片设计的水平很高。

我国在密码专用芯片领域的研究起步落后于国外，但是近年来我国集成电路产业技术的创新和自我开发能力得到了提高，微电子工业得到了发展，从而推动了密码专用芯片的发展。加快密码专用芯片的研制将会推动我国信息安全系统的完善。

2. DNA 密码技术

近年来，人们在研究生物遗传的同时，也发现 DNA 可以用于遗传学以外的其他领域，如信息科学领域。1994 年，Adleman 等科学家进行了世界上首次 DNA 计算，解决了一个 7 节点有向哈密顿回路问题。此后，有关 DNA 计算的研究不断深入，获得的计算能力也不断增强。2002 年，Adleman 用 DNA 计算机解决了一个有 20 个变量、24 个子句、100 万种可能的 3-STA 问题，这是一个 NP 完全问题。研究 DNA 计算的科学家发现，DNA 具有超大规模并行性、超高容量的存储密度以及超低的能量消耗，非常适用于信息领域。利用 DNA，人们有可能生产出新型的超级计算机，它们具有前所未有的超大规模并行计算能力，其并行性远超过现有的电子计算机。这将会给世界带来惊人的计算能力，引发一场新的信息革命。DNA 计算的先驱 Adleman 这样评价 DNA 计算，“几千年来，人们一直使用各种设备来提高自己的计算能力。但是只有在电子计算机出现以后，人们的计算能力才有了质的飞跃。现在，分子设备的使用使得人类的计算能力获得第二次飞跃”。

在现在的密码系统中，密钥是随机独立选取的，而超大规模并行计算机非常适用于对密钥穷举搜索。Dan Boneh 等人用 DNA 计算机破译了 DES，并且声称任何小于 64 位的密钥都可以用这种方法破译。Salomaa 也宣称现有的很多数学困难问题可以通过 DNA 计算进行穷举搜索得到结果，而其中很多困难问题都是现代密码系统的安全依据。人们不禁要问，密码学的大厦将会因为 DNA 计算的出现而倾覆吗？随着 DNA 计算的发展，有科学家开始把 DNA 用于密码学领域。Reif 等人提出了用 DNA 实现一次一密的密码系统，Celland 等人提出了用 DNA 隐藏消息。

13.10 习题

1. 密码学的发展可以分为哪几个阶段？
2. 密码学可以分为哪几类，各有什么特点？
3. 古典密码学包括哪些内容？它们的特点是什么？
4. 对称加密算法的特点是什么？
5. 简述 DES 加密算法的加密过程。
6. 非对称加密算法的特点是什么？
7. 简述 RSA 算法的加密过程。
8. 什么是 Hash 算法？它的作用是什么？
9. 简述 MD5 算法的原理。
10. 信息安全中为什么要引入数字签名？
11. 如何利用非对称加密算法进行数字签名？
12. 如何利用对称加密算法进行数字签名？

第 14 章 PKI 原理与应用

PKI 是“Public Key Infrastructure”的缩写，意为“公钥基础设施”，是一个用非对称密码算法原理和技术实现的、具有通用性的安全基础设施。本章介绍与 PKI 有关的知识。

- **知识与能力目标**

1）了解 PKI 概念。

2）认知认证机构 CA。

3）熟悉数字证书。

4）熟悉 PKI 的应用。

5）了解 PKI 的发展。

- **素养目标**

1）培养学生热爱祖国、服务人民的精神。

2）培养学生遵纪守法的意识，弘扬正气。

14.1 PKI 概述

PKI 利用数字证书标识密钥持有人的身份，通过对密钥的规范化管理，为组织机构建立和维护一个可信赖的系统环境，透明地为应用系统提供身份认证、数据保密性和完整性、抗抵赖等各种必要的安全保障，满足各种应用系统的安全需求。简单地说，PKI 是提供公钥加密和数字签名服务的系统，目的是自动管理密钥和证书，保证网上数字信息传输的保密性、真实性、完整性和不可否认性。

14.1.1 PKI 的作用

随着网络技术的发展，特别是 Internet 的全球化，各种基于互联网技术的网上应用，如电子政务、电子商务等得到了迅猛发展。网络正逐步成为人们工作、生活不可分割的一部分。由于互联网的开放性和通用性，网上的所有信息对所有人都是公开的，因此应用系统对信息的安全性提出了更高的要求。PKI 的作用如下。

（1）对身份合法性进行验证

以明文方式存储、传送的用户名和口令存在着被截获、破译等诸多安全隐患。同时，还有维护不便的缺点。因此，需要一套安全、可靠并易于维护的用户身份管理和合法性验证机制来确保应用系统的安全性。

（2）实现数据保密性和完整性

企业应用系统中的数据一般都是明文，在基于网络技术的系统中，这种明文数据很容易泄密或被篡改，必须采取有效的措施来保证数据的保密性和完整性。

（3）实现数据传输安全性

以明文方式在网上传输的数据，很容易被截获以至于泄密，必须对通信通道进行加密保护。利用通信专线的传统方式已经远远不能满足现代网络应用发展的需求，必须寻求一种新的方法来保证基于互联网技术的传输安全需求。

（4）实现数字签名和不可抵赖性

不可抵赖性可以防止事件发起者事后抵赖，对于规范业务、避免法律纠纷起着很大的作用。传统的不可抵赖性是通过手工签名完成的，在网络应用中，需要一种具有同样功能的机制来保证不可抵赖性，那就是数字签名技术。

PKI 基于非对称公钥体制，采用数字证书管理机制，可以透明地为网上应用提供上述各种安全服务，极大地保证了网络应用的安全性。

14.1.2　PKI 的体系结构

PKI 体系是由多种认证机构及各种终端实体等组件所组成的，其结构模式一般为多层次的树状结构。PKI 是由很多 CA 及 CA 信任链组成的。CA 通过三种方式组织到一起。

第一种是首先建立根 CA，再在根 CA 下组成分层的体系结构，上层 CA 向下层 CA 发放证书。

第二种是 CA 连接成网状，并且它们之间的地位相互平等。

第三种是美国技术标准组织制定的一种融合分层结构和网状结构体系特点的混合体系结构规范，这种混合体系结构也叫桥接体系结构。桥接体系结构是为解决以上两种体系交叉信任而建立的，它具有两种体系结构的优点。国际上常用的是分层体系结构和桥接体系结构，如图 14-1 所示。

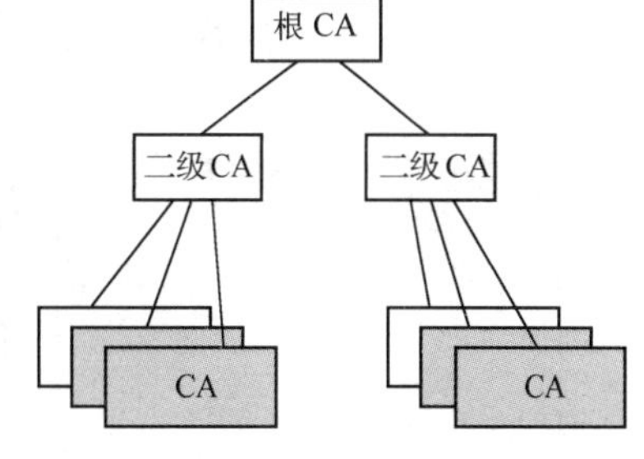

图 14-1　层状 CA 结构

在实际的应用当中，有单级的 CA 结构、二级的 CA 结构和网状的 CA 结构。

1）单级的 CA 结构。这种结构也是最为常见的结构，如图 14-2 所示。

2）二级的 CA 结构如图 14-3 所示。

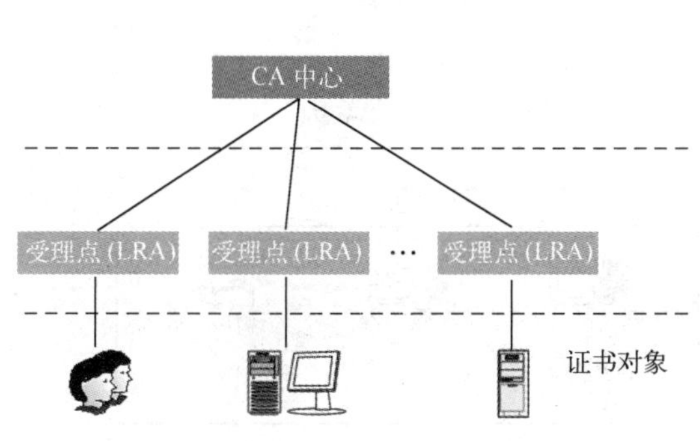

图 14-2　单级的 CA 结构图

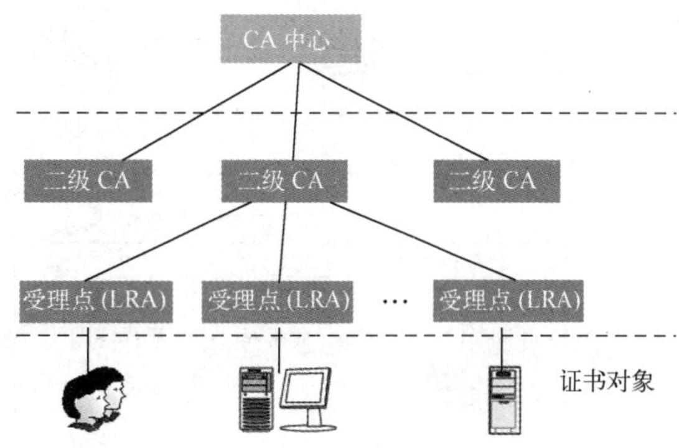

图 14-3　二级的 CA 结构图

3）一个实际的网络 CA 结构如图 14-4 所示。

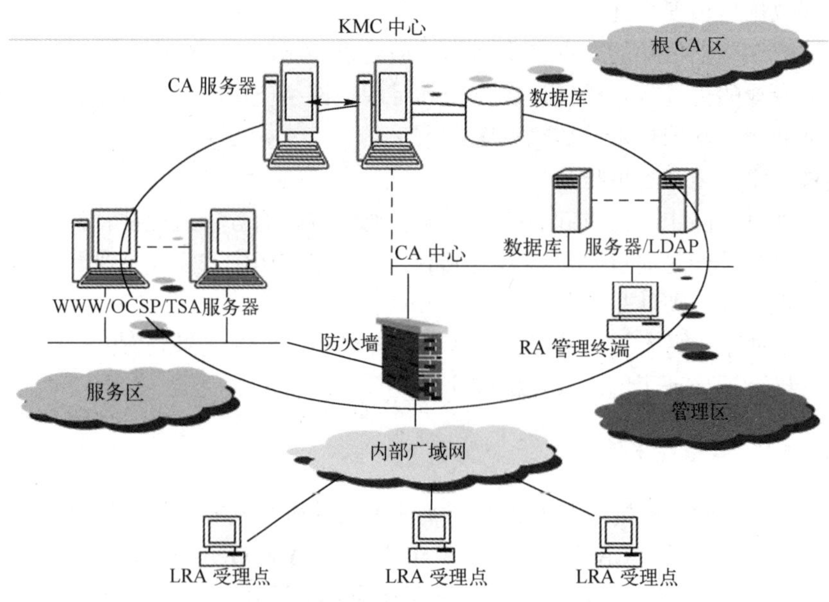

图 14-4　一个实际的网络 CA 结构图

4）一个典型的全国性 CA 如图 14-5 所示。

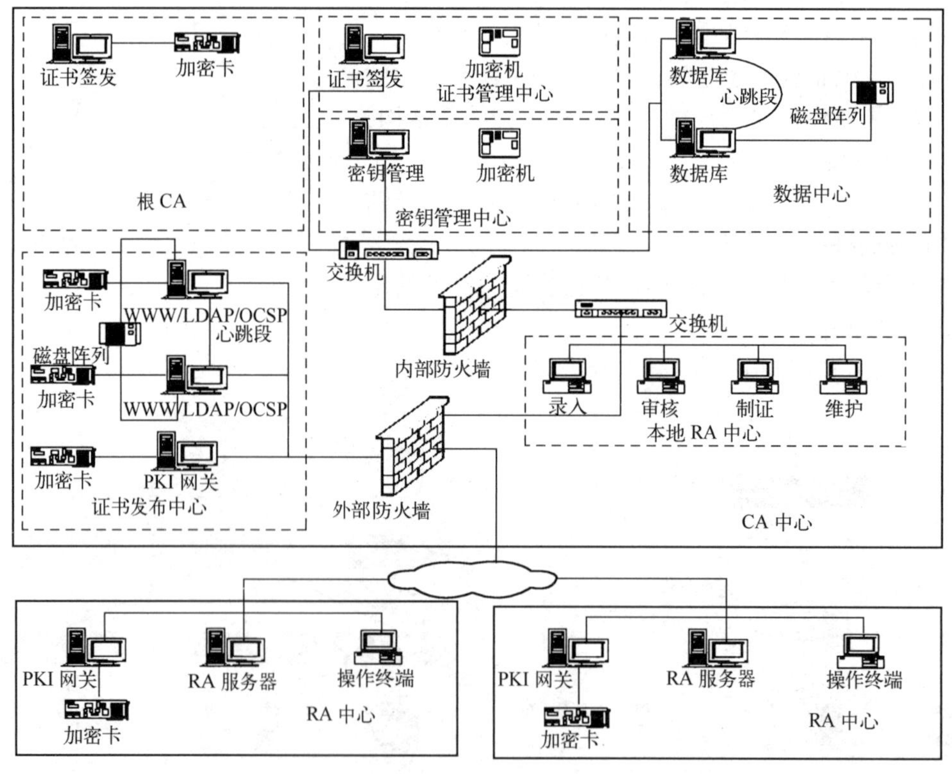

图 14-5　一个典型的全国性 CA

14.1.3　PKI 的组成

PKI 体系主要由密钥管理中心、CA 认证机构、RA 注册审核机构、证书/CRL 发布系统和应用接口系统五部分组成，其功能如下。

1）密钥管理中心（KMC）：密钥管理中心向 CA 服务提供相关密钥服务，如密钥生成、密钥存储、密钥备份、密钥恢复、密钥托管和密钥运算等。

2）CA 认证机构：CA 认证机构是 PKI 的核心，它主要完成生成/签发证书、生成/签发证书撤销列表（CRL）、发布证书和 CRL 到目录服务器、维护证书数据库以及审计日志库等功能。

3）RA 注册审核机构：RA 是数字证书的申请、审核和注册中心。它是 CA 认证机构的延伸。在逻辑上，RA 和 CA 是一个整体，主要负责提供证书注册、审核以及发证功能。

4）证书/CRL 发布系统：发布系统主要提供注册服务 LDAP 服务和 OCSP 服务。注册服务为用户提供在线注册的功能；LDAP 提供证书和 CRL 的目录浏览服务；OCSP 提供证书状态在线查询服务。

5）应用接口系统：应用接口系统为外界提供使用 PKI 安全服务的入口。应用接口系统一般采用 API、JavaBean、COM 等多种形式。一个典型、完整、有效的 PKI 应用系统至少应具有以下部分：

- 公钥密码证书管理（证书库）。
- 黑名单的发布和管理（证书撤销）。
- 密钥的备份和恢复。
- 自动更新密钥。
- 自动管理历史密钥。
- 支持交叉认证。

14.1.4　PKI 的标准

从整个 PKI 体系建立与发展的历程来看，与 PKI 相关的标准主要包括以下内容。

1. X.209（1988）ASN.1 基本编码规则的规范

ASN.1 是描述在网络上传输信息格式的标准方法。它有两部分：第一部分（ISO 8824/ITU X.208）描述信息内的数据、数据类型及序列格式，也就是数据的语法；第二部分（ISO 8825/ITU X.209）描述如何将各部分数据组成消息，也就是数据的基本编码规则。

ASN.1 原来是作为 X.209 的一部分而开发的，后来才独立成为一个标准。这两个协议除了应用于 PKI 体系中外，还广泛应用于通信和计算机的其他领域。

2. X.500（1993）信息技术　开放系统互联：概念、模型及服务简述

X.500 是一套已经被国际标准化组织（ISO）接受的目录服务系统标准，它定义了一个机构如何在全局范围内共享其名字和与之相关的对象。X.500 是层次性的，其中的管理域（机构、分支、部门和工作组）可以提供这些域内的用户和资源信息。在 PKI 体系中，X.500 被用来唯一标识一个实体，该实体可以是机构、组织、个人或一台服务器。X.500 被认为是实现目录服务的最佳途径，但 X.500 的实现需要较大的投资，并且比其他方式速度慢；而其优势是具有信息模型、多功能和开放性。

3. X.509（1993）信息技术 开放系统互联：鉴别框架

X.509是由国际电信联盟（ITU-T）制定的数字证书标准。在X.500确保用户名称唯一性的基础上，X.509为X.500用户名称提供了通信实体的鉴别机制，并规定了实体鉴别过程中广泛适用的证书语法和数据接口。

X.509的最初版本公布于1988年。X.509证书由用户公共密钥和用户标识符组成。此外还包括版本号、证书序列号、CA标识符、签名算法标识、签发者名称、证书有效期等信息。这一标准的新版本X.509 v3定义了包含扩展信息的数字证书。该版数字证书提供了一个扩展信息字段，用来提供更多的灵活性及特殊应用环境下所需的信息传送。

4. PKCS系列标准

PKCS是由美国RSA数据安全公司及其合作伙伴制定的一组公钥密码学标准，其中包括证书申请、证书更新、证书作废表发布、扩展证书内容以及数字签名、数字信封的格式等一系列相关协议。

5. OCSP在线证书状态协议

OCSP（Online Certificate Status Protocol）是IETF颁布的用于检查数字证书在某一交易时刻是否仍然有效的标准。该标准提供给PKI用户一条方便快捷的数字证书状态查询通道，使PKI体系能够更有效、更安全地在各个领域中被广泛应用。

6. LDAP轻量级目录访问协议

LDAP规范（RFC1487）简化了笨重的X.500目录访问协议，并且在功能性、数据表示、编码和传输方面都进行了相应的修改。1997年，LDAP第3版本成为互联网标准。目前，LDAP v3已经在PKI体系中被广泛应用于证书信息发布、CRL信息发布、CA政策以及与信息发布相关的各个方面。

除了以上协议外，还有一些构建在PKI体系上的应用协议，这些协议是PKI体系在应用和普及化方面的代表作，包括SET协议和SSL协议。

目前，PKI体系中已经包含了众多的标准和标准协议，由于PKI技术的不断进步和完善，以及其应用的不断普及，将来还会有更多的标准和协议加入。

14.2 认证机构（CA）

认证机构（Certificate Authority，CA）采用PKI公开密钥基础架构技术，专门提供网络身份认证服务，负责签发和管理数字证书，且具有权威性和公正性的第三方信任机构。它的作用就像现实生活中颁发证件的公司，如护照办理机构。如图14-6所示为CA的作用图。

图14-6 CA的作用图

CA是PKI安全体系的核心，对于一个大型的分布式企业应用系统，需要根据应用系统的分布情况和组织结构设立多级CA。CA信任体系描述了PKI安全体系的分布式结构。

1. CA 证书签发管理机构

CA 证书签发管理机构指包括根 CA 在内的各级 CA。根 CA 是整个 CA 体系的信任源，负责整个 CA 体系的管理，签发并管理下级 CA 证书。从安全角度出发，根 CA 一般采用离线工作方式。根 CA 以下的其他各级 CA 负责本辖区的安全，为本辖区用户和下级 CA 签发证书，并管理所发证书。

理论上，CA 体系的层数可以没有限制，考虑到整个体系的信任强度，在实际建设中，一般都采用两级或三级 CA 结构。

2. RA 注册审核机构设置

从广义上讲，RA 是 CA 的一个组成部分，主要负责数字证书的申请、审核和注册。除了根 CA 以外，每一个 CA 机构都包括一个 RA 机构，负责本级 CA 的证书申请、审核工作。RA 机构的设置可以根据企业行政管理机构来进行，RA 的下级机构可以是 RA 分中心或业务受理点 LRA。

受理点 LRA 与注册机构 RA 共同组成证书申请、审核、注册中心的整体。LRA 面向最终用户，负责对用户提交的申请资料进行录入、审核和证书制作。

3. KMC（密钥管理中心）

KMC 是公钥基础设施中的一个重要组成部分，负责为 CA 系统提供密钥的生成、保存、备份、更新、恢复、查询等密钥服务，以解决分布式企业应用环境中大规模密码技术应用所带来的密钥管理问题。

一般来说，每一个 CA 中心都需要有一个 KMC 负责该 CA 区域内的密钥管理任务。KMC 可以根据应用所需 PKI 规模的大小灵活设置，既可以建立单独的 KMC，也可以采用镶嵌式 KMC，让 KMC 模块直接运行在 CA 服务器上。

4. 发布系统

发布系统是 PKI 安全体系中的一个重要组成部分。它由用于发布数字证书和 CRL 的证书发布系统、在线证书状态查询系统（OCSP）和在线注册服务系统组成。证书和 CRL 采用标准的 LDAP 发布到 LDAP 服务器上，应用程序可以通过发布系统验证用户证书的合法性。OCSP 提供证书状态的实时在线查询功能。

发布系统支持层次化分布式结构，具有很好的扩展性、灵活性和高性能，可以为企业大型应用系统提供方便的证书服务，能够满足大型应用系统的安全需求。

CA 通常采用多层次的分级结构，上级认证中心负责签发和管理下级认证中心的证书，最下一级的认证中心直接面向最终用户。

认证中心的主要功能包括证书的颁发、更新、查询、作废、归档。

14.3　数字证书

14.3.1　数字证书概述

数字证书就是网络通信中标志通信各方身份信息的一系列数据，其作用类似于现实生活中的身份证。数字证书与 CA 中心、PKI 以及 PKI 应用的关系如图 14-7 所示。

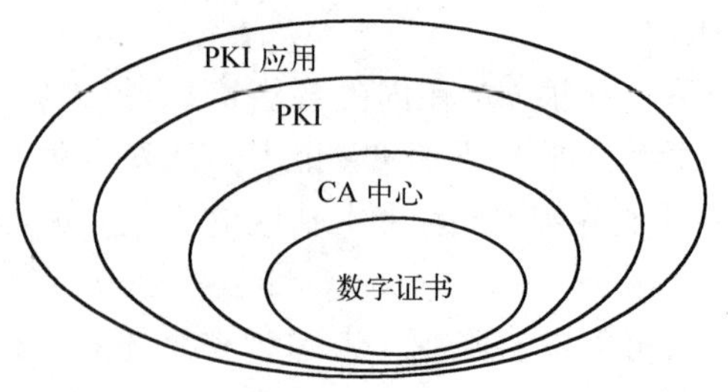

图 14-7　数字证书与 PKI 的关系

数字证书是由一个 CA 发行的，人们可以在交往中用它来识别对方的身份。数字证书的结构如图 14-8 所示。

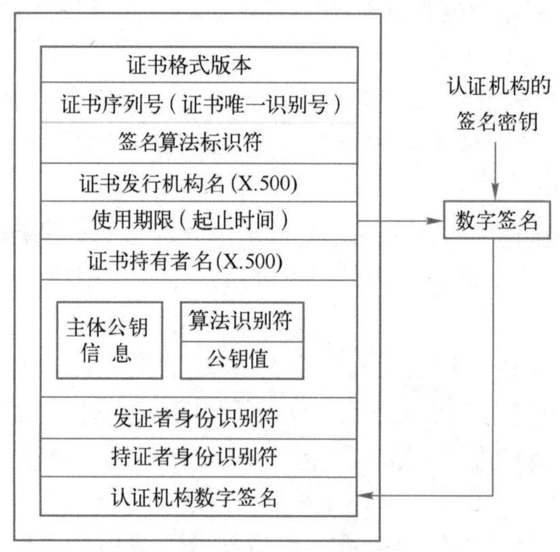

图 14-8　数字证书的结构

1. 数字证书的作用

数字证书的作用如下。

- 访问需要客户验证的安全 Internet 站点。
- 用对方的数字证书向对方发送加密的信息。
- 给对方发送带自己签名的信息。

2. 数字证书的内容

数字证书的内容如下。

证书的格式由 ITU 标准 X. 509 v3 来定义。根据这项标准，证书包括申请证书个体的信息和发行证书 CA 的信息。证书由以下两部分组成。

(1) 证书数据

- 版本信息，用来与 X. 509 的将来版本兼容。
- 证书序列号，每一个由 CA 发行的证书必须有一个唯一的序列号。
- CA 所使用的签名算法。
- 发行证书 CA 的名称。

- 证书的有效期限。
- 证书主题名称。
- 被证明的公钥信息，包括公钥算法、公钥的位字符串表示。
- 包含额外信息的特别扩展。

（2）发行证书的 CA 签名

证书第二部分包括发行证书的 CA 签名和用来生成数字签名的签名算法。任何人收到证书后都能使用签名算法来验证证书是否是由 CA 的签名密钥签发的。

3. 使用数字证书应该注意的内容

使用数字证书应该注意以下内容。

1）含有用户私钥的数字证书导出文件本身应加上密码，并且有备份，妥善保存在比较安全的地方。

2）安装用户的数字证书时，应该使用密码对私钥进行保护，而且密码要足够长、很难猜测。

3）安装用户的数字证书时，最好不要将私钥标记为可导出的，以防止意外。

4）使用私钥进行数字签名或解密时，千万不要选择“记录密码”选项，也不要让他人在身旁或身后窥视。

5）如果用户的证书遗失或怀疑被他人窃取，应及时到发证部门吊销该证书并领取新的证书。

4. Windows XP 中的证书

这里以 Windows XP 操作系统为例，讲述操作系统中的证书。实际上在 Windows 类型的操作系统里面已经有许多证书，只是平时使用的比较少而已。打开 IE 浏览器，在 IE 浏览器的菜单中选择“选项”→“Internet 选项”，在出现的界面中选择“内容”标签，出现如图 14-9 所示的界面。

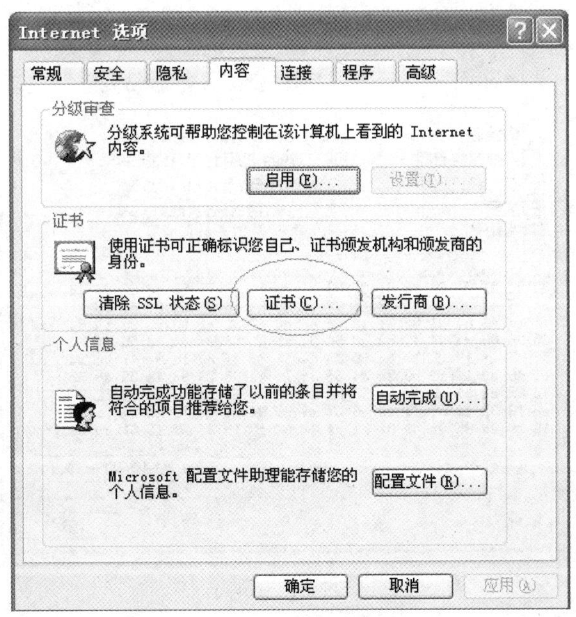

图 14-9 Internet 选项

在这个界面中单击“证书”按钮，出现如图 14-10 所示的界面。

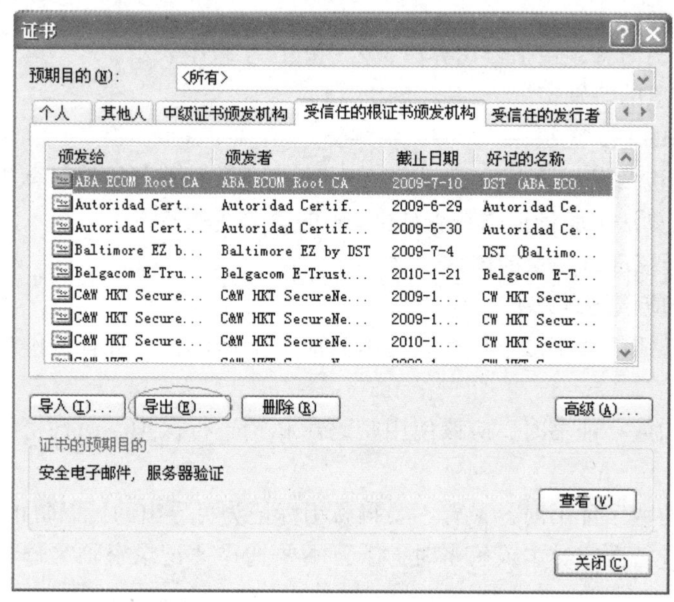

图 14-10　Windows XP 中的证书

从这个界面可以看到，Windows 操作系统中包含了许多数字证书。选择其中一个证书，再单击上面的“导出”按钮，按照提示将证书导出到一个文件中，打开这个文件如图 14-11所示。

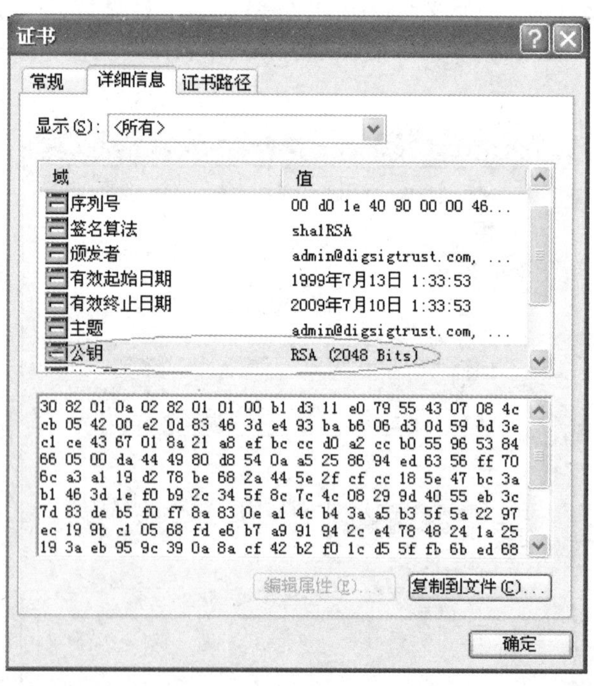

图 14-11　导出的证书

导出的证书中可以得到这个证书的序列号、签名算法、颁发者、有效起始日期、有效终止日期、主题、公钥等信息。

14.3.2　数字证书发放流程

具体的数字证书发放流程分为 6 步，如图 14-12 所示。

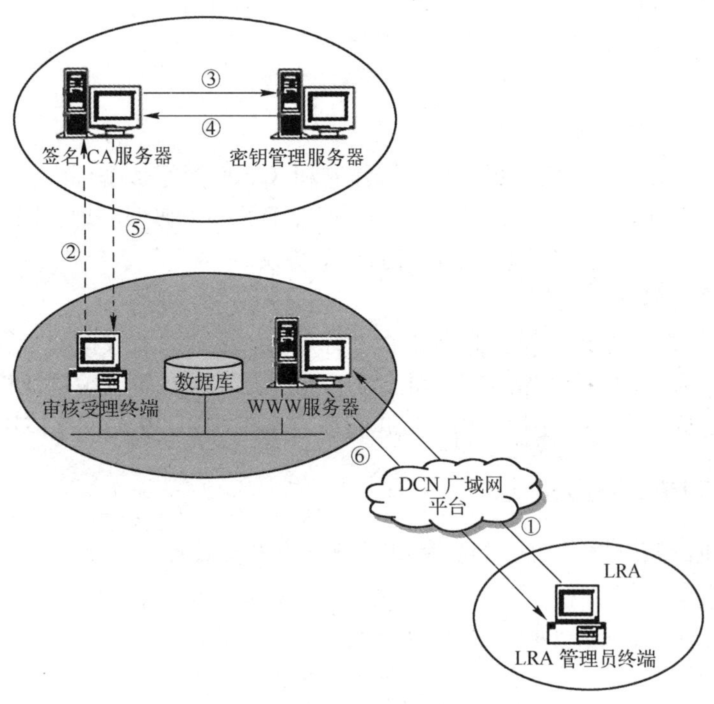

图 14-12　数字证书的发放流程

1）录入用户申请。
2）审核提交证书申请。
3）索取密钥对。
4）返回密钥对。
5）签发证书并发布。
6）下载证书、制证。

14.4　PKI 的应用

14.4.1　典型的 PKI 应用标准

基于 PKI 技术，目前世界上已经出现了许多依赖于 PKI 的安全标准，即 PKI 的应用标准，如安全套接层（SSL）协议、传输层安全（TLS）协议、安全的多用途互联网邮件扩展（S/MIME）协议 和 IP 安全（IPSec）协议等，其中最著名、应用最为广泛的是 SSL 和 SET 协议。另外，随着 PKI 的进一步发展，新的标准也在不断增加和更新。如图 14-13 所示为 PKI 的一些相关标准。

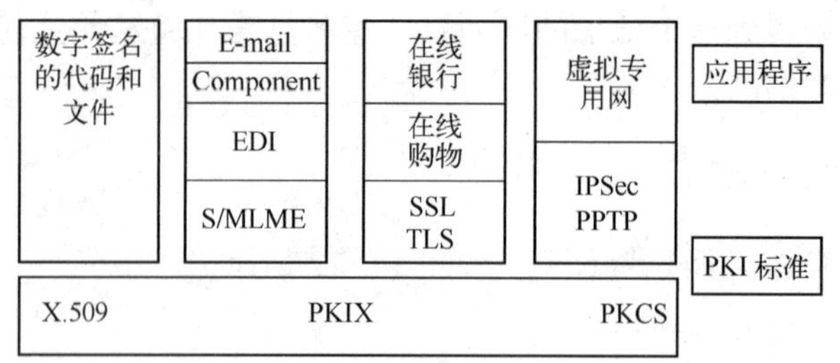

图 14-13　PKI 的相关标准

1. SET（安全电子交易）协议

SET（安全电子交易）协议采用公钥密码体制和 X. 509 数字证书标准，主要应用于 B2C 模式中保障支付信息的安全性。SET 协议是 PKI 框架下的一个典型实现，同时也在不断升级和完善。国外的银行和信用卡组织大都采用了 SET 协议。

2. SSL（安全套接层）协议

SSL（安全套接层）协议利用 PKI 技术来进行身份认证、完成数据加密算法及其密钥协商，很好地解决了身份验证、加密传输和密钥分发等问题。SSL 协议被广泛接受和使用，是一个通用的安全协议。在 SSL 协议上面可以运行所有基于 TCP/IP 的网络应用。

14. 4. 2　典型的 PKI 应用模式

上述 PKI 提供的安全服务恰好能满足电子商务、电子政务、网上银行、网上证券等金融业交易的安全需求，是确保这些活动顺利进行的必备安全措施，没有这些安全服务，电子商务、电子政务、网上银行、网上证券等都将无法正常运作。

1. 电子商务

电子商务的参与方一般包括买方、卖方、银行和作为中介的电子交易市场。买方通过自己的浏览器上网，登录到电子交易市场的 Web 服务器并寻找卖方。当买方登录服务器时，互相之间需要通过 PKI 验证对方的证书以确认其身份，这被称为双向认证。

在双方身份被互相确认以后，建立起安全通道，并进行讨价还价，之后向商场提交订单。订单里有两部分信息：一部分是订货信息，包括商品名称和价格；另一部分是提交银行的支付信息，包括金额和支付账号。买方对这两部分信息进行“双重数字签名”，分别用商场和银行的证书公钥加密上述信息。当商场收到这些交易信息后，留下订货单信息，而将支付信息转发给银行。商场只能用自己专有的私钥解开订货单信息并验证签名。同理，银行只能用自己的私钥解开加密的支付信息、验证签名并进行划账。银行在完成划账以后，通知起中介作用的电子交易市场、物流中心和买方，并进行商品配送。整个交易过程都是在 PKI 所提供的安全服务之下进行的，实现了安全性、可靠性、保密性和不可否认性。

2. 电子政务

电子政务包含的主要内容有网上信息发布、办公自动化、网上办公、信息资源共享等。按应用模式也可分为 G2C、G2B、G2G，PKI 在其中的应用主要是解决身份认证、数据完整性、数据保密性和不可抵赖性等问题。

例如，一个保密文件发给谁或者哪一级公务员有权查阅某个保密文件等，这些都需要进行身份认证，与身份认证相关的还有访问控制，即权限控制。认证通过证书进行，而访问控制通过属性证书或访问控制列表（ACL）完成。有些文件在网络传输中要加密以保证数据的保密性；有些文件在网上传输时要求不能被丢失和篡改；特别是一些保密文件的收发必须要有数字签名等。只有 PKI 提供的安全服务才能满足电子政务中的这些安全需求。

3. 网上银行

网上银行是指银行借助于互联网技术向客户提供信息服务和金融交易服务。银行通过互联网向客户提供信息查询、对账、网上支付、资金划转、信贷业务、投资理财等金融服务。网上银行的应用模式有 B2C 个人业务和 B2B 对公业务两种。

网上银行的交易方式是点对点的，即客户对银行。客户浏览器端装有客户证书，银行服务器端装有服务器证书。当客户上网访问银行服务器时，银行端首先要验证客户端证书，检查客户的真实身份，确认是否为银行的真实客户；同时，服务器还要到 CA 的目录服务器，通过 LDAP 查询该客户证书的有效期和是否进入“黑名单”；认证通过后，客户端还要验证银行服务器端的证书。双向认证通过以后，建立起安全通道，客户端提交交易信息，经过客户的数字签名并加密后传送到银行服务器，由银行后台信息系统进行划账，并将结果进行数字签名返回给客户端。这样就做到了支付信息的保密和完整，以及交易双方的不可否认性。

4. 网上证券

网上证券广义地讲是证券业的电子商务，它包括网上证券信息服务、网上股票交易和网上银证转账等。一般来说，在网上证券应用中，股民为客户端，装有个人证书；券商服务器端装有 Web 证书。在线交易时，券商服务器只需要认证股民证书，验证是否为合法股民，是单向认证过程，认证通过后，建立起安全通道。股民在网上的交易提交同样要进行数字签名，网上信息要加密传输；券商服务器收到交易请求并解密，进行资金划账并做数字签名，将结果返回给客户端。

14.5　PKI 的发展

从目前的发展来说，PKI 的范围非常广，不局限于通常认为的 CA 机构，还包括完整的安全策略和安全应用。因此，PKI 的开发也从传统的身份认证到各种与应用相关的安全场合，如企业的安全电子商务和政府的安全电子政务等。

另外，PKI 的开发也从大型的认证机构到与企业或政府应用相关的中小型 PKI 系统发展，既保持了兼容性，又和特定的应用相关。

目前，PKI 是比较成熟的，它所用到的一些算法都比较完善。在国外，一般发达国家政府都建有国家级的 PKI 系统，应用于各个行业，形成一个有效的 PKI 信任树层次结构；在国内，研究 PKI 的人很多，理论上的研究很完善，有很多小型 PKI/CA，各自为营，缺乏统一领导、统一规划、统一体制标准，也缺乏有力的法律支持。目前，国家有关部门已经高度重视 PKI 产业的发展，我国也正在制定一些自己的协议和标准，如科技部的 863 计划中专门为 PKI 立项，国家发展和改革委员会也正考虑制订新的计划来支持 PKI 产业的发展。随着电子政务和电子商务的发展，PKI 技术也将取得比较大的发展，在国家电子政务工程中已经明确提出要构建 PKI 体系，国家 PKI 体系总体框架目前正在建设当中。在国内 PKI 有很大的发展潜力，并且 PKI 技术在无线通信上也有很好的应用。

目前，国内研究 PKI 的机构，学术上有信息安全国家重点实验室、国家信息安全基地、中科院软件所等。将来 PKI 产业组成主要分为两部分，一部分是 PKI 产品提供商；另一部分是服务商。图 14-14 中列出了我国典型的行业 CA 和地域 CA。

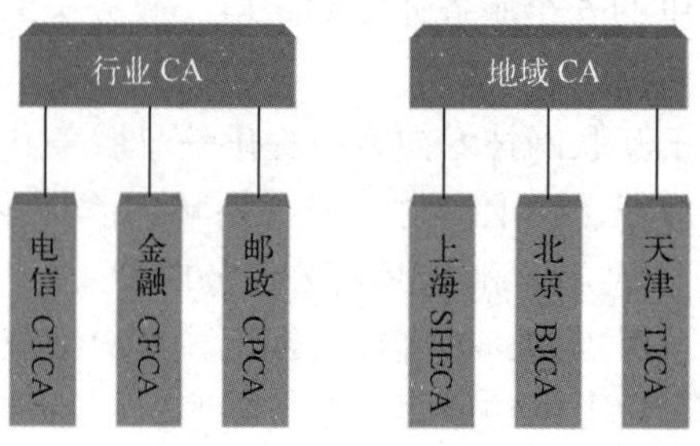

图 14-14　我国典型的 CA

14.6　习题

1. 什么是 PKI？它的作用是什么？
2. PKI 由哪些部分构成？
3. 什么是 CA？它的作用是什么？
4. 什么是数字证书？它的作用是什么？
5. PKI 都有哪些典型的应用？

第 15 章 数据库系统安全

随着计算机技术的飞速发展，数据库的应用十分广泛，深入到各个领域，但随之产生了数据的安全问题。各种应用系统的数据库中数据的安全问题、敏感数据的防窃取和防篡改等问题，越来越引起人们的高度重视。数据库系统作为信息的聚集体，是计算机信息系统的核心部件，其安全性至关重要，关系到企业兴衰、国家安全。因此，如何有效地保证数据库系统的安全，实现数据的保密性、完整性和有效性，已经成为业界人士探索研究的重要课题之一。本章就数据库系统安全作讨论。

- **知识与能力目标**

1）了解数据库系统安全。

2）认知针对数据库系统的攻击。

3）掌握数据库攻击的防范措施。

- **素养目标**

1）培养学生专心致志的精神。

2）培养学生的标准意识。

15.1 数据库系统安全概述

1. 数据库系统安全的意义

数据库是当今信息存储的一个重要形式，数据库系统已经被广泛地应用于政府、军事、金融等众多领域。如果对于针对数据库的攻击不加以遏制，轻则干扰人们的日常生活，重则造成巨大的经济损失，甚至威胁到国家的安全。研究数据库安全的意义如下。

1）对数据库的安全问题重视不足。现在对于安全威胁的防范多集中在对于主机和操作系统的防护，例如，配置防火墙和防病毒软件，而对数据库安全则关注甚少。

2）数据库是攻击者的主要目标。目前的数据库系统中存储着大量的重要数据，如军事机密、商业秘密、个人交易账号和口令等。大多数攻击者的攻击目标正是获取这些秘密数据。

另外，从网络攻击者的角度来研究安全防御措施，通过分析与利用攻击者的实施方法，把握攻击者的心理，深入研究网络攻击，对提高安全检测、主动防御的能力具有重要意义。

2. 数据库系统的安全威胁

根据违反数据库安全性所导致的后果，安全威胁可以分为以下几类。

1）非授权的信息泄露：未获授权的用户有意或无意得到信息。通过对授权访问的数据进行推导分析获取非授权的信息。

2）非授权的数据修改：包括所有通过数据处理和修改而违反信息完整性的行为。但是非授权修改不一定会涉及非授权的信息泄露，因为对于入侵者而言，即使不读出数据库中的数据亦可以进行破坏。

3）拒绝服务：包括会影响用户访问数据或使用资源的行为。

3. 数据库系统安全层次

数据库系统的安全可以从以下五个层次来说明。

1）物理层的安全性：数据库所在节点必须在物理上得到可靠的保护。

2）用户层的安全性：哪些用户可以使用数据库，使用数据库的哪些数据对象，具有什么样的权限等。

3）操作系统层的安全性：数据库所在的主机的操作系统的弱点可能提供恶意攻击数据库的入口。

4）网络层的安全性：例如，Oracle 9i 数据库主要是面向网络提供服务，因此，网络软件的安全性和网络数据传输的安全性至关重要。

5）数据库系统层的安全性：通过对用户授予特定的访问数据库对象的权利，确保数据库系统层的安全。

4. 数据库系统的安全需求

根据上述的数据库安全威胁，提出相应的数据库安全需求。

（1）防止非法数据访问

这是数据库安全最关键的需求之一。数据库管理系统必须根据用户或应用的授权来检查访问请求，以保证仅允许授权的用户访问数据库。数据库的访问控制要比操作系统中的文件访问控制复杂得多。首先，控制的对象有更细的粒度，如表、记录、属性等；其次，数据库中的数据是语义相关的，所以用户可以不直接访问数据项而间接获取数据内容。

（2）防止推导

推导是指用户通过授权访问的数据，经过推导而得出的机密信息，而按照安全策略该用户根本无权访问机密信息。特别是在统计数据库中，用户容易从统计后的信息中推导出某些个体信息。

（3）保证完整性

1）保证数据库的完整性，即保证数据库不被非法修改，以及不会因为病毒、系统中的错误等导致存储数据遭破坏。这种保护通过访问控制、备份/恢复等安全机制共同实现。

2）保证数据的操作完整性，即在并发事务中保证数据库中数据的逻辑一致性。数据库管理系统中的并发管理器子系统负责实现操作的完整性。

3）保证数据的语言完整性，即在修改数据时保证新值在一定范围内符合逻辑上的完整性。对数据值的约束通过完整性约束来描述。可以针对数据库来定义完整性约束（定义数据库处于正确状态的条件），也可以针对变换来定义完整性约束（定义修改数据库时需要验证的条件）。

（4）审计和日志

为了保证数据库中的数据安全，一般要求数据库管理系统能够将所有对数据库进行的操作记录下来，以备事后的调查分析，追查入侵者或者发现系统漏洞。审计和日志是非常有效的威慑与事后追查、分析工具。

（5）标识和认证

标识和认证是数据库的第一道防线，也是授权和审计的前提。

（6）多级保护

多级保护表示一个安全需求的集合。现实世界中很多应用要求将数据划分为不同的秘密等级。同一记录的不同字段可能划分为不同的等级，甚至同一字段的不同值都会是不同的等级。在多级保护体系中，对于不同的数据项赋予不同的保密级别，然后根据数据项的密级给数据项的操作赋予不同的级别。在多级保护体系中，进一步的要求是研究如何赋予多数据项组成的集合一个恰当的密级。数据的完整性和保密性是通过赋予用户权限来实现的，用户只能访问他所拥有的权限所对应级别的数据。

（7）限界

限界的意义在于防止程序之间出现非授权的信息传递。信息传递出现在“授权通道”“存储通道”和“隐通道”中。授权通道通过授权的操作提供输出信息；存储通道是存储区，一个程序向其中存储数据，而其他程序可以读取；隐通道指的是使用系统中并非设计用来通信的资源在主体间通信的信道。

15.2　针对数据库系统的攻击

数据库系统是在操作系统平台之上的最重要的系统软件，数据库系统的安全是十分重要的。曾经有句话这样说：如果网络遍地是金钱，那么金钱就在数据库服务器中。随着无纸化业务环境的不断扩大，人们在数据库中存储着越来越多的敏感信息，如银行账户、医疗记录、政府文件、军事机密等，数据库系统就成为越来越有价值的攻击目标，因此确保数据库系统的安全也越来越重要。

作为一种大型的系统软件，数据库系统中也存在着各种各样的安全漏洞，其中危害性较大的有缓冲区溢出、堆溢出和 SQL 注入等。本节将讲述一些典型的针对数据库系统的攻击。

15.2.1　弱口令攻击

弱口令是指口令强度过低，使非授权用户容易在短时间内通过猜解或者少量的列举即可得到口令。弱口令会使非授权用户获得访问数据库的权限。这会造成机密数据泄露、损坏等严重后果。

出现弱口令的原因多是在数据库安装和建立用户信息的时候，数据库管理员设置了统一且简单的访问口令，授权用户也没有及时修改默认口令。特别是在某些数据库安装的过程中，安装程序会默认建立一个空白口令的特权用户。

下面是一个因为存在默认用户名和口令的实例。在 2005 年 1 月，W32. Spybot. IVQ 蠕虫依靠空白口令的 root 用户感染了数以千计的 Windows MySQL 服务器。

在 MySQL 的某些默认配置中，mysql. user 表内有四个默认条目：两个条目用于 root，两个条目用于匿名账户。在主机 build 上，有一个用于账户 root 具有 root 特权的远程条目。

- 如果在本地主机上，用空白口令以 root 特权进行身份验证，则可以全面控制数据库。
- 如果在本地主机上，可以用任何用户进行身份验证，所以能够以 guest 权限访问数据库。
- 如果在远程主机上，可以控制服务器名字的解析，使主机名解析为 build，用空白口令以 root 特权进行身份验证，则可以全面控制数据库。
- 如果在被称为 build 的远程主机上，可以用任何用户进行身份验证，所以能够以 guest

权限访问数据库。

在 Windows 主机上，root 账户的存在使得任何本地用户都可以将自己提升到本地系统级访问权限，因为 MySQL 默认以 SYSTEM 运行。而且，如果攻击者简单地将他的主机命名为 build，MySQL 服务一旦启动，他就具有了对主机的远程系统级的访问权限。

针对这一问题最好的保护是采取以下措施：

1）安装 MySQL 时禁止网络访问（拔掉网线或者应用全部防火墙规则）。

2）在安装之后，应立刻删除 mysql. user 表内除了本地主机（localhost）root 账户之外的所有账户。

3）为本地主机的 root 账户设置复杂的口令。

15.2.2 利用漏洞对数据库发起的攻击

数据库厂商会发现自己产品中的某些安全问题，然后为自己的产品提供某些安全补丁，产品的版本随之不断升级。作为数据库的用户，如果不及时升级自己的数据库，就会面临安全威胁。下面以零长度字符串绕过 MySQL 身份验证漏洞攻击为例，讲解利用漏洞对数据库的攻击。

在 MySQL 5.0 以前的版本中，MySQL 通过下面语句来判断用户输入的密码是否正确。

```
check_scramble_323(passwd, thd->scramble, (ulong *)acl_user_tmp->salt) ==0
```

然而在 check_scramble_323()函数内可以看到：

```
bool check_scramble_323(const char *scrambled, const char *message, ulong *hash_pass)
{
......
    while ( *scrambled)
    {
    if( *scrambled++ != (char)( *to++ ^ extra))
        return 1;                    //密码错误
    }
return 0;
}
```

这里，用户可以指定一个其所需长度的字符串。在这个简单的身份验证中，如果指定长度为 0 的字符串，在最后的循环中，循环比较 scrambled 字符串和 MySQL 所得到的字符串的每个字符，直到 scrambled 字符串内没有字符为止。因为 scrambled 字符串长度为 0，根本不会进行循环比较，所以验证函数直接返回 0，使得用户以 0 长度字符串通过身份验证。这是一个非常简单的利用数据库漏洞的例子。

15.2.3 SQL Server 的单字节溢出攻击

SQL Server 2000 会监听 UDP：1433 端口，而且会对值为 0x02 的单字节报文进行响应，返回关于 SQL Server 的信息。但是当单字节报文的值不是 0x02 而是其他值时，SQL Server 将会异常。会引起异常的值包括：0x04，会导致栈溢出发生；0x08，会导致堆溢出；0x0A，会引发拒绝服务攻击。

另外，在一些数据库管理系统中，如 WinMySQLAdmin 在 my. ini 文件中以明文形式保存了 MySQL 的口令信息，使得非授权的本地用户也可以访问 MySQL 数据库。

15.2.4　SQL 注入攻击

1. SQL 注入攻击原理

浏览器/服务器（Browser/Server，B/S）结构是互联网兴起后的一种网络结构模式，这种模式统一了客户端，将系统功能实现的核心部分集中到服务器上，简化了系统的开发、维护和使用。B/S 结构由服务器端、浏览器和通信协议三大部分组成，如图 15-1 所示。

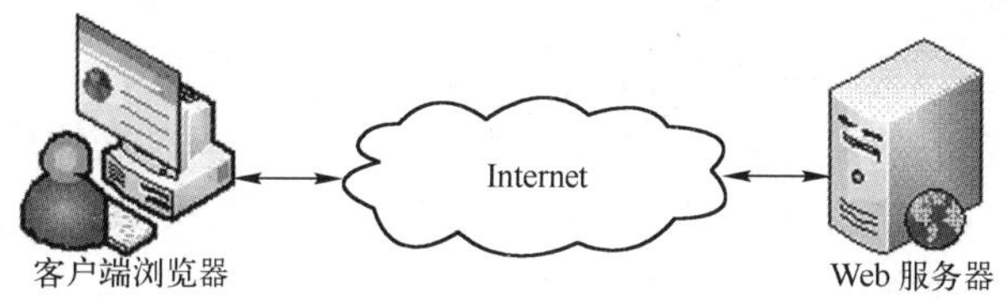

图 15-1　B/S 网络结构

采用这种方式构建的 Web 服务，经常受到 SQL 注入的攻击。近几年，针对 Web 服务数据库的 SQL 注入攻击非常多。SQL 注入可导致数据库系统中的普通用户窃取机密数据、进行权限提升等，而这种攻击方式又不需要太多计算机方面的知识，一般只要能熟练使用 SQL 语言即可，因此对数据库的安全构成了很大的威胁。另外，目前还有 NBSI 等 SQL 注入工具，更使得数据库的安全受到巨大威胁。图 15-2 所示为使用 NBSI SQL 注入攻击工具对某网站成功进行了攻击，从图中可以看到数据库中的内容。

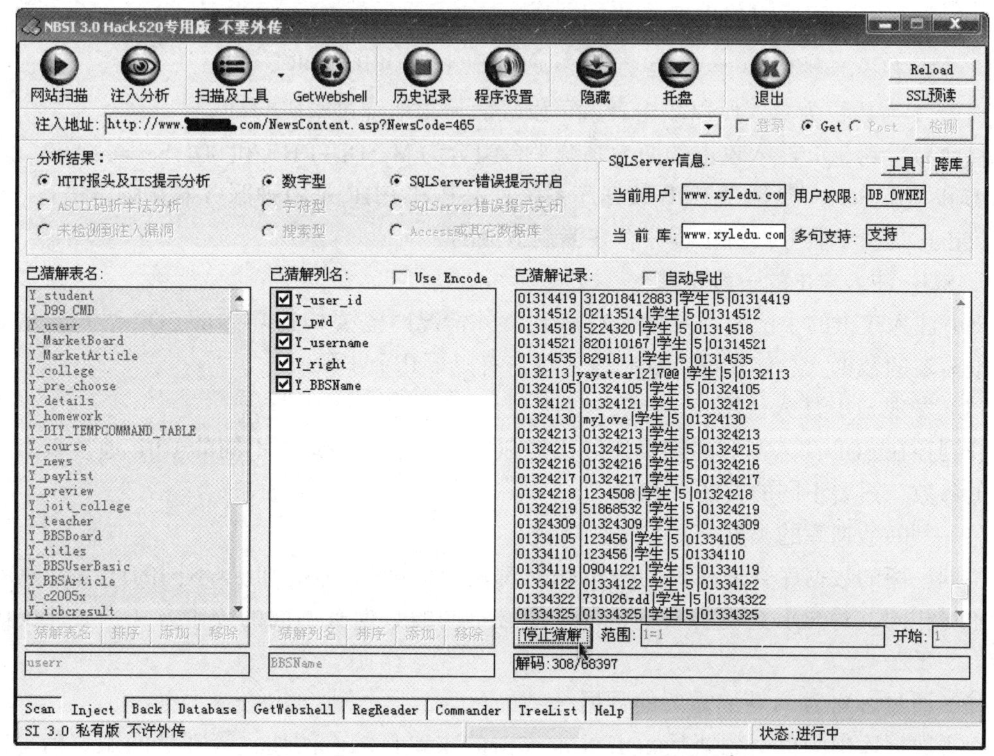

图 15-2　NBSI SQL 注入攻击工具的界面

许多 Web 应用程序在编写时没有对用户输入数据的合法性进行检验，导致应用程序通过用户输入的数据构造 SQL 查询语句时存在安全隐患。SQL 注入攻击的基本思想就是在用户输入中注入一些额外的特殊字符或者 SQL 语句，使系统构造出来的 SQL 语句在执行时改变了查询条件，或者附带执行了攻击者注入的 SQL 语句。攻击者根据程序返回的结果，获得某些想知道的数据，这就是所谓的 SQL 注入。SQL 注入攻击源于英文“SQL Injection Attack”。目前还没有一种标准的定义，常见的是对这种攻击的形式、特点的描述。微软技术中心从两个方面进行了描述：

1）脚本注入式的攻击。

2）恶意用户输入用来影响被执行的 SQL 脚本。

由于 SQL 注入攻击利用了 SQL 的语法，其针对的是基于数据的应用程序当中的漏洞，这使得 SQL 注入攻击具有广泛性。理论上说，对于所有基于 SQL 语言标准的数据库软件都是有效的。一个简单 SQL 注入攻击的示例如下。

通过网页提交数据 id、password 以验证某个用户的登录信息。

然后通过服务器端的脚本构造如下的 SQL 查询语句：

```
"SELECT * FROM user WHERE ID ='" + id + "'AND PASSWORD ='"+password+"'"
```

如果用户提交的 id=abc，password=123，系统会验证是否有用户名为 abc，密码为 123 的用户存在，但是攻击者会提交恶意的数据：

```
id = abc, password ='OR'1'='1
```

使得脚本语言构造的 SQL 查询语句变成：

```
SELECT * FROM user WHERE ID ='abc'AND PASSWORD =''OR'1'='1'
```

因为 '1'='1' 恒为真，所以攻击者就可以轻而易举地绕过密码验证。

目前易受到 SQL 注入攻击的两大系统平台组合为 MySQL+PHP 和 SQL Server+ASP。其中 MySQL 和 SQL Server 是两种 SQL 数据库系统；ASP 和 PHP 是两种服务器端脚本语言。SQL 注入攻击正是由于服务器脚本程序存在漏洞造成的。

2. SQL 注入攻击的一般步骤

SQL 注入攻击的手法相当灵活，在碰到意外情况时需要构造巧妙的 SQL 语句，从而成功获取需要的数据。总体来说，SQL 注入攻击有以下几个步骤。

(1) 发现 SQL 注入位置

找到存在 SQL 注入漏洞的网页地址，是 SQL 注入的第一步。不同的 URL 地址带有不同类型的参数，需要不同的方法来判断。

(2) 判断数据库的类型

不同厂商的数据库管理系统的 SQL 虽然都基于标准的 SQL，但是不同的产品对 SQL 的支持不尽相同，对 SQL 也有各自的扩展。而且不同的数据有不同的攻击方法，必须要区别对待。

(3) 通过 SQL 注入获取需要的数据

获得数据库中的机密数据是 SQL 注入攻击的主要目的。例如，管理员的账户信息、登录口令等。

（4）执行其他的操作

在取得数据库的操作权限之后，攻击者可能会采取进一步的攻击，例如，上传木马以获取更高一级的系统控制权限，达到完全控制目标主机的目的。这部分内容本书不做详细讨论。

3. SQL 注入漏洞的判断

一般来说，SQL 注入存在于形如 http://localhost/show. asp?id=XX 等带有参数的动态网页中，这些参数可能有一个或者多个，参数类型可能是数字型或者字符型。如果动态网页带有参数并且访问数据库，那么就有可能存在 SQL 注入。

下面以 http://localhost/show. asp?id=XX 为例进行分析，XX 可能是整型，也可能是字符串型。

（1）整型参数的判断

当输入的参数 XX 为整型时，通常 show. asp 中 SQL 语句原貌大致如下：

select * from 表名 where 字段=XX，所以可以用以下步骤来测试 SQL 注入是否存在。

1）http://localhost/show. asp?id=XX'（附加一个单引号），此时 show. asp 中的 SQL 语句变成了 select * from 表名 where 字段=XX'，show. asp 运行异常。

2）http://localhost/show. asp? id = XX and 1 = 1，show. asp 运行正常，而且与 http://localhost/show. asp?id=XX 运行结果相同。

3）http://localhost/show. asp?id=XX and 1=2，show. asp 运行异常。

如果以上三步全面满足，该脚本中一定存在 SQL 注入漏洞。

（2）字符串型参数的判断

当输入的参数 XX 为字符串型时，通常 show. asp 中 SQL 语句原貌大致如下：

select * from 表名 where 字段='XX'，所以可以用以下步骤来测试 SQL 注入是否存在。

1）http://localhost/show. asp?id=XX'（附加一个单引号），此时 show. asp 中的 SQL 语句变成了 select * from 表名 where 字段=XX'，show. asp 运行异常。

2）http://localhost/show. asp? id = XX' or' 1' =' 1，show. asp 运行正常，而且与 http://localhost/show. asp?id=XX 运行结果相同。

3）http://localhost/show. asp?id=XX'and'1'='2，show. asp 运行异常。

如果以上三步全面满足，show. asp 中一定存在 SQL 注入漏洞。

（3）特殊情况的处理

有时程序员会在程序中过滤掉单引号等字符，以防止 SQL 注入。此时可以用以下几种方法尝试注入。

1）大小写混合法：由于 ASP 并不区分大小写，而程序员在过滤时通常要么全部过滤大写字符串，要么全部过滤小写字符串，而大小写混合往往会被忽视。如用 SelecT 代替 select、SELECT 等。

2）Unicode 法：在 IIS 中，以 Unicode 字符集实现国际化，完全可以把 IE 中输入的字符串转化成 Unicode 字符串进行输入。如+ =%2B、空格=%20 等。

3）ASCII 码法：可以把输入的部分或全部字符用 ASCII 码代替，如 U = chr(85)、a=chr(97) 等。

图 15-3 所示为正常情况下访问一个网页的界面，图 15-4 所示为在 URL 参数中追加

and 1=1时访问这个网页的界面，图15-5所示为在URL参数中追加 and 1=2时访问这个网页的界面。由此可以确定该页面存在SQL注入漏洞。

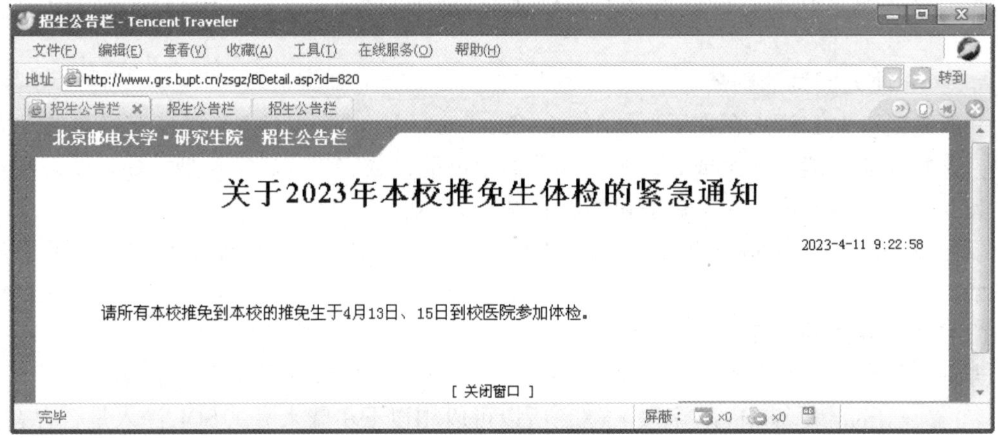

图15-3　正常浏览时的网页

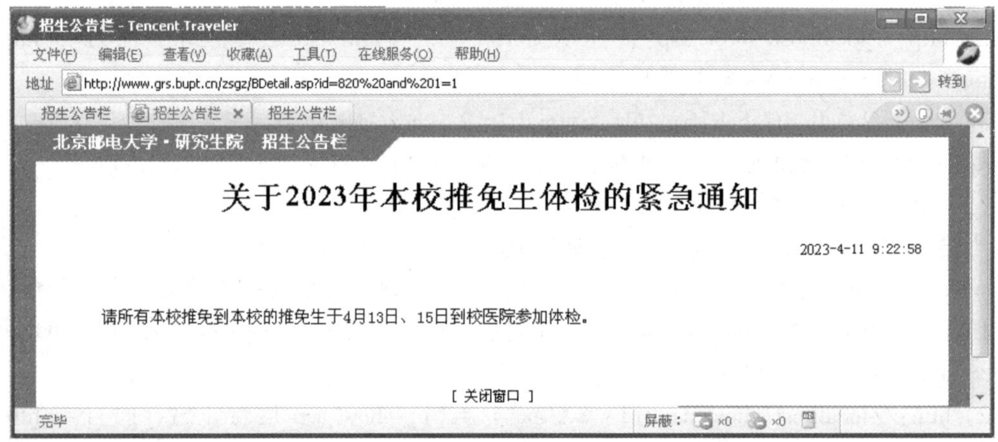

图15-4　在URL参数中追加 and 1=1时的页面

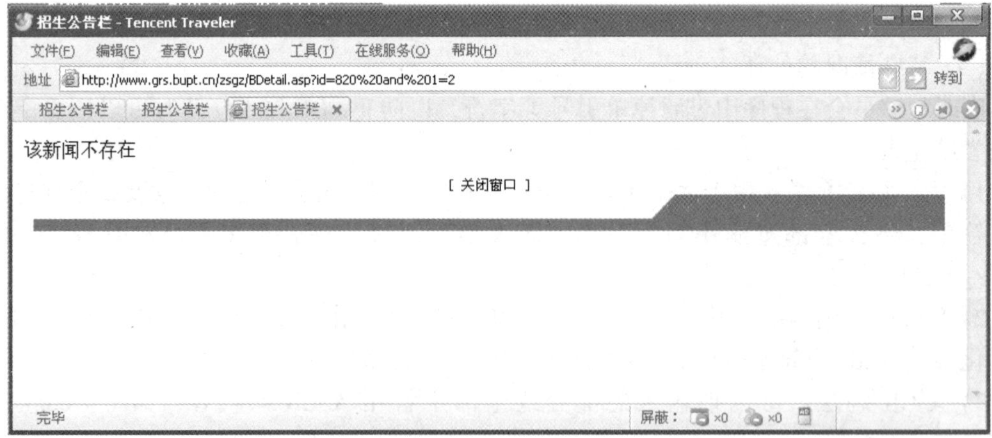

图15-5　在URL参数中追加 and 1=2时的页面

15.3　数据库攻击的防范措施

从 15.2 节可以看出针对数据库的攻击是多种多样的，本节主要讲述针对上述攻击的防范措施。由于目前互联网上 SQL 攻击比较多，并且危害比较大，所以本节重点讲述如何防范 SQL 攻击。

15.3.1　数据库攻击防范概述

数据库系统的安全除依赖自身的安全机制外，还与外部网络环境、应用环境、从业人员素质等因素息息相关，因此，从广义上讲，数据库系统的安全框架如前所述可以划分为五个层次，这里主要讲述其中的三个层次。

（1）网络层安全

从广义上讲，数据库的安全首先依赖于网络系统。随着 Internet 的发展和普及，越来越多的公司将其核心业务向互联网转移，各种基于网络的数据库应用系统如雨后春笋般涌现出来，面向网络用户提供各种信息服务。可以说网络系统是数据库应用的外部环境和基础，数据库系统要发挥其强大作用离不开网络系统的支持，数据库系统的用户（如异地用户、分布式用户）也要通过网络才能访问数据库中的数据。网络系统的安全是数据库安全的第一道屏障，外部入侵首先就是从入侵网络系统开始的。

从技术角度讲，网络系统层次的安全防范技术有很多种，大致可以分为防火墙、入侵检测、VPN 技术等。

（2）操作系统层安全

操作系统是大型数据库系统的运行平台，为数据库系统提供一定程度的安全保护。目前操作系统平台大多数集中在 Windows NT 和 UNIX，安全级别通常为 C1、C2 级。主要安全技术有操作系统安全策略、安全管理策略、数据安全等方面。

操作系统安全策略用于配置本地计算机的安全设置，包括密码策略、账户锁定策略、审核策略、IP 安全策略、用户权利指派、加密数据的恢复代理以及其他安全选项。具体可以体现在用户账户、口令、访问权限、审计等方面。

（3）数据库管理系统层安全

数据库系统的安全性很大限度上依赖于数据库管理系统。如果数据库管理系统安全机制非常强大，则数据库系统的安全性能就比较好。目前，市场上流行的是关系型数据库管理系统，其安全性功能很弱，这就导致数据库系统的安全性存在一定的威胁。

由于数据库系统在操作系统下都是以文件形式进行管理的，因此入侵者可以直接利用操作系统的漏洞来窃取数据库文件，或者直接利用 OS 工具来非法伪造、篡改数据库文件内容。这种隐患一般数据库用户难以察觉，分析和堵塞这种漏洞被认为是 B2 级的安全技术措施。

数据库管理系统层次安全技术主要是用来解决这一问题的，即当前面两个层次已经被突破的情况下仍能保障数据库数据的安全，这就要求数据库管理系统必须有一套强有力的安全机制。解决这一问题的有效方法之一是数据库管理系统对数据库文件进行加密处理，使得即使数据不幸泄露或者丢失，也难以被人破译和阅读。

以上这三个层次构筑成数据库系统的安全体系，与数据安全的关系是逐步紧密的，防范的重要性也逐层加强，从外到内、由表及里保证数据的安全。

15.3.2　SQL 注入攻击的防范

随着一些自动化注入攻击的出现，目前针对 Web 应用的 SQL 注入攻击越来越普遍，技术也在不断翻新。但是 SQL 注入的基本原理还是通过构造畸形的 SQL 语句，绕过认证系统获得敏感信息。然而为了使用 Web 服务器和数据库服务器的功能，实现信息交互的目的，就不可避免地暴露出一些可以被攻击者非法利用的安全缺陷。如何采取有效的措施来阻止内部信息泄露，将系统的安全威胁降至最低是防护的关键。这需要从配置 Web 服务器、配置数据库和编写安全代码等多方面着手，加强系统安全性。

1. Web 服务器的安全配置

由于 Web 服务器的结构庞大而复杂，使得 Web 服务器在安全方面难免存在缺陷。正确配置 Web 服务器可以有效降低 SQL 注入的风险。

(1) 修改服务器初始配置

服务器在安装时会添加默认的账户和默认口令，开启默认的连接端口等，这些都会给攻击者留下入侵的可能。在安装完成后应该及时删除默认的账号或者修改默认登录名的权限。关闭所有服务器端口后，再开启需要使用的端口。

(2) 及时安装服务器安全补丁

及时对服务器模块进行必要的更新，特别是官方提供的有助于提高系统安全性的补丁包，使服务器保持最新的补丁包，运行稳定的版本。

(3) 关闭服务器的错误提示信息

错误提示信息对于调试中的应用程序有着很重要的作用，但是 Web 应用一旦发布，这些错误提示信息就应该被关闭。详细的错误信息也会让攻击者获得很多重要信息。自行设置一种错误提示信息，即所有错误都只返回同一条错误消息，让攻击无法获得有价值的信息。

(4) 配置目录权限

对于 Web 应用程序所在的目录可以设置其为只读的。通过客户端上传的文件单独存放，并设置为没有可执行权限，并且不在允许 Web 访问的目录下存放机密的系统配置文件。这样是为了防止注入攻击者上传恶意文件，如 WebShell 等。

(5) 删除危险的服务器组件

有些服务器组件会为系统管理员提供方便的配置途径，比如通过 Web 页面配置服务器和数据库、运行系统命令等。但是这些组件可能被恶意用户加以利用，从而对服务器造成严重的威胁。为安全起见，应当及时删除这样的服务器组件。

(6) 及时分析系统日志

将服务器程序的日志存放在安全目录中，定期对日志文件进行分析，以便第一时间发现入侵。但是日志分析只是一种被动的防御手段，只能分析和鉴别入侵行为的存在，但是对于正在发生的入侵无法做出有效防范。

2. 数据库的安全配置

(1) 修改数据库初始配置

数据库系统在安装时会添加默认的用户和默认口令等，例如，MySQL 安装过程中默认密码为空的 root 账号，这些都会给攻击者留下入侵的可能。在安装完成后应该及时删除默认的账号或者修改默认登录名的权限。

(2) 及时升级数据库

及时对数据库模块进行必要的更新，特别是官方提供的有助于提高数据库系统安全性的补丁包，可以解决已知的数据库漏洞问题。

(3) 最小特权原则

Web 应用程序连接数据库的账户只拥有必要的权限，这有助于保护整个系统尽可能少地受到入侵。用不同的用户账户执行查询、插入、删除等操作，可以防止用于执行 SELECT 的情况下，被恶意插入执行 INSERT、UPDATE 或者 DELETE 语句。

3. 脚本解析器安全设置

对于 PHP 编程语言，在 php. ini 文件中可以配置一些涉及安全性的设置，通过这些设置可以增加 SQL 的注入难度，降低 SQL 注入风险。

(1) 设置“magic_quotes_gpc”为“on”

该选项可以将一些输入的特殊字符自动转义。

(2) 设置“register_globals”为“off”

“register_globals”选项设置启用/禁止 PHP 为用户输入创建全局变量，设置为“off”表示：如果用户提交表单变量“a”，PHP 不会创建“&a”，而只会创建_GET['a']或者_POST VARS['a']。

(3) 设置“safe_mode”为“on”

打开这个选项会增加几条限制：限制指定命令可以执行、限制指定函数可以使用、基于脚本所有权和目标文件所有权的文件访问限制、禁止文件上传。

(4) 设置“open_basedir”为“off”

它可以禁止指定文件目录之外的文件操作，有效解决 include()函数攻击。

(5) 设置“display_errors”为“off”

此时是禁止把错误信息显示在网页上，因为这些语句中可能会返回应用程序中的有关变量名、数据库用户名、表结构等信息。恶意用户有可能利用获取的有关信息进行注入攻击。也可以设置此选项为“on”，但是要修改脚本返回的错误信息，使其发生错误时只显示一种信息。

4. 过滤特殊字符

SQL 注入攻击的实质就是构造畸形的 SQL 语句，通过 Web 应用程序送达数据库系统执行。如果 Web 应用程序没有对用户输入的参数进行过滤，就使用这些参数构造 SQL 语句送达数据库系统执行，那么极有可能发生 SQL 注入攻击。

(1) 整型参数过滤

对于整型参数，可以通过强制类型转换，例如：

```
$user_id = (int)_$GET['uid'];
```

将用户输入的参数中非整数部分去除。

(2) 简单的字符和数字组合参数验证

这是最常见的一种输入允许条件，验证这样的数据，正则表达式为/^\w+$/。这将允许用户输入字母、数字和下画线等。

（3）包含特殊字符的参数的处理

目前网络公认的 SQL 注入非法字符主要集中在“'”“;”“--”“+”“<”“>”“%”“=”等和一些特殊语句上面，如 DELETE。在不应该出现特殊字符的地方出现了非法字符就可以直接通过过滤阻止。目前通用的此类防范正则表达式为|<|>|'|and||insert|select|delete|--|+|&|update|count|*|%|chr|mid|master|exec|char|declare，当然还要包括这些符号和字符的十进制与十六进制码。这里还有一些内容没有添加到表达式中，但是可以随系统和管理员的需要去补充最新的特殊符号，以防止更新的注入攻击形式。

（4）限制用户参数长度

所有字符串都必须限定为合适的长度。例如，用户名无须使用 256 个字符。这样可以减少恶意字符串的长度，能够有效地阻止 SQL 注入攻击的成功实施。

5. 应用存储过程防范 SQL 注入攻击

存储过程是一组编译在单个执行计划中的 Transact-SQL 语句，存储过程是 SQL 语句和可选控制流语句的预编译集合，以一个名称存储并作为一个单元处理。存储过程存储在数据库内，可由应用程序通过一个调用执行，而且允许用户声明变量、有条件执行以及其他强大的编程功能。存储过程可包含程序流、逻辑以及对数据库的查询。它们可以接受参数、输出参数、返回单个或多个结果集以及返回值。存储过程帮助在不同的应用程序之间实现一致的逻辑。在一个存储过程内，可以设计、编码和测试执行某个常用任务所需的 SQL 语句和逻辑。然后，每个需要执行该任务的应用程序只需执行此存储过程即可。将业务逻辑编入单个存储过程还提供了单个控制点，以确保业务规则正确执行。如果某操作需要大量 Transact-SQL 代码或需重复执行，存储过程将比 Transact-SQL 批代码的执行要快。将在创建存储过程时对其进行分析和优化，并可在首次执行该过程后使用该过程的内存中版本。每次运行 Transact-SQL 语句时，都要从客户端重复发送，并且在 SQL Server 每次执行这些语句时，都要对其进行编译和优化。一个需要数百行 Transact-SQL 代码的操作由一条执行过程代码的单独语句就可以实现，而不需要在网络中发送数百行代码。

以身份验证页面为例，在 SQL Server 中编写存储过程：

```
CREATE PROCEDURE da_login @username varchar(16),@password varchar(50) AS
SET NOCOUNT ON
SELECT * FROM user WHERE username=@username
AND password=@password
GO
```

该存储过程包含两个输入参数@username 和@password，数据类型为 varchar，设用户提交的 username 为 admin'--，password 为 321。如果不用存储过程，验证 SQL 语句为：

```
SELECT * FROM user WHERE username='admin'--'AND password='321'
```

密码参数被解释为注释语句，这样只对用户名进行验证，而不对密码进行验证。

存储过程参数用于在存储过程和调用存储过程的应用程序或工具之间交换数据。输入参数允许调用方将数据值传递到存储过程，输出参数允许存储过程将数据值或游标变量传递回调用方，它们被预先作为独立的数据体与 SQL 语句交互。

上例使用 da_login 存储过程验证：admin'--，作为一个标准 varchar 的字符串传递给参数@username，即 username 的值为 admin'--；321 作为一个标准 varchar 的字符串传递给参数

@password，即 password 的值为 321。两个参数之间不会进行字符串重组，即存储过程里的 SQL 语句不会组合为：

```
SELECT * FROM user WHERE username='admin'--AND password='321'
```

因而 da_login 存储过程验证是对用户名和密码的完整性验证，是有效的身份验证，在高效能访问数据库的同时，解决了 SQL 注入攻击。

15.4　习题

1. 针对数据库的攻击有哪些？
2. 如何保障数据库系统的安全？
3. SQL 攻击的原理是什么？
4. SQL 攻击的过程是什么？
5. 如何判断一个网站是否可以进行 SQL 攻击？
6. 如何防范 SQL 攻击？

第 16 章 信息安全管理与法律法规

保障信息安全有三个支柱，第一个是技术，第二个是管理，第三个是法律法规。而日常提及信息安全时，多是在技术相关的领域，例如，入侵检测技术、防火墙技术、反病毒技术、加密技术、VPN 技术等。这是因为信息安全技术和产品的采纳，能够快速见到直接效益，同时，技术和产品的发展水平也相对较高。此外，技术厂商对市场的培育，不断提升着人们对信息安全技术和产品的认知度。虽然在面对信息安全事件时总是在叹息："道高一尺、魔高一丈"，进而反思自身技术的不足，但实质上人们此时忽视的是另外两个层面的保障。本章讲述信息安全管理与法律法规的相关知识。

- **知识与能力目标**

1）认知信息系统安全管理。

2）熟悉信息安全相关法律法规。

- **素养目标**

1）培养学生遵纪守法，弘扬正气。

2）培养学生勤奋学习，自强不息。

3）培养学生诚实守信，严于律己。

16.1 信息安全管理

俗话说，"三分技术，七分管理"。目前组织普遍采用现代通信、计算机、网络技术来构建组织的信息系统。但大多数组织的最高管理层对信息资产所面临的威胁的严重性认识不足，缺乏明确的信息安全方针、完整的信息安全管理制度，相应的管理措施不到位，如系统的运行、维护、开发等岗位不清，职责不分，存在一人身兼数职的现象。这些都是发生信息安全事件的重要原因。缺乏系统的管理思想也是一个重要的问题。所以，需要一个系统的、整体规划的信息安全管理体系，从预防控制的角度出发，保障组织的信息系统和业务安全与正常运作。

16.1.1 信息安全管理概述

信息、信息处理过程及对信息起支持作用的信息系统和信息网络都是重要的商务资产。信息的安全性对保持竞争优势、资金流动、效益、法律符合性和商业形象都是至关重要的。然而，越来越多的组织及其信息系统和网络面临着包括计算机诈骗、间谍、蓄意破坏、火灾、水灾等大范围的安全威胁，诸如计算机病毒、计算机入侵、DoS 攻击、黑客等手段造成的信息灾难已变得更加普遍，有计划而不易被察觉。组织对信息系统和信息服务的依赖意味着更易受到安全威胁，公共和私人网络的互联及信息资源的共享增大了实现访问控制的难度。许多信息系统本身就不是按照安全系统的要求来设计的，仅依靠技术手段来实现信息安全有其局限性，所以信息安全的实现必须得到信息安全管理的支持。确定应采取哪些控制方式则需要周密计划，并注意细节。信息安全管理至少需要组织中的所有雇员的参与，此外还需要供应商、顾客或股东的参与和信息安全专家的建议。在信息系统设计阶段就将安全要求和控制一体化考虑，则成本会降低、效率会提高。

16.1.2　信息安全管理模式

在信息安全管理方面，BS 7799 标准提供了指导性建议，即基于 PDCA（Plan、Do、Check 和 Act，即戴明环）的持续改进的管理模式，如图 16-1 所示。

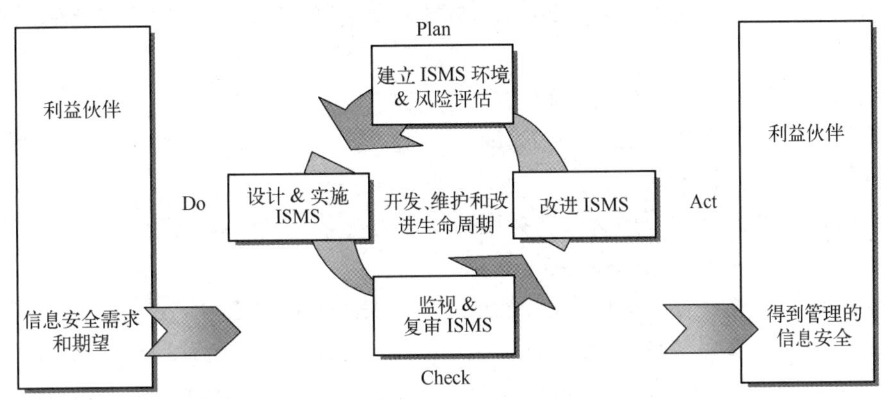

图 16-1　PDCA 信息安全管理模式

PDCA 是管理学惯用的一个过程模型，最早是由休哈特（Walter Shewhart）于 19 世纪 30 年代构想的，后来被戴明（Edwards Deming）采纳、宣传并运用于持续改善产品质量的过程当中。随着全面质量管理理念的深入发展，PDCA 最终得以普及。

作为一种抽象模型，PDCA 把相关的资源和活动抽象为过程进行管理，而不是针对单独的管理要素开发单独的管理模式，这样的循环具有广泛的通用性，因而很快从质量管理体系（QMS）延伸到其他各个管理领域，包括环境管理体系（EMS）、职业健康安全管理体系（OHSMS）和信息安全管理体系（ISMS）。

为了实现 ISMS，组织应该在计划（Plan）阶段通过风险评估来了解安全需求，然后根据需求设计解决方案；在实施（Do）阶段将解决方案付诸实现；解决方案是否有效？是否有新的变化？应该在检查（Check）阶段予以监视和审查；一旦发现问题，需要在实施（Act）阶段予以解决，以便改进 ISMS。通过这样的过程周期，组织就能将确切的信息安全需求和期望转化为可管理的信息安全体系。

概括起来，PDCA 模型具有以下特点，同时也是信息安全管理工作的特点。

- PDCA 顺序进行，依靠组织的力量来推动，像车轮一样向前进，周而复始，不断循环，持续改进。
- 组织中的每个部门，甚至每个人，在履行相关职责时，都是基于 PDCA 这个过程的，如此一来，对管理问题的解决就成了大环套小环并层层递进的模式。

- 每经过一次 PDCA 循环，都要进行总结，巩固成绩，改进不足，同时提出新的目标，以便进入下一次更高级的循环。

16.1.3　信息安全管理体系的作用

任何组织，不论它在信息技术方面如何努力以及采纳了如何新的信息安全技术，实际上在信息安全管理方面都还存在漏洞，例如：

- 缺少信息安全管理论坛，安全导向不明确，管理支持不明显。
- 缺少跨部门的信息安全协调机制。
- 保护特定资产以及完成特定安全过程的职责还不明确。
- 雇员信息安全意识薄弱，缺少防范意识，外来人员很容易直接进入生产和工作场所。
- 组织信息系统管理制度不够健全。
- 组织信息系统主机房安全存在隐患，如防火设施存在问题、与危险品仓库同处一幢办公楼等。
- 组织信息系统备份设备仍有欠缺。
- 组织信息系统安全防范技术投入欠缺。
- 软件知识产权保护欠缺。
- 计算机房、办公场所等场所欠缺物理防范措施。
- 档案、记录等缺少可靠储存场所。
- 缺少一旦发生意外时的保证生产经营连续性的措施和计划。

其实，组织可以参照信息安全管理模型，按照先进的信息安全管理标准 BS 7799 来建立组织完整的信息安全管理体系并实施与保持，达到动态的、系统的、全员参与的、制度化的、以预防为主的信息安全管理方式，用最低的成本达到可接受的信息安全水平，就可以从根本上保证业务的连续性。组织建立、实施与保持信息安全管理体系将会产生如下作用。

- 强化员工的信息安全意识，规范组织信息安全行为。
- 对组织的关键信息资产进行全面系统的保护，保持竞争优势。
- 在信息系统受到侵袭时，确保业务持续开展并将损失降到最低程度。
- 使组织的生意伙伴和客户对组织充满信心，如果通过体系认证，表明体系符合标准，证明组织有能力保障重要信息，提高组织的知名度与信任度。
- 促使管理层坚持贯彻信息安全保障体系。

16.1.4　构建信息安全管理体系的步骤

1. 建立一个完整的信息安全管理体系的步骤

建立一个完整的信息安全管理体系，可以通过如下步骤。

1）定义范围。

2）定义方针。

3）确定风险评估的方法。

4）识别风险。

5）评估风险。

6）识别并评估风险处理的措施。

7）为处理风险选择控制目标和控制措施。

8）准备适用性声明。

2. 构建信息安全管理体系的关键因素

构建一个成功的信息安全管理体系的关键成功因素在于：

1）最高领导层对管理体系的承诺。

2）体系与整个组织文化的一致性，与业务营运目标的一致性。

3）厘清职责权限。

4）有效的宣传、培训，提升意识，不仅要针对内部员工，也要针对合作伙伴、供应商、外包服务商等。

5）盘清信息资产，明确信息安全的要求，明晰风险评估和处理的方法与流程。

6）均衡的测量监控体系，持续监控各种变化，从监控结果中寻求持续改进的机会。

3. HTP 模型

信息安全的建设是一个系统工程，它要求对信息系统的各个环节进行统一的综合考虑、规划和构架，并要时时兼顾组织内不断发生的变化，任何环节上的安全缺陷都会对系统构成威胁。可以引用管理学上的木桶原理加以说明。木桶原理指的是：一个木桶由许多块木板组成，如果组成木桶的这些木板长短不一，那么木桶的最大容量不取决于长的那些木板，而取决于最短的那块木板。这个原理同样适用于信息安全。一个组织的信息安全水平将由与信息安全有关的所有环节中最薄弱的环节决定。信息从产生到销毁的生命周期过程中包括产生、收集、加工、交换、存储、检索、存档、销毁等多个事件，表现形式和载体会发生各种变化，这些环节中的任何一个都可能影响整体的信息安全水平。要实现信息安全目标，一个组织必须使构成安全防范体系这只“木桶”的所有“木板”都达到一定的长度。从宏观的角度来看，信息安全可以由 HTP 模型来描述：人员与管理（Human and Management）、技术与产品（Technology and Product）、流程与体系（Process and Framework），如图 16-2 所示。

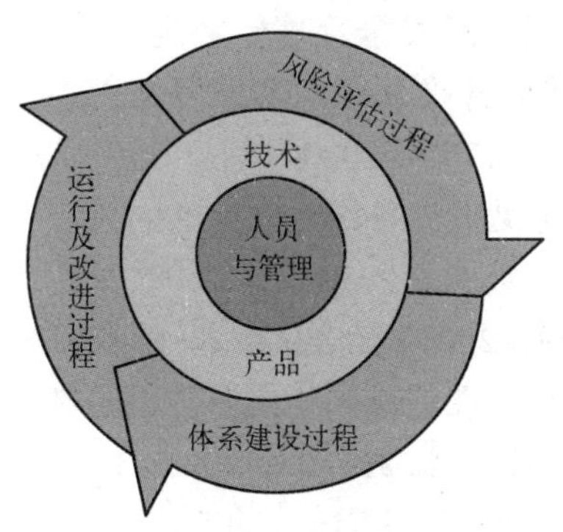

图 16-2　HTP 模型

其中，人是信息安全最活跃的因素，人的行为是信息安全保障最主要的方面。人（特别是内部员工）既可以是对信息系统的最大潜在威胁，也可以是最可靠的安全防线。统计结果表明，在所有的信息安全事故中，只有 20%～30%是由于黑客入侵或其他外部因素，70%～80%是由于内部员工的疏忽或有意泄密。站在较高的层次上来看信息和网络安全的全貌就会发现安全问题实际上都是人的问题，单凭技术是无法实现从“最大威胁”到“最可靠防线”转变的。以往的各种安全模型，其最大的缺陷是忽略了对人的因素的考虑。在信息安全问题上，要以人为本，人的因素比信息安全技术和产品的因素更重要。与人相关的安全问题涉及面很广，从国家的角度考虑有法律、法规、政策问题；从组织角度考虑有安全方针政策程序、安全管理、安全教育与培训、组织文化、应急计划和业务持续性管理等问题；从个人角度来看有职业要求、个人隐私、行为学、心理学等问题。在信息安全的技术防范措施上，可以综合采用商用密码、防火墙、防病毒、身份识别、网络隔离、可信服务、安全服务、备份恢复、PKI 服务、取证、网络入侵陷阱、主动反击等多种技术与产品来保护信息系统安全，但不应以部署所有安全产品与技术和追求信息安全的零风险为目标，安全成本太高，安全也就失去其意义。组织实现信息安全应采用“适度防范”（Rightsizing）的原则，就是在风险评估的前提下，引入恰当的控制措施，使组织的风险降到可以接受的水平，保证组织业务的连续性和商业价值的最大化，就达到了安全的目的。

信息安全不是一个孤立静止的概念，而是一个多层面、多因素的、综合的、动态的过程。一方面，如果组织凭着一时的需要，想当然地去制定一些控制措施和引入某些技术产品，都难免存在挂一漏万、顾此失彼的问题，使得信息安全这只“木桶”出现若干“短木板”，从而无法提高安全水平。正确的做法是遵循国内外相关信息安全标准与最佳实践过程，考虑到组织对信息安全的各个层面的实际需求，在风险分析的基础上引入恰当控制，建立合理的安全管理体系，从而保证组织赖以生存的信息资产的安全性、完整性和可用性。另一方面，这个安全体系还应当随着组织环境的变化、业务发展和信息技术的提高而不断改进，不能一劳永逸，一成不变。因此，实现信息安全需要完整的体系来保证。

16.1.5　BS 7799、ISO/IEC 17799 和 ISO 27001

1. 信息安全管理标准的产生

1995 年 2 月，英国标准协会（BSI）就提出制定信息安全管理标准，并迅速于 1995 年 5 月制定完成，且于 1999 年重新修改了该标准。BS 7799 分为两个部分：BS 7799-1《信息安全管理实施规则》；BS 7799-2《信息安全管理体系规范》；其中，BS 7799-1：1999 于 2000 年 12 月通过 ISO/IEC JTC1（国际标准化组织和国际电工委员会的联合技术委员会）认可，正式成为国际标准，即 ISO/IEC 17799：2000《信息技术-信息安全管理实施规则》。这是通过 ISO 表决最快的一个标准，足见世界各国对该标准的关注和接受程度。而在 2002 年 9 月 5 日，英国标准化协会又发布了新版本 BS 7799-2：2002 替代了 BS 7799-2：1999。

BS 7799-1（ISO/IEC 17799：2000）《信息技术-信息安全管理实施规则》是组织建立并实施信息安全管理体系的一个指导性的准则，主要为组织制定其信息安全策略和进行有效的信息安全控制提供一个大众化的最佳惯例。BS 7799-2《信息安全管理体系规范》规定了建立、实施和文件化信息安全管理系统（ISMS）的要求，规定了根据独立组织的需要应实施安全控制的要求。正如该标准的适用范围介绍的一样，本标准适用于以下场合：组织按照本标准要求建立并实施信息安全管理体系，进行有效的信息安全风险管理，确保商务可持续性发展；作为寻求信息安全管理体系第三方认证的标准。BS 7799-2 明确提出信息安全管理要求，BS 7799-1 则对应给出了通用的控制方法（措施），因此，BS 7799-2 才是认证的依据，严格地说，组织获得的认证是获得了 BS 7799-2 的认证，BS 7799-1 为 BS 7799-2 的具体实施提供了指南，但标准中的控制目标、控制方式的要求并非信息安全管理的全部，组织可以根据需要考虑另外的控制目标和控制方式。

ISO 组织在 2005 年对 ISO 17799 再次修订，BS 7799-2 也于 2005 年被采用为 ISO 27001：2005 国际标准。

2. BS 7799-1：1999《信息技术–信息安全管理实施规则》内容介绍

BS 7799-1：1999（ISO/IEC 17799：2000）标准在正文前设立了“前言”和“介绍”，其“介绍”中对“什么是信息安全、为什么需要信息安全、如何确定安全需要、评估安全风险、选择控制措施、信息安全起点、关键的成功因素、制定自己的准则”等内容做了说明，标准中介绍，信息安全（Information Security）是指信息的保密性（Confidentiality）、完整性（Integrity）和可用性（Availability）的保持。保密性定义为保障信息仅仅可以被那些授权使用的人获取。完整性定义为保护信息及其处理方法的准确性和完整性。可用性定义为保障授权使用人在需要时可以获取信息和使用相关的资产。

该标准的正文规定了 127 个安全控制措施来帮助组织识别在运作过程中对信息安全有影响的元素，组织可以根据适用的法律法规和章程加以选择和使用，或者增加其他附加控制。这 127 个控制措施被分成 10 个方面，成为组织实施信息安全管理的实用指南，这 10 个方面分别如下。

1）安全方针：制定信息安全方针，为信息安全提供管理指导和支持。

2）组织安全：建立信息安全基础设施，管理组织范围内的信息安全。维持被第三方所访问的组织的信息处理设施和信息资产的安全，以及当信息处理外包给其他组织时，维护信息的安全。

3）资产的分类与控制：核查所有信息资产，适当保护组织资产，并做好信息分类，确保信息资产受到适当程度的保护。

4）人员安全：注意工作职责定义和人力资源中的安全，以减少人为差错、盗窃、欺诈或误用设施的风险；做好用户培训，确保用户知道信息安全威胁和事务，并准备好在其正常工作过程中支持组织的安全政策；制定对安全事故和故障的响应流程，使安全事故和故障的损害减到最小，并监视事故和从事故中学习。

5）物理和环境的安全：定义安全区域，以避免对业务办公场所和信息的未授权访问、损坏和干扰；保护设备的安全，防止信息资产的丢失、损坏或泄露和业务活动的中断；做好一般控制，以防止信息和信息处理设施的泄露或被盗窃。

6）通信和操作管理：制定操作规程和职责，确保信息处理设施的正确和安全操作；建立系统规划和验收准则，将系统故障的风险减到最小；防范恶意软件，保护软件和信息的完整性；建立内务规程，以维护信息处理和通信服务的完整性与可用性；确保信息在网络中的安全，以及保护其支持基础设施；建立媒体处置和安全的规程，防止资产损坏和业务活动的中断；防止信息和软件在组织之间交换时丢失、修改或误用。

7）访问控制：制定访问控制的业务要求，以控制对信息的访问；建立全面的用户访问管理，避免信息系统的未授权访问；让用户了解他对维护有效访问控制的职责，防止未授权用户的访问；对网络访问加以控制，保护网络服务；建立操作系统级的访问控制，防止对计算机的未授权访问；建立应用访问控制，防止未授权用户访问保存在信息系统中的信息；监视系统访问和使用，检测未授权的活动；当使用移动计算和远程工作时，也要确保信息安全。

8）系统开发和维护：标识系统的安全要求，确保安全被构建在信息系统内；控制应用系统的安全，防止应用系统中用户数据的丢失、被修改或误用；使用密码控制，保护信息的保密性、真实性或完整性；控制对系统文件的访问，确保按安全方式进行 IT 项目和支持活动；严格控制开发和支持过程，维护应用系统软件和信息的安全。

9）业务持续性管理：减少业务活动的中断，使关键业务过程免受主要故障或天灾的影响。

10）符合性：信息系统的设计、操作、使用和管理要符合法律要求，避免任何犯罪、违反法律，违背法规、规章或合约义务以及任何安全要求；定期审查安全政策和技术符合性，确保系统符合组织安全政策和标准；还要控制系统审核，使系统审核过程的效力最大化、干扰最小化。

3. BS 7799-2：2002《信息安全管理体系规范》内容介绍

BS 7799-2：2002 标准详细说明了建立、实施和维护信息安全管理系统（ISMS）的要求，指出实施组织需遵循某一风险评估来鉴定最适宜的控制对象，并对自己的需求采取适当的控制。本部分提出了应该如何建立信息安全管理体系的步骤。

（1）定义信息安全策略

信息安全策略是组织信息安全的最高方针，需要根据组织内各个部门的实际情况，分别制定不同的信息安全策略。例如，规模较小的组织单位可能只有一个信息安全策略，并适用于组织内所有部门、员工；而规模较大的集团组织则需要制定一个信息安全策略文件，分别适用于不同的子公司或各分支机构。信息安全策略应该简单明了、通俗易懂，并形成书面文件，发给组织内的所有成员。同时，要对所有相关员工进行信息安全策略的培训，对信息安全负有特殊责任的人员要进行特殊的培训，以使信息安全方针真正植根于组织内所有员工的脑海，并落实到实际工作中。

（2）定义 ISMS 的范围

ISMS 的范围确定需要重点进行信息安全管理的领域，组织需要根据自己的实际情况，在整个组织范围内或者在个别部门或领域构架 ISMS。在本阶段，应将组织划分成不同的信息安全控制领域，以易于组织对有不同需求的领域进行适当的信息安全管理。

（3）进行信息安全风险评估

信息安全风险评估的复杂程度将取决于风险的复杂程度和受保护资产的敏感程度，所采用的评估措施应该与组织对信息资产风险的保护需求相一致。风险评估主要对 ISMS 范围内的信息资产进行鉴定和估价，然后对信息资产面对的各种威胁和脆弱性进行评估，同时对已存在的或规划的安全管制措施进行鉴定。风险评估主要依赖于商业信息和系统的性质、使用信息的商业目的、所采用的系统环境等因素，组织在进行信息资产风险评估时，需要将直接后果和潜在后果一并考虑。

（4）信息安全风险管理

根据风险评估的结果进行相应的风险管理。信息安全风险管理主要包括以下几种措施。

- 降低风险：在考虑转嫁风险前，应首先考虑采取措施来降低风险。
- 避免风险：有些风险很容易避免，例如，通过采用不同的技术、更改操作流程、采用简单的技术措施等。
- 转嫁风险：通常只有当风险不能被降低或避免，且被第三方（被转嫁方）接受时才被采用。一般用于那些低概率，但一旦风险发生会对组织产生重大影响的风险。

- 接受风险：用于那些在采取了降低风险和避免风险措施后，出于实际和经济方面的原因，只要组织进行运营，就必然存在并必须接受的风险。

（5）确定管制目标和选择管制措施

管制目标的确定和管制措施的选择原则是费用不超过风险所造成的损失。由于信息安全是一个动态的系统工程，组织应实时对选择的管制目标和管制措施加以校验和调整，以适应变化的情况，使组织的信息资产得到有效、经济、合理的保护。

（6）准备信息安全适用性声明

信息安全适用性声明记录了组织内相关的风险管制目标和针对每种风险所采取的各种控制措施。信息安全适用性声明的准备，一方面是为了向组织内的员工声明在信息安全上面对风险的态度，在更大程度上则是为了向外界表明组织的态度和作为，以表明组织已经全面、系统地审视了组织的信息安全系统，并将所有有必要管制的风险控制在能够被接受的范围内。

16.1.6　信息安全产品测评认证

信息技术已经成为应用面极广、渗透性很强的战略性技术。信息安全产品和信息系统固有的敏感性与特殊性，直接影响着国家的安全利益和经济利益。各国政府纷纷采取颁布标准、实行测评和认证制度等方式，对信息安全产品的研制、生产、销售、使用和进出口实行严格、有效的控制。美、英、德、法、澳、加、荷、韩等国家先后建立了国家信息安全测评认证体系。

我国为适应全球信息化的发展趋势，于 1997 年依循国际惯例正式启动信息安全测评认证工作，并于 1998 年底，正式建立我国的信息安全测评认证体系，如图 16-3 所示。

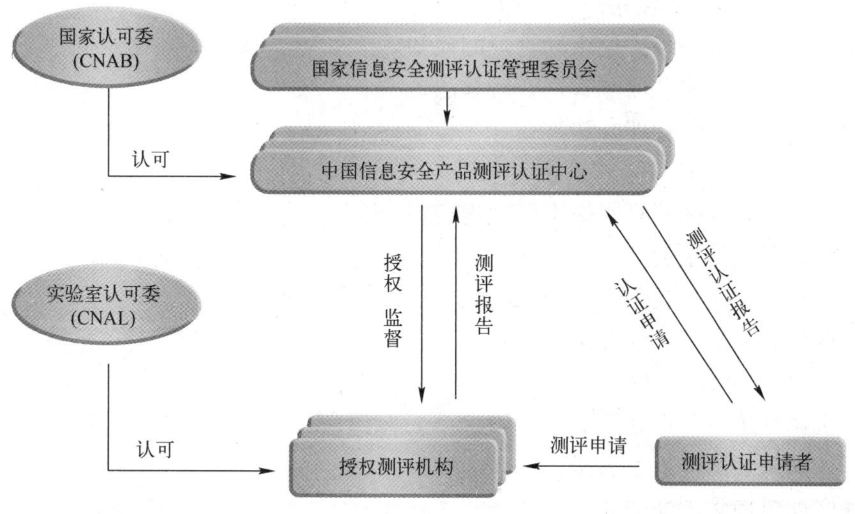

图 16-3　我国信息安全测评认证体系

其中，国家信息安全测评认证管理委员会是经国务院产品质量监督行政主管部门授权，代表国家对我国信息安全产品测评认证中心运作的独立性和在测评认证活动中的公正性、科学性和规范性实施监督管理的机构。其成员由信息安全相关的管理部门、使用部门和研制开发部门三方面的代表组成。管理委员会下设专家委员会和投诉与申诉委员会。

中国信息安全产品测评认证中心（以下简称国家中心）是代表国家具体实施信息安全测评认证的实体机构。根据国家授权，依据产品标准和国家质量认证的法律、法规，结合信息安全产品的特点开展测评认证工作。

授权测评机构是认证中心根据业务发展和管理需要而授权成立的、具有测试评估能力的独立机构。

国家中心是根据业务发展和管理需要而授权成立的，具有测试、评估能力的独立机构。所有授权测评机构均须通过中国实验室国家认可委员会（CNAL）的认可，并经国家中心的现场审核，审核合格者，国家中心方可批准，并正式授权。国家中心根据发展需要，已批准筹建了多家授权测评机构。

16.2　信息安全相关法律法规

网络安全法律法规

16.2.1　国内信息安全相关法律法规

国内主要的信息安全相关法律法规如下。

- 信息网络传播权保护条例。
- 信息安全等级保护管理办法。
- 互联网信息服务管理办法。
- 中华人民共和国电信条例。
- 中华人民共和国计算机信息系统安全保护条例。
- 公用电信网间互联管理规定。
- 联网单位安全员管理办法（试行）。
- 文化部关于加强网络文化市场管理的通知。
- 证券期货业信息安全保障管理暂行办法。
- 中国互联网络域名管理办法。
- 科学技术保密规定。
- 计算机信息系统国际联网保密管理规定。
- 计算机软件保护条例。
- 国家信息化领导小组关于我国电子政务建设指导意见。
- 电子认证服务密码管理办法。
- 互联网 IP 地址备案管理办法。
- 计算机病毒防治管理办法。
- 中华人民共和国电子签名法。
- 认证咨询机构管理办法。
- 中华人民共和国认证认可条例。
- 认证培训机构管理办法。
- 中华人民共和国产品质量法。
- 中华人民共和国产品质量认证管理条例。

- 商用密码管理条例。
- 网上证券委托暂行管理办法。
- 信息安全产品测评认证管理办法。
- 产品质量认证收费管理办法和收费标准。
- 中华人民共和国保守国家秘密法。
- 中华人民共和国国家安全法。
- 中华人民共和国计算机信息系统安全保护条例。
- 中华人民共和国网络安全法。
- 中华人民共和国密码法。

16.2.2 国外信息安全相关法律法规

1990 年，美国人 John Perry Barlow 第一个使用“CyberSpace”一词来表示网络世界。现在国际上一般用“Cyberlaw”或者“Cyberspace Law”来表示网络法。但是由于相对于传统法规建设而言，网络立法发展时间很短，所以现在有关网络案件的审理，大多是依据传统法律与新制定的网络法规结合进行的。下面是一些主要的法律。

1）美国《数字时代版权法》。美国国会于 1998 年 10 月 12 日通过，28 日克林顿签署生成法律。该法是为了贯彻执行世界知识产权保护组织（WIPO）1996 年 12 月签订的条约，要求公共图书馆、学校、教育机构等各种团体和个人，不得非法复制、生产或传播包括商业软件在内的各种信息资料。

2）欧盟《数据库指令》。1996 年 3 月欧共体制定。该指令主要是为了保护数据库版权。

3）欧盟《电信方面隐私保护指令》。1997 年 12 月欧共体制定。该指令主要是为了保护电信传送过程中的个人数据。

4）美国《儿童网络隐私保护法》。2000 年 4 月 21 日正式生效。该法保护 13 岁以下儿童的隐私，要求网站在向 13 岁以下儿童询问个人信息时，必须先得到其家长的同意。

5）俄罗斯《联邦信息、信息化和信息保护法》。1995 年制定。该法明确界定了信息资源开放和保密的范畴，提出了保护信息的法律责任。

6）日本《特定电信服务提供商损害责任限制及要求公开发送者身份信息法》。2002 年 5 月制定。该法规定了电信服务提供商的必要责任，使服务提供商可以采取迅速、恰当的措施，处理在互联网网站、BBS 上发布信息时发生的侵权行为。

7）美国《儿童上网保护法案》。1998 年制定。该法案保护儿童免受互联网上可能对其生理和心理产生不良影响的内容的伤害，防止青少年通过网络接受色情信息，建议用 .kids 域名来表示专门的适合儿童的网站。

8）英国《三 R 安全规则》。1996 年制定。其中“三 R”分别代表分级认定、举报告发、承担责任。该规则旨在从网络上消除儿童色情内容和其他有害信息，对提供网络服务的机构、终端用户和编发信息的网络新闻组，尤其对网络提供者做了明确的职责分工。

9）美国《禁止电子盗窃法案》。1997 年 12 月 16 日签署。该法案主要针对使用网络上未经认证的计算机进行的严重犯罪，比如蓄意破坏和欺诈。

10）日本《反黑客法》。2000 年 2 月 13 日起开始实施。该法主要保护个人数据的安全与自由传送。该法规定擅自使用他人身份及密码侵入计算机网络的行为都将被视为违法犯罪行为，最高可判处10年监禁。

11）美国《反垃圾邮件法案》。2000年7月18日通过。该法案专门对滥发邮件行为进行了规范和惩治。要求任何未经允许的商业邮件必须注明有效的回邮地址，以便于用户决定是否从邮件目录中接收该邮件。

12）美国《禁止网络盗版商标法案》。1999年10月制定。该法案主要针对网络上侵犯商标权的问题。

16.3　习题

1. 如何理解信息安全领域“三分技术，七分管理”这句话？
2. 在现实的信息安全管理决策当中，必须关注哪些内容？
3. PDCA模型具有哪些特点？
4. 组织建立、实施与保持信息安全管理体系将会产生哪些作用？
5. BS 7799的主要内容是什么？
6. ISO 17799的主要内容是什么？
7. ISO 27001的主要内容是什么？
8. 什么是信息安全的木桶原理？
9. 简述信息安全管理中的HTP模型。
10. 简述信息安全测评认证的作用。
11. 国内在计算机病毒方面有哪些法律法规？
12. 国外在计算机病毒方面有哪些法律法规？

第 17 章 信息安全等级保护与风险管理

信息安全等级保护是指国家通过制定统一的信息安全等级保护管理规范和技术标准，组织公民、法人和其他组织对信息系统分等级实行安全保护，对等级保护工作的实施进行监督、管理。风险管理是安全管理的重要组成部分，包括风险评估、风险控制以及根据风险评估结果对信息系统运行中的相关事项做出决策。等级保护是基本制度，风险评估是过程，风险管理是目标。

- **知识与能力目标**

1）熟悉信息安全等级保护。

2）认知信息安全风险管理。

3）掌握信息安全风险评估。

- **素养目标**

1）培养学生的规范意识。

2）培养学生的质量意识、成本意识。

3）培养学生的团队协作意识。

17.1 信息安全等级保护

信息安全等级保护制度是国家在国民经济和社会信息化的发展过程中，提高信息安全保障能力和水平，维护国家安全、社会稳定和公共利益，保障和促进信息化建设健康发展的一项基本制度。实行信息安全等级保护制度，能够充分调动国家、法人和其他组织及公民的积极性，发挥各方面的作用，达到有效保护的目的，增强安全保护的整体性、针对性和实效性，使信息系统安全建设更加突出重点、统一规范、科学合理，对促进信息安全的发展将起到重要推动作用。

17.1.1 我国信息安全等级保护

1994 年，国务院颁布的《中华人民共和国计算机信息系统安全保护条例》规定，“计算机信息系统实行安全等级保护。安全等级的划分标准和安全等级保护的具体办法，由公安部会同有关部门制定”。1999 年 9 月 13 日，国家发布《计算机信息系统安全保护等级划分准则》。2003 年，中央办公厅、国务院办公厅转发《国家信息化领导小组关于加强信息安全保障工作的意见》（中办发〔2003〕27 号）明确指出，“要重点保护基础信息网络和关系国家安全、经济命脉、社会稳定等方面的重要信息系统，抓紧建立信息安全等级保护制度，制定信息安全等级保护的管理办法和技术指南”。2007 年 6 月，公安部、国家保密局、国家密码管理局、国务院信息化工作办公室制定了《信息安全等级保护管理办法》（以下简称《管理办法》），明确了信息安全等级保护的具体要求。

信息安全等级保护制度的实施，必将大大提高我国的信息安全水平，有力保护我国信息化建设成果。同时，我国相关的信息安全企业也将得到实惠。有关技术专家分析，国家对于信息系统以及相关安全产品进行等级划分，会使很多企事业单位的安全意识得以增强，有了这样的认识之后，信息安全厂商的相关产品才能够被广泛了解，安全厂商应针对等级划分对自己的产品进行有针对性的调整，相关解决方案是否符合当前信息系统的安全需求也可以经过等级评估的检验。我国的信息系统的安全保护等级分为以下五级。

1）第一级为自主保护级。由用户来决定如何对资源进行保护，以及采用何种方式进行保护。

本级别适用于一般的信息系统，其受到破坏后，会对公民、法人和其他组织的合法权益产生损害，但不损害国家安全、社会秩序和公共利益。

2）第二级为指导保护级。本级的安全保护机制支持用户具有更强的自主保护能力。特别是具有访问审计能力，即它能创建、维护受保护对象的访问审计跟踪记录，记录与系统安全相关事件发生的日期、时间、用户和事件类型等信息，所有和安全相关的操作都能够被记录下来，以便当系统发生安全问题时，可以根据审计跟踪记录，分析追查事故责任人。

本级别适用于一般的信息系统，其受到破坏后，会对社会秩序和公共利益造成轻微损害，但不损害国家安全。

3）第三级为监督保护级。具有第二级的所有功能，并对访问者及其访问对象实施强制访问控制。通过对访问者和访问对象指定不同安全标记，限制访问者的权限。

本级别适用于涉及国家安全、社会秩序和公共利益的重要信息系统，其受到破坏后，会对国家安全、社会秩序和公共利益造成损害。

4）第四级为强制保护级。将前三级的安全保护能力扩展到所有访问者和访问对象，支持形式化的安全保护策略。其本身构造也是结构化的，以使之具有相当的抗渗透能力。本级的安全保护机制能够使信息系统实施一种系统化的安全保护。

本级别适用于涉及国家安全、社会秩序和公共利益的重要信息系统，其受到破坏后，会对国家安全、社会秩序和公共利益造成严重损害。

5）第五级为专控保护级。具备第四级的所有功能，还具有仲裁访问者能否访问某些对象的能力。为此，本级的安全保护机制不能被攻击、被篡改，具有极强的抗渗透能力。

本级别适用于涉及国家安全、社会秩序和公共利益的重要信息系统的核心子系统，其受到破坏后，会对国家安全、社会秩序和公共利益造成特别严重的损害。

信息系统运营、使用单位及个人依据《信息安全等级保护管理办法》和相关技术标准对信息系统进行保护，国家有关信息安全职能部门对其信息安全等级保护工作进行监督管理。

1）第一级信息系统运营、使用单位或者个人可以依据国家管理规范和技术标准进行保护。

2）第二级信息系统运营、使用单位应当依据国家管理规范和技术标准进行保护。必要时，国家有关信息安全职能部门可以对其信息安全等级保护工作进行指导。

3）第三级信息系统运营、使用单位应当依据国家管理规范和技术标准进行保护。国家有关信息安全职能部门对其信息安全等级保护工作进行监督、检查。

4）第四级信息系统运营、使用单位应当依据国家管理规范和技术标准进行保护。国家有关信息安全职能部门对其信息安全等级保护工作进行强制监督、检查。

5）第五级信息系统运营、使用单位应当依据国家管理规范和技术标准进行保护。国家指定的专门部门或者专门机构对其信息安全等级保护工作进行专门监督、检查。

信息系统等级保护的主要内容如图 17-1 所示，大的方面分为技术要求和管理要求。技术要求分为物理安全、网络安全、主机安全、应用安全和数据安全。管理要求分为安全管理机构、安全管理制度、人员安全管理、系统建设管理和系统运维管理。

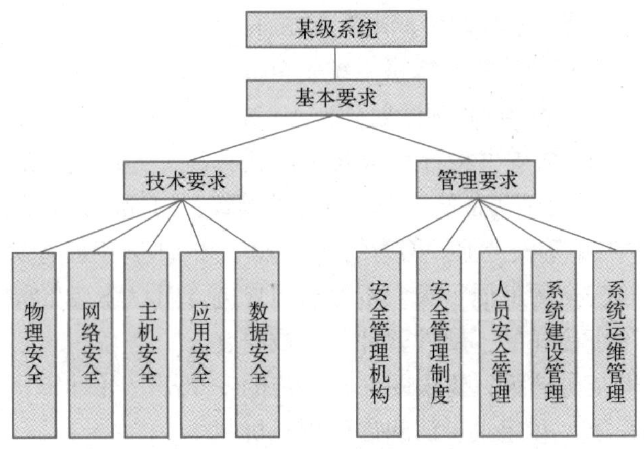

图 17-1　信息系统等级保护的主要内容

信息系统等级保护实施生命周期内的主要活动有四个阶段，包括定级阶段、规划设计阶段、安全实施/实现阶段、安全运行管理阶段，如图 17-2 所示。

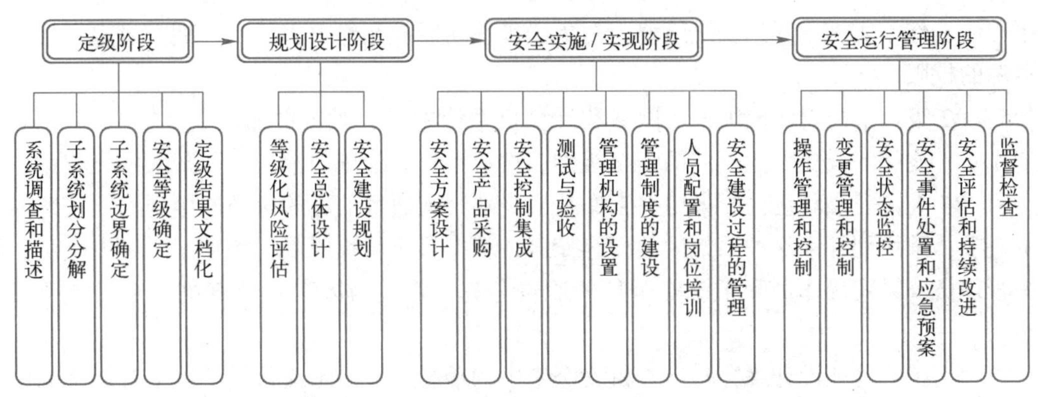

图 17-2　信息系统等级保护实施生命周期内的主要活动

17.1.2　国外信息安全等级保护

第一个有关信息技术安全评价的标准诞生于 20 世纪 80 年代的美国，就是著名的“可信计算机系统评价准则”（TCSEC，又称桔皮书）。该准则对计算机操作系统的安全性规定了不同的等级。从 20 世纪 90 年代开始，一些国家与国际组织相继提出了新的安全评价准则。1991 年，欧共体发布了“信息技术安全评价准则”（ITSEC）。1993 年，加拿大发布了“加拿大可信计算机产品评价准则”（CTCPEC），CTCPEC 综合了 TCSEC 与 ITSEC 两个准则的优点。同年，美国在对 TCSEC 进行修改补充并在吸收 ITSEC 优点的基础上，发布了“信息技术安全评价联邦准则”（FC）。

美国近几年来在信息系统安全方面，突出体现了对信息系统分类分级实施保护的发展思路，制定了一系列体系化的标准和指南性文件，并根据有关的技术标准、指南，对联邦政府一些重要的信息系统实现了安全分级，在整体上体现了分级保护、管理的思想。下面主要介绍“可信计算机系统评价准则”，即桔皮书。

桔皮书是美国国家安全局（NSA）的国家计算机安全中心（NCSC）颁布的官方标准，其正式的名称为“受信任计算机系统评价标准”（Trusted Computer System Evaluation CRITERIA，TCSEC）。目前，桔皮书是权威性的计算机系统安全标准之一，它将一个计算机系统可接受的信任程度给予分级，依照安全性从高到低划分为 A、B、C、D 四个等级，这些安全等级不是线性的，而是指数级上升的。桔皮书将计算机安全由低到高分为四类七级：D1、C1、C2、B1、B2、B3、A1。其中，D1 级是不具备最低安全限度的等级，C1 和 C2 级是具备最低安全限度的等级，B1 和 B2 级是具有中等安全保护能力的等级，B3 和 A1 属于最高安全等级。

1）D1 级：计算机安全的最低一级，不要求用户进行用户登录和密码保护，任何人都可以使用，整个系统是不可信任的，硬件软件都易被侵袭。

2）C1 级：自主安全保护级，要求硬件有一定的安全级（如计算机带锁），用户必须通过登录认证方可使用系统，并建立了访问许可权限机制。

3）C2 级：受控存取保护级，比 C1 级增加了几个特性，如引进了受控访问环境，进一步限制了用户执行某些系统指令；授权分级使系统管理员给用户分组，授予他们访问某些程序和分级目录的权限；采用系统审计，跟踪记录所有安全事件及系统管理员工作。

4）B1 级：标记安全保护级，对网络上每个对象都实施保护；支持多级安全，对网络、应用程序工作站实施不同的安全策略；对象必须在访问控制之下，不允许拥有者自己改变所属资源的权限。

5）B2 级：结构化保护级，对网络和计算机系统中所有对象都加以定义，给一个标签；为工作站、终端等设备分配不同的安全级别；按最小特权原则取消权力无限大的特权用户。

6）B3 级：安全域级，要求用户工作站或终端必须通过信任的途径连接到网络系统内部的主机上；采用硬件来保护系统的数据存储区；根据最小特权原则，增加了系统安全员，将系统管理员、系统操作员和系统安全员的职责分离，将人为因素对计算机安全的威胁减至最小。

7）A1 级：验证设计级，是计算机安全级中的最高一级，本级包括了以上各级别的所有安全措施，并附加了一个安全系统的受监视设计；合格的个体必须经过分析并通过这一设计；所有构成系统的部件的来源都必须有安全保证；还规定了将安全计算机系统运送到现场安装所必须遵守的程序。

17.2 信息安全风险管理

信息安全风险管理是信息安全管理的重要组成部分，它是信息安全等级保护的基础。

1. 风险（Risk）

风险指在某一特定环境下，某一特定时间段内，特定的威胁利用资产的一种或一组薄弱点，导致资产的丢失或损害的潜在可能性，即特定威胁事件发生的可能性与后果的结合。ISO 27001 要求组织通过风险评估来识别组织的潜在风险及其大小，并按照风险的大小安排控制措施的优先等级。例如，在使用计算机的时候，如果安装了 360 安全卫士等安全工具，则有时会出现如图 17-3 所示的安全风险告警。

图 17-3　安全风险告警

在单击图 17-3 中的“立即修复”按钮后，会出现如图 17-4 所示的待修复的 17 个系统安全漏洞。这些漏洞都是有安全风险的。

图 17-4　计算机系统的具体安全漏洞

2. 风险评估（Risk Assessment）

风险评估有时候也称为风险分析，是组织使用适当的风险评估工具，对信息和信息处理设施的威胁（Threat）、影响（Impact）和薄弱点（Vulnerability）及其发生的可能性的评估，也就是确认安全风险及其大小的过程。

风险评估是信息安全管理的基础，它为安全管理的后续工作提供方向和依据，后续工作的优先等级和关注程度都是由信息安全风险决定的，而且安全控制的效果也必须通过对剩余风险的评估来衡量。

风险评估是在一定范围内识别所存在的信息安全风险，并确定其大小的过程。风险评估保证信息安全管理活动可以有的放矢，将有限的信息安全预算应用到最需要的地方，风险评估是风险管理的前提。

3. 风险管理（Risk Management）

风险管理以可接受的费用识别、控制、降低或消除可能影响信息系统的安全风险的过程。风险管理通过风险评估来识别风险大小，通过制定信息安全方针，选择适当的控制目标与控制方式使风险得到避免、转移或降至一个可被接受的水平。在风险管理方面应考虑控制费用与风险之间的平衡。

17.3　信息安全风险评估

17.3.1　信息安全风险评估概述

风险评估的意义在于对风险的认识，而风险的处理过程可以在考虑了管理成本后，选择适合企业自身的控制方法，对同类的风险因素采用相同的基线控制，这样有助于在保证效果的前提下降低风险评估的成本。图 17-5 所示为信息安全风险评估的要素。

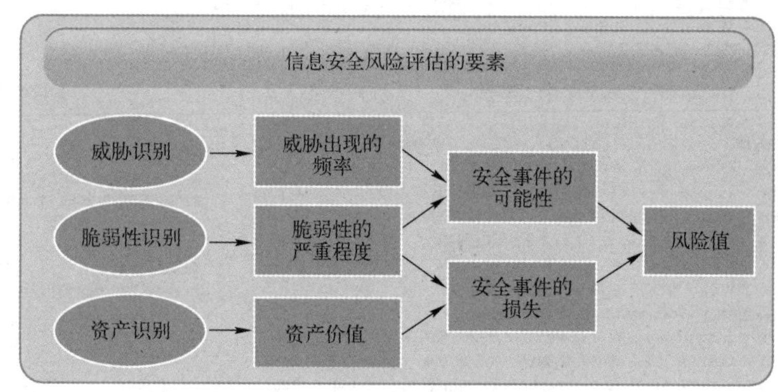

图 17-5　信息安全风险评估的要素

针对风险评估的工程实现，SSE-CMM、OCTAVE 等标准和方法对评估过程给予了较好的指导。常规的风险评估方法包括项目准备阶段、项目执行阶段、项目维护阶段。

为保障评估的规范性、一致性，降低人工成本，目前国内外普遍开发了一系列的评估工具。其中，网络评估工具主要有 Nessus、Retina、天镜、ISS、N-Stalker 等漏洞扫描工具，依托这些漏洞扫描工具，可以对网络设备、主机进行漏洞扫描，给出技术层面存在的安全漏洞、等级和解决方案建议。

管理评估工具主要有以 BS 7799-1（ISO/IEC 17799）为基础的 COBRA、天清等，借助管理评估工具，结合问卷式调查访谈，可以给出不同安全管理领域在安全管理方面存在的脆弱性和各领域的安全等级，给出基于标准的策略建议。

17.3.2　信息安全风险评估方法

主要的风险评估方法有以下 6 种。

（1）定制个性化的评估方法

虽然已经有许多标准评估方法和流程，但在实践过程中，不应只是这些方法的套用和复制，而是以它们作为参考，根据企业的特点及安全风险评估的能力，进行“基因”重组，定制个性化的评估方法，使得评估服务具有可裁剪性和灵活性。评估种类一般有整体评估、IT 安全评估、渗透测试、边界评估、网络结构评估、脆弱性扫描、策略评估、应用风险评估等。

（2）安全整体框架的设计

风险评估的目的，不仅在于明确风险，更重要的是为管理风险提供基础和依据。作为评估直接输出，至少应该明确用于进行风险管理的安全整体框架。但是由于不同企业环境差异、需求差异，加上在操作层面可参考的模板很少，使得整体框架应用较少。但是，企业至少应该完成近期 1~2 年内的框架，这样才能做到有律可依。

（3）多用户决策评估

不同层面的用户能看到不同的问题，要全面了解风险，必须进行多用户沟通评估。将评估过程作为多用户“决策”过程，对于了解风险、理解风险、管理风险、落实行动，具有重大的意义。事实证明，多用户参与的效果非常明显。多用户“决策”评估，也需要一个具体的流程和方法。

（4）敏感性分析

企业的系统越发复杂且互相关联，使得风险越来越隐蔽。要提高评估效果，必须进行深入关联分析，比如对一个漏洞，不是简单地分析它的影响和解决措施，而是要推断出可能相关的其他技术和管理漏洞，找出病“根”，开出有效的“处方”。这需要强大的评估经验知识库支撑，同时要求评估者具有敏锐的分析能力。

（5）集中化决策管理

安全风险评估需要具有多种知识和能力的人参与，对这些能力和知识的管理，有助于提高评估的效果。集中化决策管理，是评估项目成功的保障条件之一，它不仅是项目管理问题，而且是知识、能力等“基因”的组合运用。必须选用具有特殊技能的人，去执行相应的关键任务。例如，控制台审计和渗透性测试，由不具备攻防经验和知识的人执行，就起不到任何效果。

（6）评估结果管理

安全风险评估的输出，不应是文档的堆砌，而应是一套能够进行记录、管理的系统。它可能不是一个完整的风险管理系统，但至少是一个非常重要的可管理的风险表述系统。企业需要这样的评估管理系统，使用它来指导评估过程，管理评估结果，以便在管理层面提高评估效果。

17.4　习题

1. 简述我国等级保护的主要内容。
2. 简述“桔皮书”中等级保护的主要内容。
3. 等级保护和风险评估的关系是什么？
4. 为什么要进行等级保护？
5. 为什么要进行风险评估？
6. 风险评估的要素有哪些？
7. 风险评估的主要方法有哪些？

第 18 章 信息系统应急响应

随着网络信息系统在政治、军事、金融、商业、文教等方面发挥越来越大的作用，社会对网络信息系统的依赖也日益增强。而不断出现的软硬件故障、病毒发作、网络入侵、网络蠕虫、黑客攻击、天灾人祸等安全事件也随之变得非常突出。由于安全事件的突发性、复杂性与专业性，为了有备无患，需要建立信息系统安全事件的快速响应机制，信息系统安全应急响应应运而生。为此国家还专门建立了国家计算机网络应急技术处理协调中心（China Computer Emergency Response Team/Coordination Center，CNCERT/CC）。

- **知识与能力目标**

1）了解应急响应的概念。
2）熟悉应急响应的方法。
3）了解计算机犯罪取证。

- **素养目标**

1）培养学生不畏艰难、勇于创新的精神。
2）激发学生的创新思维和创新意识。

18.1 应急响应概述

18.1.1 应急响应简介

近年来，互联网上直接或者是间接危害到 IP 网络资源安全的攻击事件越来越多。一方面，网络业务节点自身的安全性下降，路由器、交换机等专用网络节点设备上越来越多的安全漏洞被发掘出来，设备厂家为了修补安全漏洞而发布的补丁程序也越来越频繁；另一方面，黑客攻击技术有了很大的发展，从最初主要是基于单机安全漏洞以渗透入侵为主，到近年来发展到基于互联网上的主机集群进行以拒绝服务为目的的分布式拒绝服务攻击，同时，以网络蠕虫病毒为代表的、融合传统黑客技术与病毒技术于一身的“新一代主动式恶意代码”攻击技术的出现，标志着黑客技术发生了质的变化，无论是分布式拒绝服务攻击还是网络蠕虫病毒，都会在攻击过程中形成突发的攻击流量，严重时会阻塞网络，造成网络瘫痪。总体来看，由于系统漏洞和攻击技术的变化，不安全的网络环境已经越来越多地暴露在网络黑客不断增强的攻击火力之下。

从根本上讲，在现实环境中是不存在绝对的安全的，任何一个系统总是存在被攻陷的可能性，很多时候恰恰是在被攻陷后，人们才得以发现并改善系统中存在的薄弱环节，从而把系统的安全保护提高到一个更高的水平。事实上，整个互联网的安全水平始终就是在“道高一尺，魔高一丈”的实战过程中螺旋式上升的。正是认识到这一客观事实，在所有的网络安全模型中都不可或缺地包含了应急响应这样一个重要的环节。

安全应急响应的重要性不仅体现在它是整个安全防御体系中一个不可缺少的环节。事实上，一个有效的应急机制对于事件发生后稳定局势往往起到至关重要的作用。事件发生后现场环境通常是非常混乱的，除非做了非常充分的准备工作，否则人们往往会因为不清楚问题所在和应当做什么而陷入茫然失措的状态，甚至当事者还可能在混乱中执行不正确的操作并导致更大的灾害和混乱的发生。因此，在缺少安全应急响应机制的环境中，发生事件后整个局面存在着随时陷入失控状态的危险。

网络安全应急响应主要是提供一种机制，保证在遭受攻击时能够及时地取得专业人员、安全技术等的支持，并且保证在紧急的情况下能够按照既定的程序高效有序地开展工作，使网络业务免遭进一步的侵害，或者是在网络资产已经被破坏后能够在尽可能短的时间内迅速恢复业务系统，减小业务的损失。

18.1.2　国际应急响应组织

美国早在 1988 年就成立了全球最早的计算机应急响应组织（Computer Emergency Response Team，CERT）。截止到 2023 年，全球正式注册的 CERT 已达 200 个左右。这些应急组织不仅为各自地区和所属行业提供计算机和互联网安全事件的应急响应处理服务，还经常互相沟通和交流，形成了一个专业领域。中国国家计算机网络应急技术处理协调中心（CNCERT/CC），成立于 2001 年 8 月，为非政府非营利的网络安全技术中心，是中国计算机网络应急处理体系中的牵头单位。作为国家级应急中心，CNCERT 的主要职责是：按照“积极预防、及时发现、快速响应、力保恢复”的方针，开展互联网网络安全事件的预防、发现、预警和协调处置等工作，维护公共互联网安全，保障关键信息基础设施的安全运行。国家计算机网络应急技术处理协调中心的网址是 https://www.cert.org.cn/。

1988 年 11 月，美国康奈尔大学学生莫里斯编写了一个“圣诞树”蠕虫程序，该程序可以利用互联网上计算机的 Sendmail 的漏洞、finger 的缓冲区溢出及 rexe 的漏洞进入系统并自我繁殖，鲸吞互联网的带宽资源，造成全球 10%的联网计算机陷入瘫痪。这起计算机安全事件极大地震动了美国政府、军方和学术界，被称作“莫里斯事件”。

事件发生之后，美国国防部高级计划研究署（DARPA）出资在卡内基梅隆大学（CMU）的软件工程研究所（SEI）建立了计算机应急处理协调中心。该中心现在仍然由美国国防部支持，并且作为国际上的骨干组织积极开展相关方面的培训工作。自此，美国各有关部门纷纷开始成立自己的计算机安全事件处理组织，世界上其他国家和地区也逐步成立了应急组织。

1990 年 11 月，由美国等国家应急响应组织发起，一些国家的 CERT 组织参与成立了计算机事件响应与安全工作组论坛（Forum of Incident Response and Security Team，FIRST）。FIRST 的基本目的是使各成员能在安全漏洞、安全技术、安全管理等方面进行交流与合作，以实现国际间的信息共享、技术共享，最终达到联合防范计算机网络攻击行为的目标。

FIRST 组织有两类成员，一是正式成员，二是观察员。我国的国家计算机网络应急技术处理协调中心（CNCERT/CC）于 2002 年 8 月成为 FIRST 的正式成员。FIRST 组织有一个由十人构成的指导委员会，负责对重大问题进行讨论，包括接受新成员。新成员的加入必须有推荐人，并且需要得到指导委员会2/3的成员同意。FIRST的技术活动除了各成员之间通过保密通信进行信息交流外，每季度还开一次内部技术交流会，每年开一次开放型会议，通常是在美国和其他国家交替进行。

18.1.3　我国应急响应组织

与美国第一个应急组织诞生的原因类似，我国应急体系的建立也是由于网络蠕虫事件的发生而开始，这次蠕虫事件就是发生在2001年8月的红色代码蠕虫事件。由于红色代码集蠕虫、病毒和木马等攻击手段于一身，利用Windows操作系统的一个公开漏洞作为突破口，几乎是畅通无阻地在互联网上疯狂地扩散和传播，迅速传播到我国互联网，并很快渗透到金融、交通、公安、教育等专用网络中，造成互联网运行速度急剧下降，局域网络甚至一度瘫痪。

当时我国仅有几个力量薄弱的应急组织，根本不具备处理如此大规模事件的能力，而各互联网运维部门也没有专门的网络安全技术人员，更没有互相协同处理的机制，各方几乎都束手无策。紧要关头，在CNCERT/CC的建议下，信息产业部组织了各个互联网单位和网络安全企业参加的应急响应会，汇总了全国当时受影响的情况，约定了协调处理的临时机制，确定了联系方式，并最终组成了一个网络安全应急处理联盟。

2001年10月，工信部提出建立国家计算机紧急响应体系，并且要求各互联网运营单位成立紧急响应组织，能够加强合作、统一协调、互相配合。自此，我国的应急体系应运而生。目前，我国应急处理体系已经经历了从点状到树状的发展过程，并正在朝网状发展完善，最终要建设成一个覆盖全国全网的应急体系。

我国当前的网络应急组织体系是在国家网络与信息安全协调小组办公室领导下建设的，分为国家级政府层次、国家级非政府层次和地方级非政府层次三个层面。

国家级政府层次以信息产业部互联网应急处理协调办公室为中心，向下领导国家级非政府层次的工作，横向与我国其他部委之间进行协调联系，同时负责与国外同层次的政府部门（如APEC经济体）之间进行交流和联系。

国家级非政府层次以CNCERT/CC为中心，工信部向下领导其遍布全国各省的分中心的工作，协调各个骨干互联网单位CERT小组的应急处理工作，协调和指导国家计算机病毒应急处理中心、国家计算机网络入侵防范中心和国家反计算机入侵和防病毒研究中心三个专业应急组织的工作，指导公共互联网应急处理国家级试点单位的应急处理工作；CNCERT/CC同时还负责与国际民间CERT组织之间的交流和联系，负责利用自身的网络安全监测平台对全国互联网的安全状况进行实时监测。在这个层次中，还有信息产业部网络安全、信息安全和应急处理三个专业的重点实验室，其任务是进行专门的技术研究，为CNCERT/CC开展应急处理协调工作提供必要的技术支撑。

地方级非政府层次主要以CNCERT/CC各省分中心为中心，协调当地的IDC应急组织、指导公共互联网应急处理服务省级试点单位开展面向地方的应急处理工作。

整个体系由国家网络与信息安全协调小组、工信部、CNCERT/CC及其各省分中心构成核心框架，协调和指导各互联网单位应急组织、专业应急组织、安全服务试点单位和地方IDC应急组织共同开展工作，各自明确职责和工作流程，形成了一个有机的整体。

CNCERT/CC成立于2000年10月，主页为http://www.cert.org.cn/，如图18-1所示。

它的主要职责是协调我国各计算机网络安全事件应急小组，共同处理国家公共电信基础网络上的安全紧急事件，为国家公共电信基础网络、国家主要网络信息应用系统以及关键部门提供计算机网络安全的监测、预警、应急、防范等安全服务和技术支持，及时收集、核实、汇总、发布有关互联网安全的权威性信息，组织国内计算机网络安全应急组织进行国际合作和交流。其从事的工作内容如下。

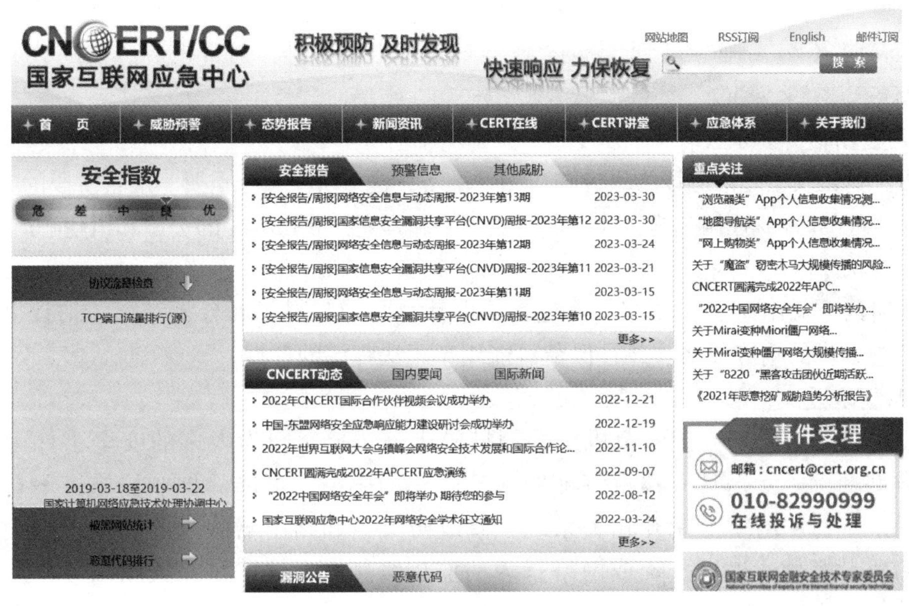

图 18-1　CNCERT/CC 的主页

1）信息获取：通过各种信息渠道与合作体系，及时获取各种安全事件与安全技术的相关信息。

2）事件监测：及时发现各类重大安全隐患与安全事件，向有关部门发出预警信息，提供技术支持。

3）事件处理：协调国内各应急小组处理公共互联网上的各类重大安全事件，同时，作为国际上与中国进行安全事件协调处理的主要接口，协调处理来自国内外的安全事件投诉。

4）数据分析：对各类安全事件的有关数据进行综合分析，形成权威的数据分析报告。

5）资源建设：收集整理安全漏洞、补丁、攻击防御工具、最新网络安全技术等各种基础信息资源，为各方面的相关工作提供支持。

6）安全研究：跟踪研究各种安全问题和技术，为安全防护和应急处理提供技术和理论基础。

7）安全培训：进行网络安全应急处理技术及应急组织建设等方面的培训。

8）技术咨询：提供安全事件处理的各类技术咨询。

9）国际交流：组织国内计算机网络安全应急组织进行国际合作与交流。

CNCERT/CC 应急处理案例如下。

1）网络蠕虫事件：如 SQL Slammer 蠕虫、口令蠕虫、冲击波蠕虫等。

2）DDoS 攻击事件：如部分政府网站和大型商业网站遭到了攻击。

3）网页篡改事件：如全国共有435台主机上的网页遭到篡改，其中包括143个主机上的337个政府网站在内。

4）网络欺诈事件：如处理了澳大利亚等CERT组织报告的几起冒充金融网站的事件。

18.2　应急响应的阶段

我国在应急响应方面的起步较晚，按照有关材料的总结，通常把应急响应分成几个阶段，即准备、检测、抑制、根除、恢复、报告和总结等阶段。

1. 准备阶段

在事件真正发生之前应该为事件响应做好准备，这一阶段十分重要。准备阶段的主要工作包括建立合理的防御/控制措施，建立适当的策略和程序，获得必要的资源和组建响应队伍等。

2. 检测阶段

检测阶段要做出初步的动作和响应，根据获得的初步材料和分析结果，估计事件的范围，制定进一步的响应战略，并且保留可能用于司法程序的证据。

3. 抑制阶段

抑制的目的是限制攻击的范围。抑制措施十分重要，因为太多的安全事件可能迅速失控。典型的例子就是具有蠕虫特征的恶意代码的感染。可能的抑制措施一般包括：关闭所有的系统；从网络上断开相关系统；修改防火墙和路由器的过滤规则；封锁或删除被攻破的登录账号；提高系统或网络行为的监控级别；设置陷阱；关闭服务；反击攻击者的系统等。

4. 根除阶段

在事件被抑制之后，通过对有关恶意代码或行为的分析结果，找出事件根源并彻底清除。对于单机上的事件，主要可以根据各种操作系统平台的具体的检查和根除程序进行操作；但是大规模爆发的带有蠕虫性质的恶意程序，要根除各个主机上的恶意代码，是一个十分艰巨的任务。很多案例的数据表明，众多的用户并没有真正关注他们的主机是否已经遭受入侵，有的甚至持续一年多，任由他感染蠕虫的主机在网络中不断地搜索和攻击别的目标。发生这种现象的重要原因是各网络之间缺乏有效的协调，或者是在一些商业网络中，网络管理员对接入到网络中的子网和用户没有足够的管理权限。

5. 恢复阶段

恢复阶段的目标是把所有被攻破的系统和网络设备彻底还原到它们正常的工作状态。恢复工作应该十分小心，避免出现误操作导致数据的丢失。另外，恢复工作中如果涉及机密数据，需要额外遵照机密系统的恢复要求。对不同任务的恢复工作的承担单位，要有不同的担保。如果攻击者获得了超级用户的访问权，一次完整的恢复应该强制性地修改所有的口令。

6. 报告和总结阶段

这是最后一个阶段，却是绝对不能忽略的重要阶段。这个阶段的目标是回顾并整理发生事件的各种相关信息，尽可能地把所有情况记录到文档中。这些记录的内容，不仅对有关部门的其他处理工作具有重要意义，而且对将来应急工作的开展也是非常重要的积累。

18.3　应急响应的方法

18.3.1　Windows 系统应急响应方法

在 Windows 操作系统下，如果某一天，当使用计算机的时候，发现计算机出现诸如硬盘灯不断闪烁、鼠标乱动、使用起来非常慢、内存使用率非常高、CPU 使用率非常高等情况。这时怀疑计算机出了安全问题，那么出于安全考虑，应该做些什么？特别是如何找出问题出在哪里？具体的解决方法如下。

1. 拔掉网线

无论出现任何安全问题，或者怀疑有安全问题，请记住，所要做的第一件事就是将自己的计算机进行物理隔离。这样可以防止事态进一步恶化。

具体来说，如果正在上网，请将网线拔掉；如果使用的是无线上网，请禁用无线上网功能。

2. 查看、对比进程，找出出问题的进程

通常怀疑计算机有安全问题的时候，需要采用同时按〈Ctrl+Alt+Delete〉键的方法来查看系统的进程，如图 18-2 所示，从而找出出问题的进程。但是计算机里有几十个进程，怎样找出是哪一个进程出了问题？这里介绍一种采用进程对比进行查找的方式。

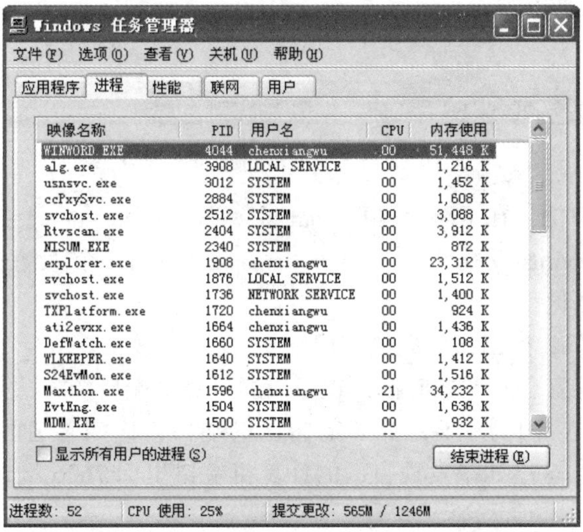

图 18-2　系统进程

1）在刚装完计算机的时候，将计算机里所有的进程记录下来。

采用手工将计算机每个进程记录下来的方式比较麻烦，费事费时。推荐采用图片的方式进行记录。方法是同时按〈Ctrl+Alt+Delete〉键，等进程出来后，再按下〈Prnt Scrn〉键。它的功能是将计算机的屏幕当图片复制下来。然后，再打开画笔程序，按〈Ctrl+V〉键将图片复制到画笔里面，再保存就可以了。有时候一屏保存不完，可以进行全屏、多屏保存，这样最多 3 屏就可以将所有的进程保存下来了。

2）将目前怀疑有问题的进程调出来，与上面保存的进程进行对比，找出出问题的进程。

对比的时候，最好对进程进行字母排序，这样对比起来更快一些。排序的方法是在进程图中用鼠标单击“映像名称”即可。如图18-3所示，通过对比发现多了一个进程，原来进程数是52个，现在是53个。再通过进一步的对比发现多了一个ccPxySvc. exe进程。

3）通过搜索引擎等找出问题根源。

通过查看、对比的方法找出了可能出问题的进程。这时，就可以在搜索引擎上搜索一下，看看这个进程是做什么的、是不是病毒等。如果是病毒的话，网上会有很多关于这种病毒的防治方法。

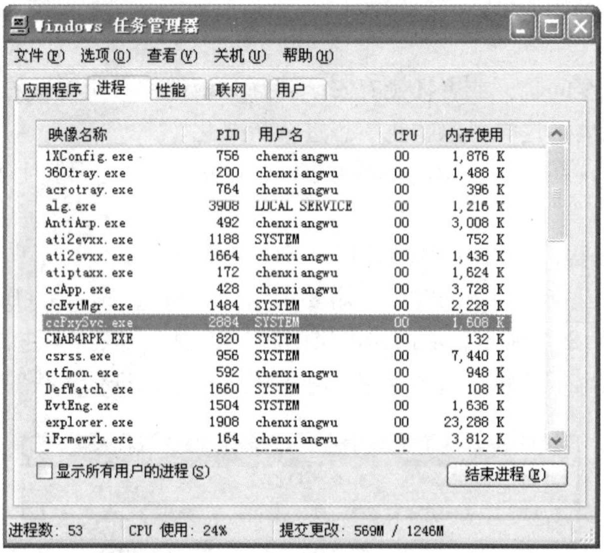

图18-3 找出出问题的进程

再以刚才的例子为例，在www. baidu. com或www. google. com上搜索一下Maxthon. exe，会发现它是Norton Antivirus反病毒和Norton Personal Firewall个人防火墙的服务程序进程，是一个正常的应用程序进程。

3. 查看、对比端口，找出出问题的端口

通常怀疑计算机有安全问题的时候，也可以通过查看端口的方法来判断，特别是在怀疑计算机中了木马的时候。因为木马通常都有自己的端口，比如著名的“冰河”木马，它所使用的端口号是7626。这里如果发现自己的计算机端口里面7626端口是开放的，那计算机很可能是中了“冰河”木马。

如此一来，关键是如何找出出问题的端口。查看端口的时候，可以使用DOS命令“netstat”来完成。方法是用鼠标单击“开始”→“运行”，输入“cmd”进入DOS提示符状态。然后输入DOS命令“netstat”或“netstat -ano”来查看系统的端口。图18-4所示为采用“netstat”命令查看端口。

找出出问题的端口的方法和上面所讲的找出出问题的进程的方法是一样的，也是采用图片对比的方式，这里就不再赘述。

找出出问题的端口后，也可以在搜索引擎上查找问题端口的信息，这里就不再赘述。另外，将图18-4中的PID号对应于图18-3中的PID号，可以找出特定端口对应的进程。

```
C:\WINDOWS\system32\cmd.exe
C:\>netstat -ano

Active Connections

  Proto  Local Address          Foreign Address        State           PID
  TCP    0.0.0.0:135            0.0.0.0:0              LISTENING       1320
  TCP    0.0.0.0:445            0.0.0.0:0              LISTENING       4
  TCP    0.0.0.0:1025           0.0.0.0:0              LISTENING       820
  TCP    59.64.158.190:139      0.0.0.0:0              LISTENING       4
  TCP    59.64.158.190:3349     207.46.111.36:1863     ESTABLISHED     620
  TCP    127.0.0.1:1034         0.0.0.0:0              LISTENING       2884
  TCP    127.0.0.1:1036         0.0.0.0:0              LISTENING       3908
  UDP    0.0.0.0:445            *:*                                    4
  UDP    0.0.0.0:500            *:*                                    1036
  UDP    0.0.0.0:1035           *:*                                    620
  UDP    0.0.0.0:1039           *:*                                    1736
  UDP    0.0.0.0:1040           *:*                                    1736
  UDP    0.0.0.0:1931           *:*                                    828
```

图 18-4　采用“netstat”命令查看端口

4. 查看开放端口所对应的程序

上面通过“netstat”命令可以看到系统里有哪些端口是开放的。但是通常更需要知道的是开放端口所对应的应用程序是哪些？这里介绍一个名为“fport. exe”的工具。只要将这个文件下载下来，在 DOS 环境下运行一下就行了。如图 18-5 所示，可以很清楚地看到，TCP 的 1025 端口是被诺顿的个人防火墙所占用，TCP 的 3349 端口被 MSN Messager 聊天程序所占用。

```
C:\WINDOWS\system32\cmd.exe
C:\>fport
FPort v2.0 - TCP/IP Process to Port Mapper
Copyright 2000 by Foundstone, Inc.
http://www.foundstone.com

Pid   Process            Port  Proto Path
1320                 ->  135   TCP
4     System         ->  139   TCP
4     System         ->  445   TCP
820   CNAB4RPK       ->  1025  TCP   C:\WINDOWS\system32\CNAB4RPK.EXE
2884  ccPxySvc       ->  1034  TCP   C:\Program Files\Norton Personal Firewall\c
cPxySvc.exe
3908                 ->  1036  TCP
620   MsnMsgr        ->  3349  TCP   C:\Program Files\Windows Live\Messenger\Msn
Msgr.Exe

0     System         ->  9     UDP
0     System         ->  123   UDP
1036  lsass          ->  123   UDP   C:\WINDOWS\system32\lsass.exe
0     System         ->  137   UDP
0     System         ->  138   UDP
```

图 18-5　fport 的使用

5. 查看、对比注册表

通常怀疑计算机有安全问题的时候，还可以通过查看对比注册表的方式，找出问题的根源。注册表的“HKEY_LOCOL_MACHINE\SOFTWARE\Microsoft\Windows\CurrentVersion\Run”里面存放的是计算机启动之后系统自动要加载的项，如图 18-6 所示。这里通常也是黑客感兴趣的地方，许多病毒、木马程序经常将自己的可执行文件放在这里，以便开机之后能自动运行。

找出注册表出问题的项的方法和上面所讲的找出出问题的进程的方法是一样的，也是采用图片对比的方式，这里不再赘述。

找出出问题的注册表项后，也可以在搜索引擎上查找问题注册表的信息，这里也不再赘述。

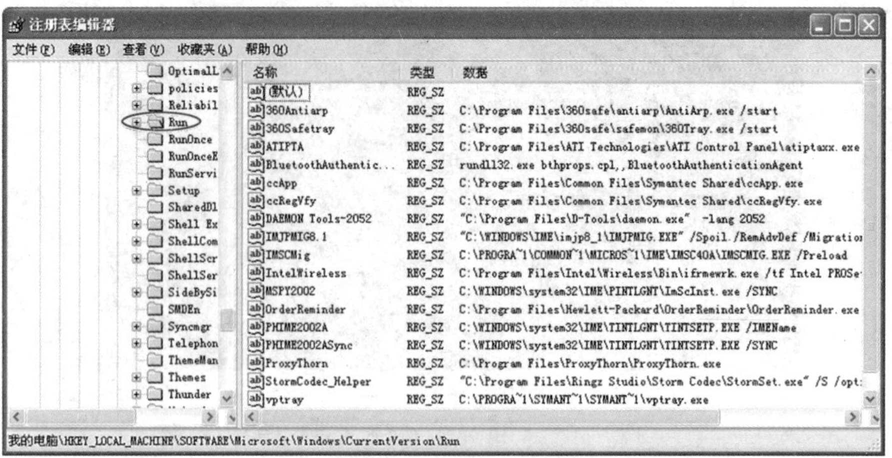

图 18-6　注册表的 Run 键值

6. 查看其他安全工具的日志

通过查看其他安全工具日志的方式，也可以找出问题的根源，其他工具有防火墙、入侵检测、网络蜜罐等。

18.3.2　个人软件防火墙的使用

如果通过某种方式知道有一个 IP 在对计算机发起攻击，想要封掉这个 IP，或希望关闭一个不必要的危险端口，可以通过个人防火墙来实现。下面以诺顿个人防火墙为例，讲解如何封掉一个 IP 或一个端口。

1. 封掉一个 IP

打开诺顿个人防火墙，如图 18-7 所示。

选择“Personal Firewall”，再单击“Configure”按钮，这时出现如图 18-8 所示的对话框。

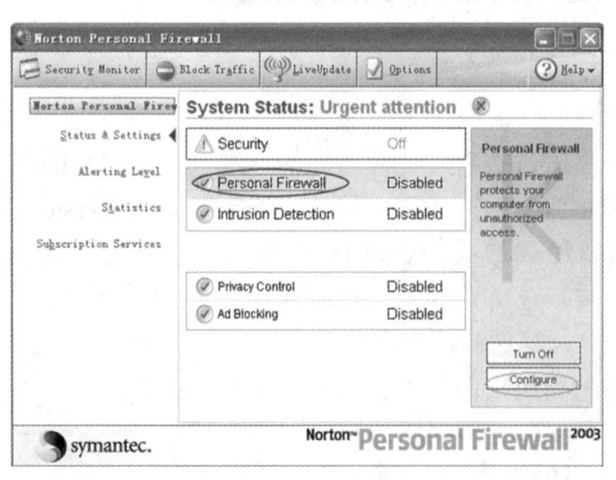

图 18-7　诺顿个人防火墙主界面

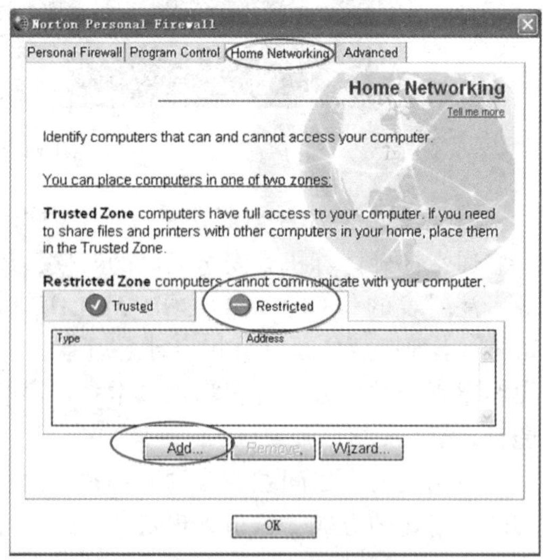

图 18-8　网络配置

选择“Restricted”标签，再单击“Add”按钮，出现如图 18-9 所示的对话框。

输入要封掉的 IP 地址，单击“OK”按钮，出现如图 18-10 所示的对话框。

这时 IP 地址 59. 64. 65. 23 就被封掉了。

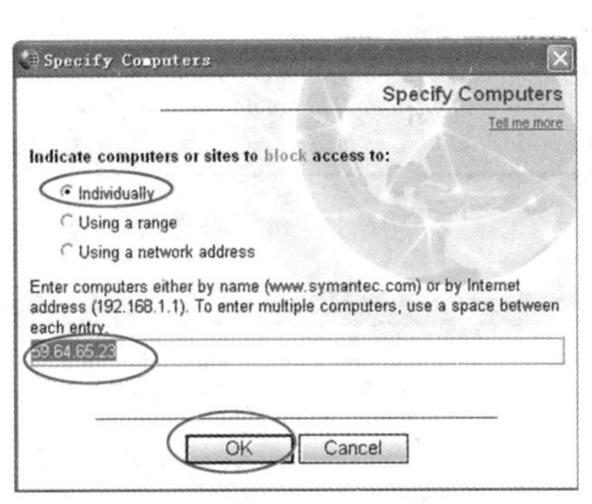

图 18-9　封掉一个 IP

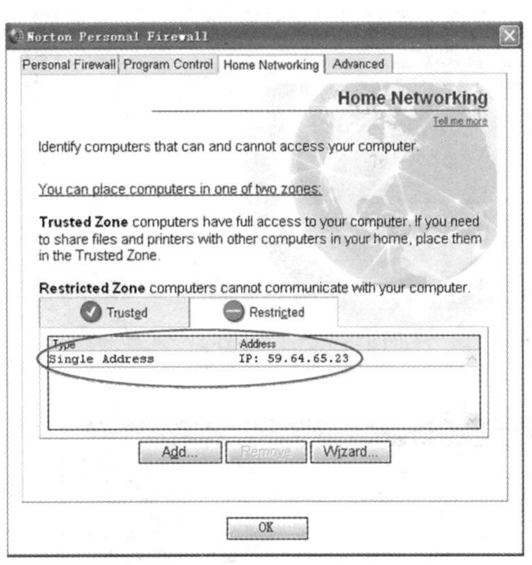

图 18-10　完成封掉一个 IP

2. 关闭一个端口

选择防火墙配置对话框里的“Advanced”标签，出现如图 18-11 所示的对话框。

单击“General Rules...”按钮，出现如图 18-12 所示的对话框。

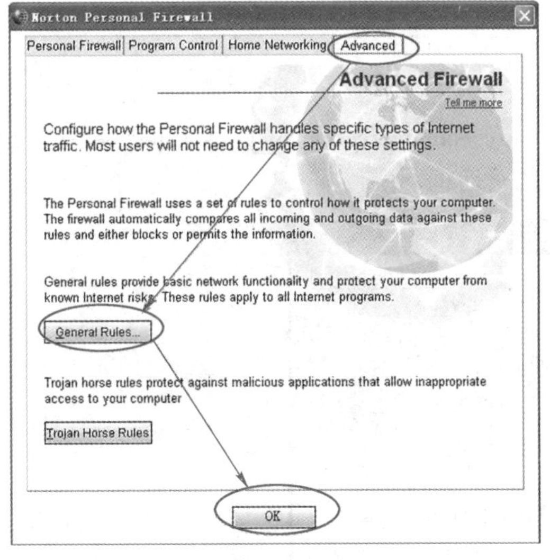

图 18-11　防火墙高级配置

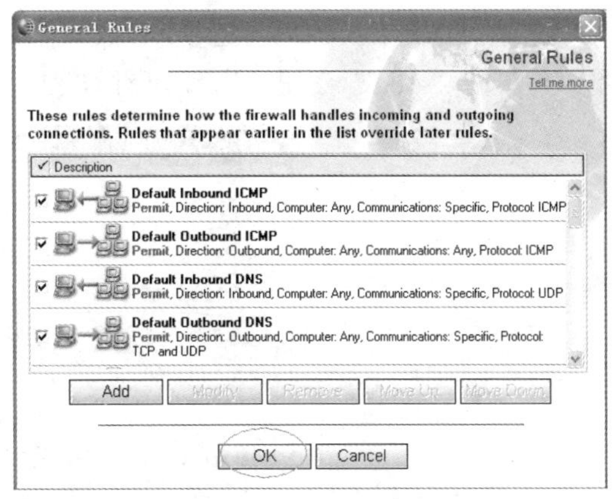

图 18-12　规则配置

单击“OK”按钮，出现如图 18-13 所示的对话框。

选择“Block”选项，单击“Next”按钮，出现如图 18-14 所示的对话框。

选择“Connections to and from other computers”，进行双向禁止。再单击“Next”按钮，出现如图 18-15 所示的对话框。

选择“Any computer”再单击“Next”按钮，出现如图 18-16 所示的对话框。

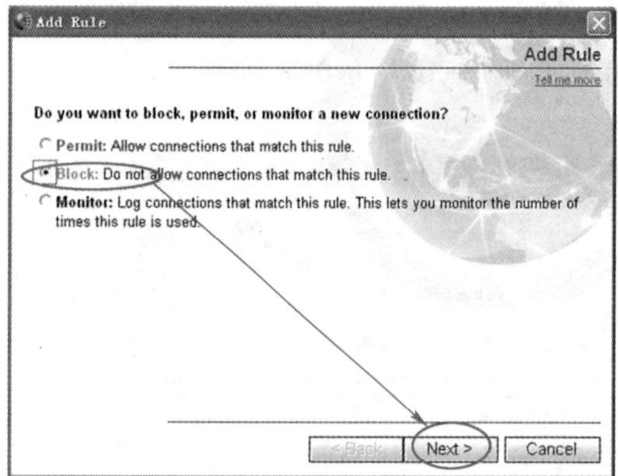

图 18-13　选择规则

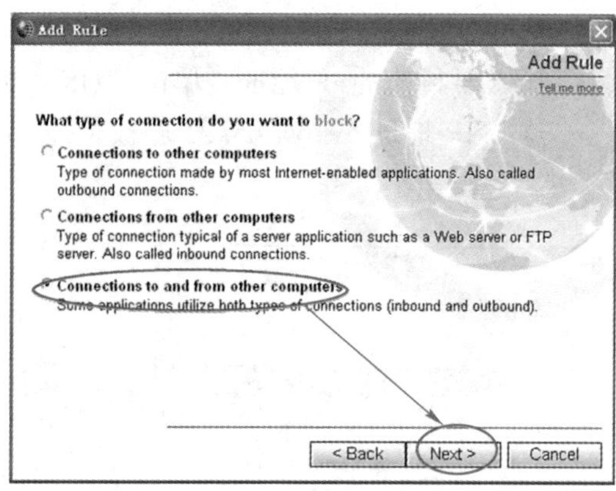

图 18-14　添加规则

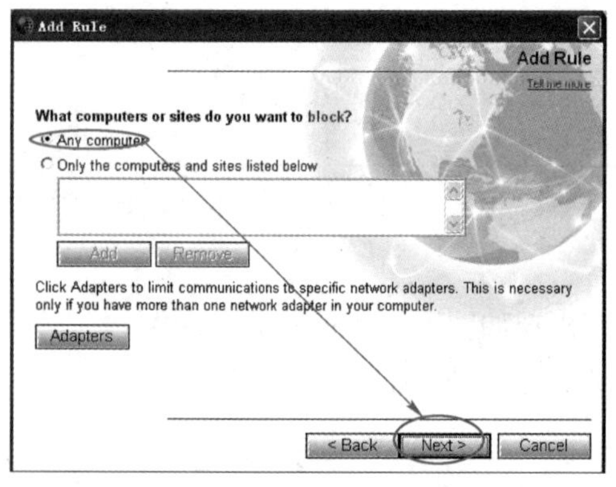

图 18-15　选择要禁止的范围

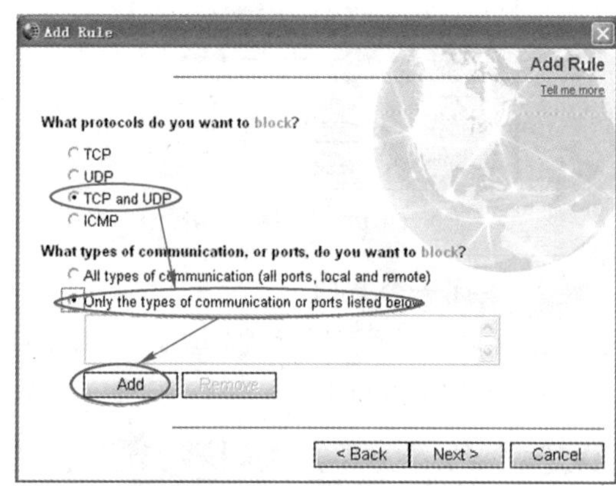

图 18-16　选择端口类型

选择“TCP and UDP”选项和“Only the types of communication or ports listed below”选项，再单击“Add”按钮，出现如图 18-17 所示的对话框。

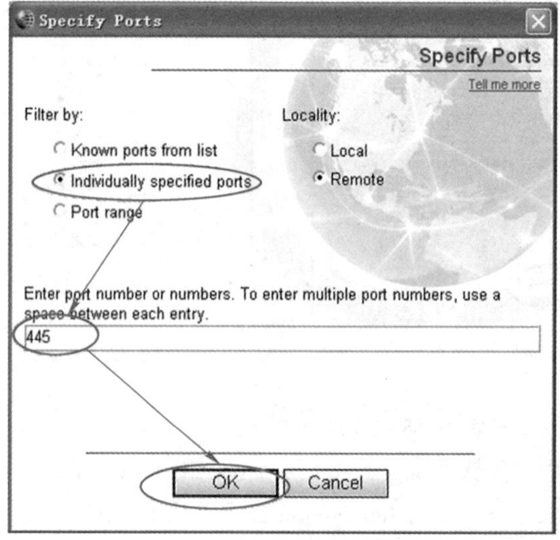

图 18-17　指定要禁止的端口

选择“Individually specified ports”，输入要禁止的端口，如 445，再单击“OK”按钮。这样就完成了对一个端口的关闭工作。

18.3.3　蜜罐技术

入侵检测系统能够对网络和系统的活动情况进行监视，及时发现并报告异常现象。但是，入侵检测系统在使用中难以检测新类型黑客攻击方法，可能漏报和误报。

蜜罐使这些问题有望得到进一步的解决，通过观察和记录黑客在蜜罐上的活动，人们可以了解黑客的动向、黑客使用的攻击方法等有用信息。如果将蜜罐采集的信息与 IDS 采集的信息联系起来，则有可能减少 IDS 的漏报和误报，并能用于进一步改进 IDS 的设计，增强 IDS 的检测能力。

对攻击行为进行追踪属于主动式的事件分析技术。在攻击追踪方面，最常用的主动式事件分析技术是“蜜罐”技术。

蜜罐是当前最流行的一种陷阱及伪装手段，主要用于监视并探测潜在的攻击行为。蜜罐可以是伪装的服务器，也可以是伪装的主机。一台伪装的服务器可以模拟一个或者多个网络服务，而伪装主机是一台有着伪装内容的正常主机。无论是伪装服务器还是伪装主机，与正常的服务器和主机相比，它们还具备监视的功能。

Windows 下的 Trap Server 软件是一个常用的密罐软件，其界面如图 18-18 所示。此软件是个适用于 Windows 操作系统的“蜜罐”，可以模拟很多不同的服务器，如 Apache HTTP Server、Microsoft IIS 等，如图 18-19 所示。

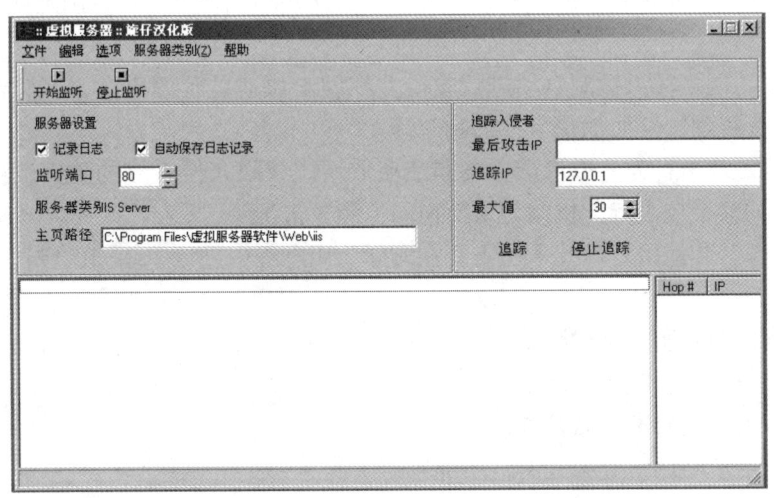

图 18-18　Windows 下的 Trap Server 蜜罐界面

蜜罐的伪装水平取决于三点，即内容的可信性、内容的多样性和对系统平台的真实模拟。其中，内容的可信性是指当供给者获取信息时，在多大程度、多长时间上能够吸引攻击者；内容的多样性是指应提供不同内容的文件来吸引攻击者；对系统平台的真实模拟是指蜜罐系统与被伪装的系统之间应采用相同的工作方式。在设计蜜罐的时候需要考虑下面一些问题。

1）蜜罐应当伪装的对象类型。

2）蜜罐应当为入侵者提供什么模式的工作窗口。

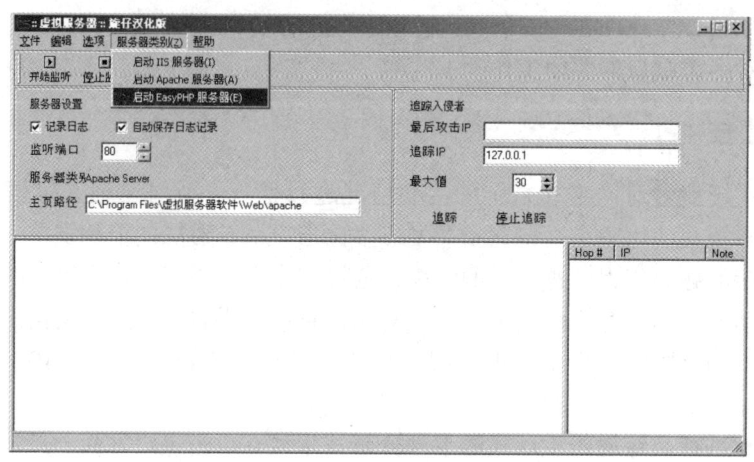

图 18-19　模拟 HTTP 服务

3）蜜罐应当工作在怎样的系统平台上。

4）应当部署的蜜罐数目。

5）蜜罐的网络部署方式。

6）蜜罐自身的安全性。

7）如何让蜜罐引人注意。

由于蜜罐技术能够直接监视到入侵的行为过程，这对于掌握事件的行为机制以及了解攻击者的攻击意图都是非常有效的。根据蜜罐技术的这些功能特点，可以确定两个主要的应用场合。

1）对于采用网络蠕虫机制自动进行攻击并在网上快速蔓延的事件，部署蜜罐可以迅速查明攻击的行为机理，从而加快事件的响应速度。

2）对于隐藏攻击行为，以渗透方式非法获取系统权限入侵系统的事件，部署蜜罐有助于查明攻击者的整个攻击行为机制，从而逆向追溯攻击源头。

要成功地部署并使用蜜罐技术还需要在实际应用过程中进行一系列的操作，其中涉及的主要内容如下。

1）在部署之前对蜜罐进行测试。

2）记录并报告对蜜罐的访问。

3）隔一定的时间对蜜罐做检查和维护。

4）按一定的策略调整蜜罐在网络中部署的位置。

5）按一定的安全方式从远程管理蜜罐。

6）按照预定的时间计划清除过时的蜜罐。

7）在蜜罐本身遭受攻击时采取相关的事件响应操作。

18.4　计算机犯罪取证

在应急响应的第四个阶段即根除阶段，一个很重要的过程就是犯罪取证，抓获元凶，只有这样才能从根本上铲除对计算机系统的危害。通常进行计算机犯罪取证的方法有以下几种。

1. 对比分析技术

将收集的程序、数据、备份等与当前运行的程序、数据进行对比，从中发现篡改的痕迹。例如，对比文件的大小，采用 MD5 算法对比文件的摘要等。

2. 关键字查询技术

对所做的系统硬盘备份，用关键字匹配查询，从中发现问题。

3. 数据恢复技术

计算机犯罪发生后，案犯往往会破坏现场，毁灭证据。因此要对破坏和删除的数据进行有效分析，能从中发现蛛丝马迹。这种恢复是建立在对磁盘管理系统和文件系统熟知的基础上。例如，可以采用 EasyRecovery 等工具来恢复系统中删除的文件。

4. 文件指纹特征分析技术

该技术利用磁盘按簇分配的特点，在每一个文件尾部保留一些当时生成该文件的内存数据，这些数据即成为该文件的指纹数据，根据此数据可判断文件最后修改的时间。该技术可用于判定作案时间。

5. 残留数据分析技术

文件存储在磁盘后，由于文件实际长度要小于或等于实际占用簇的大小，在分配给文件的存储空间中，大于文件长度的区域会保留原来磁盘存储的数据，利用这些数据来分析原来磁盘中存储的数据内容。

6. 磁盘存储空闲空间的数据分析技术

磁盘在使用过程中，对文件要进行大量增、删、改、复制等操作。人们传统认识认为进行这些操作时，只对磁盘中存放的原文件进行局部操作。而系统实际上是将文件原来占用的磁盘空间释放掉，使之成为空闲区域，经过上述操作的文件重新向系统申请存储空间，再写入磁盘。这样经过一次操作的数据文件写入磁盘后，在磁盘中就会存在两个文件，一个是操作后实际存在的文件，另一个是修改前的文件，但其占用的空间已释放，随时可以被新文件覆盖。掌握这一特性，该技术可用于数据恢复，对被删除、修改、复制的文件，可追溯到变化前的状态。

7. 磁盘后备文件、镜像文件、交换文件、临时文件分析技术

在磁盘中，有时软件在运行过程中会产生一些诸如 . tmp 的临时文件，还有诺顿之类的软件可对系统区域的重要内容（如磁盘引导区、FAT 表等）形成镜像文件，以及 . bak、交换文件 . swp 等。要注意对这些文件结构的分析，掌握其组成结构，这些文件中往往记录一些软件运行状态和结果以及磁盘的使用情况等，对侦察分析工作会有很大帮助。

8. 记录文件的分析技术

目前，一些新的系统软件和应用软件中增加了对已操作过的文件的相应记录。如 Windows 中在“开始”下的“文档”菜单中记录了所使用过的文件名，IE 及 Netscape 中 Bookmark 记录了浏览过的站点地址。这些文件名和地址可以提供一些线索和证据。

9. 入侵检测分析技术

利用入侵检测工具，对来自网络的各种攻击进行实时检测，发现攻击源头和攻击方法，并予以记录，作为侦破的线索和证据。

10. 陷阱技术

设计陷阱捕获攻击者，如上面提到的蜜罐技术等。

18.5　习题

1. 应急响应的任务和目标有哪些?
2. CNCERT/CC 主要提供哪些基本服务?
3. 应急响应主要有哪 6 个阶段?
4. 简述 Windows 下的应急响应方法。
5. 如何使用个人防火墙来禁止一个 IP?
6. 如何使用个人防火墙来关闭一个端口?

第 19 章 数据备份与恢复

计算机用户都会有这样的经历，在使用计算机过程中敲错了一个键，几个小时甚至是几天的工作成果便会付之东流。即使不出现操作错误，也会因为病毒、木马等软件的攻击，使计算机出现无缘无故的死机、运行缓慢等情况。随着计算机和网络的不断普及，确保系统数据信息安全就显得尤为重要。在这种情况下，备份和恢复就成为日常操作中一个非常重要的措施。本章将讲述数据备份与恢复以及常用的备份软件。

- **知识与能力目标**

1）了解数据备份与恢复。

2）熟悉 Windows XP 中的数据备份。

3）熟悉 Windows XP 中的数据恢复。

4）学会数据恢复软件 EasyRecovery 的使用。

- **素养目标**

1）培养学生的国家使命感和民族自豪感。

2）培养学生认真负责、追求极致的品质。

19.1　数据备份与恢复概述

任何数据在长期使用过程中，都会存在一定的安全隐患。对于管理员来说不能仅寄希望于计算机操作系统的安全运行，而是要建立一整套的数据备份与恢复机制。当任何人为的或是自然的灾难一旦出现，而导致数据库崩溃、物理介质损坏等情况时，就可以及时恢复系统中重要的数据，不影响整个单位业务的运作。然而，如果没有可靠的备份数据和恢复机制，就可能带来系统瘫痪、工作停滞、经济损失等不堪设想的后果。常见的数据备份与恢复方法如下。

1. Windows 操作系统中的数据备份与恢复

Windows 操作系统中自带了许多备份与恢复功能，可以对数据、文件、磁盘、注册表、操作系统、驱动程序等进行备份与恢复。

2. 数据库系统自带的数据备份与恢复

许多数据库系统都自带数据备份与恢复功能，如 SQL Server、Oracle 等。

3. 专用的数据备份与恢复软件

数据备份与恢复可以通过专业的软件来完成。目前有许多专用的数据备份与恢复软件，如 EasyRecovery 等。

4. 人工复制的方法进行数据备份与恢复

数据备份与恢复还可以通过最原始的方法，即通过人工复制的方式来进行。比如将数据备份到一个 FTP 服务器当中，或将数据备份到移动硬盘、U 盘、光盘、磁带等。

19.2　Windows XP 中的数据备份

无论微软 Windows XP 操作系统多么稳定、多么安全，也无论管理员怎样维护和管理计算机，都无法绝对保证操作系统永远不会出现问题甚至崩溃，因为系统很有可能因操作失误或者其他无法预料的因素导致无法正常工作，因此很有必要在系统出现故障之前，先采取一些安全和备份措施，做到防患于未然。

19.2.1　备份系统文件

这里说的备份系统文件是通过创建紧急恢复盘来完成的，在计算机系统正常工作时，可以制作系统紧急恢复盘，以便在系统出现问题时，使用它来恢复系统文件，采用这种方法可以修复基本系统，包括系统文件、引导扇区和启动环境等。

步骤如下：打开“开始”菜单，选择“程序”→“附件”→“系统工具”→“备份”菜单，出现如图 19-1 所示的“备份或还原向导”对话框。

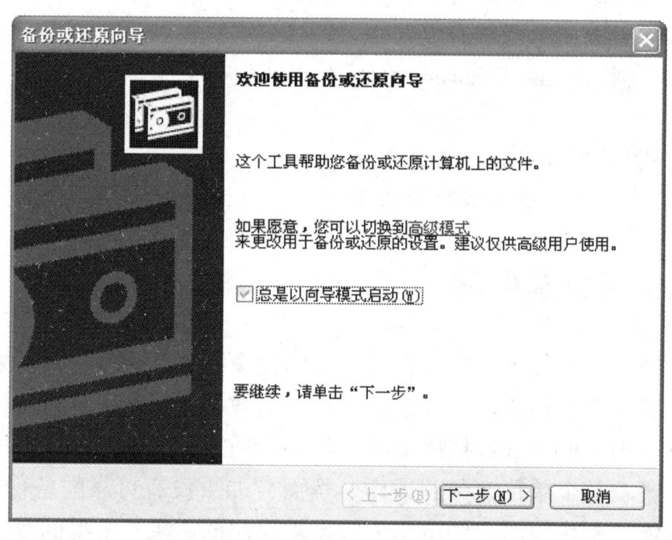

图 19-1　备份或还原向导

单击“下一步”按钮，出现如图 19-2 所示的选择“备份或还原”选项对话框。

选择“备份文件和设置”选项。单击“下一步”按钮，出现如图 19-3 所示的对话框。

这个对话框可以选择备份内容，选择好之后，单击“下一步”按钮，出现如图 19-4 所示的对话框。

这个对话框是选择备份的位置，选择完成后，单击“下一步”按钮，出现如图 19-5 所示的对话框。

这个对话框表示，选择备份的目录已经完成，单击“完成”按钮，出现如图 19-6 所示的对话框。

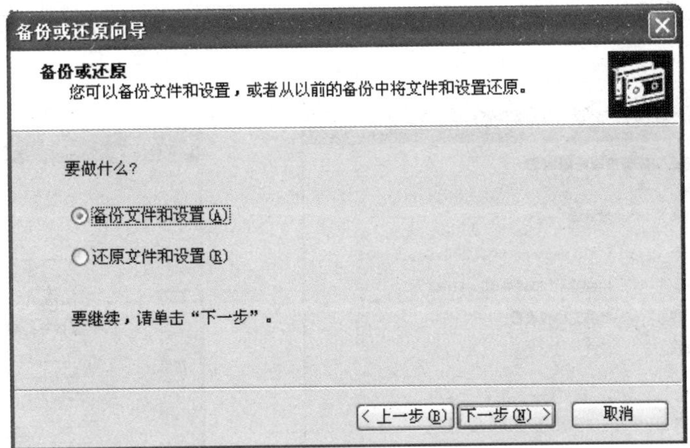

图 19-2　选择“备份或还原”选项

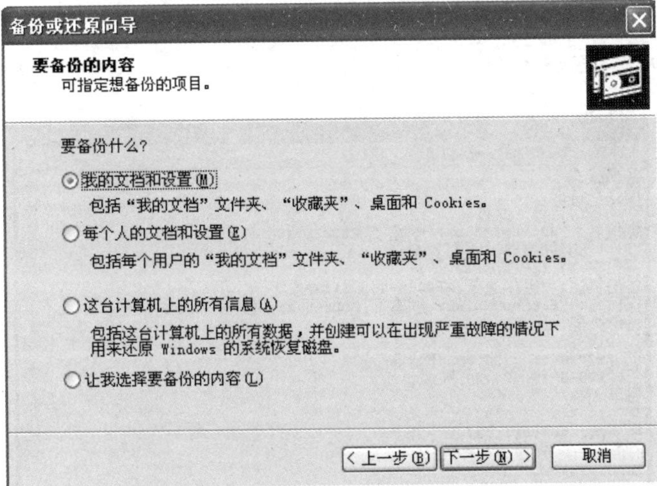

图 19-3　选择要备份的内容

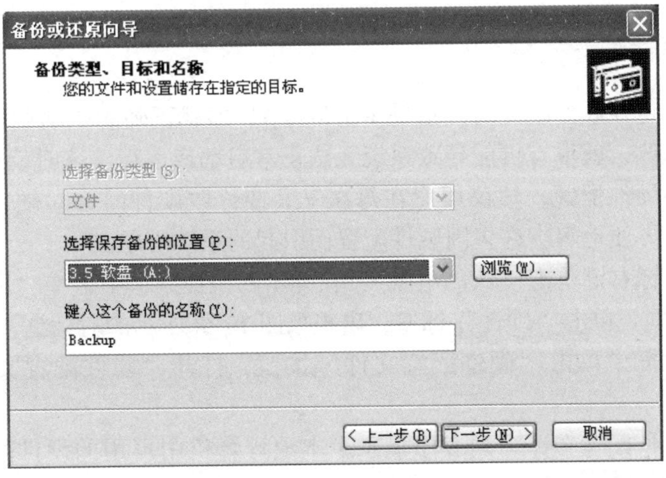

备份或还原向导

备份类型、目标和名称

您的文件和设置储存在指定的目标。

选择备份类型(S)：

文件

选择保存备份的位置(P)：

3.5 软盘 (A:)　浏览(W)...

键入这个备份的名称(Y)：

Backup

< 上一步(B)　下一步(N) >　取消

图 19-4　选择备份位置

这个对话框表示，系统正在进行备份，备份完成后，会出现如图 19-7 所示的备份统计窗口。

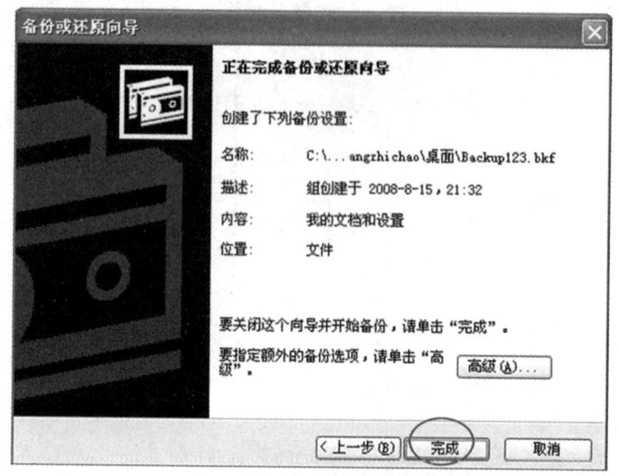

图 19-5　完成备份目录

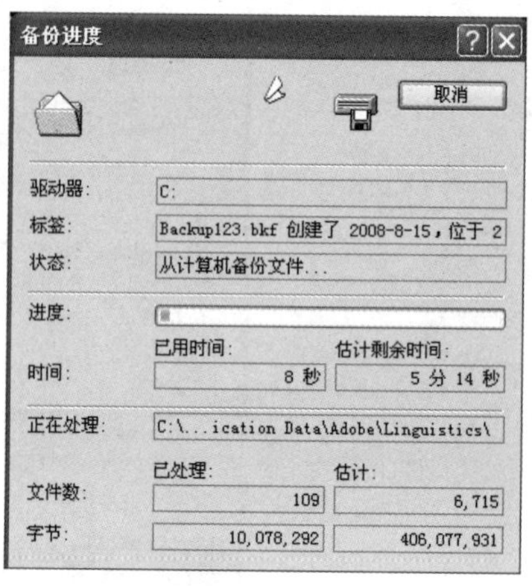

图 19-6　系统正在进行备份

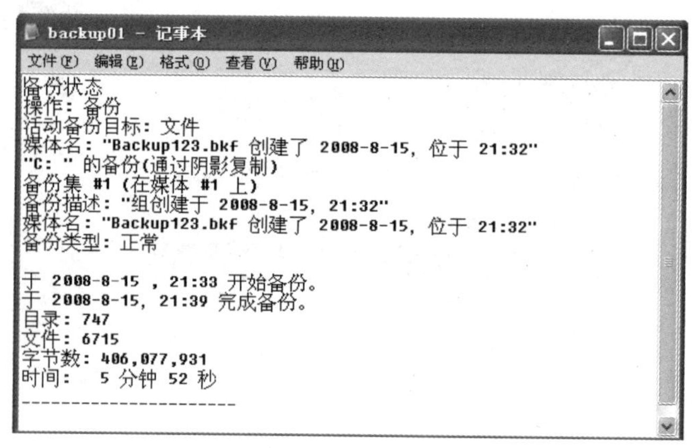

备份状态
操作：备份
活动备份目标：文件
媒体名："Backup123.bkf 创建了 2008-8-15，位于 21:32"
"C: " 的备份(通过阴影复制)
备份集 #1（在媒体 #1 上）
备份描述："组创建于 2008-8-15，21:32"
媒体名："Backup123.bkf 创建了 2008-8-15，位于 21:32"
备份类型：正常

于 2008-8-15 ，21:33 开始备份。
于 2008-8-15，21:39 完成备份。
目录：747
文件：6715
字节数：406,077,931
时间：　5 分钟 52 秒

图 19-7　备份完成后的统计

19.2.2　备份硬件配置文件

硬件配置文件可在硬件改变时，指导 Windows XP 加载正确的驱动程序，如果进行了一些硬件的安装或修改，就很有可能导致系统无法正常启动或运行，这时就可以使用硬件配置文件来恢复以前的硬件配置。建议用户在每次安装或修改硬件时都对硬件配置文件进行备份，这样可以非常方便地解决许多因硬件配置而引起的系统问题。

步骤如下：鼠标右键单击“我的电脑”，在弹出的快捷菜单中选择“属性”命令，打开“系统属性”对话框，单击“硬件”标签，出现如图 19-8 所示的对话框。

在出现的对话框中单击“硬件配置文件”按钮，打开“硬件配置文件”对话框，如图 19-9 所示。

在“可用的硬件配置文件”列表中显示了本地计算机中可用的硬件配置文件清单，在“可用的硬件配置文件”区域中，可以选择在启动 Windows XP 时（如有多个硬件配置文件）调用哪一个硬件配置文件。要备份硬件配置文件，单击“复制”按钮，在打开的“复制配置文件"对话框中的"到"文本框中输入新的文件名，然后单击"确定"按钮即可，如图 19-10 所示。

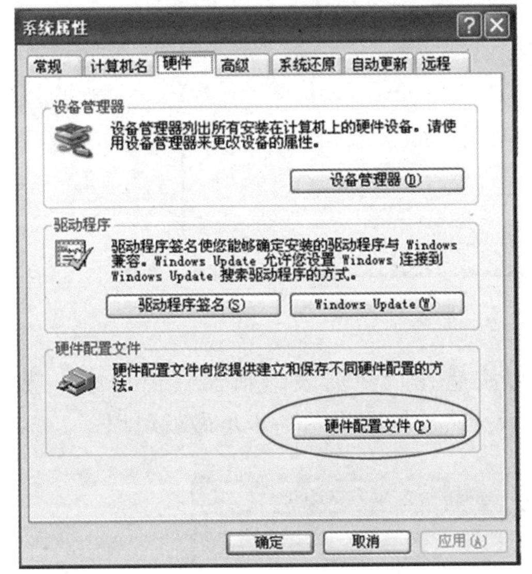

图 19-8　系统属性

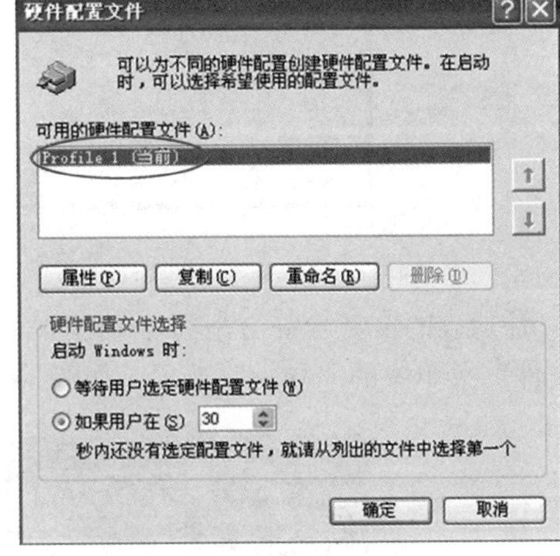

图 19-9　硬件配置文件

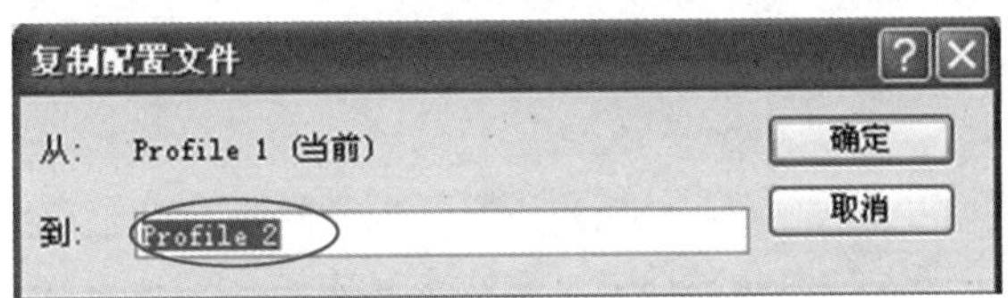

图 19-10　复制配置文件

19.2.3　备份注册表文件

注册表是 Windows XP 系统的核心文件，它包含了计算机中所有的硬件、软件和系统配置信息等重要内容，因此，很有必要做好注册表的备份，以防不测。

步骤如下：首先在"运行"命令框中输入"regedit.exe"打开注册表编辑器，如图 19-11 所示。

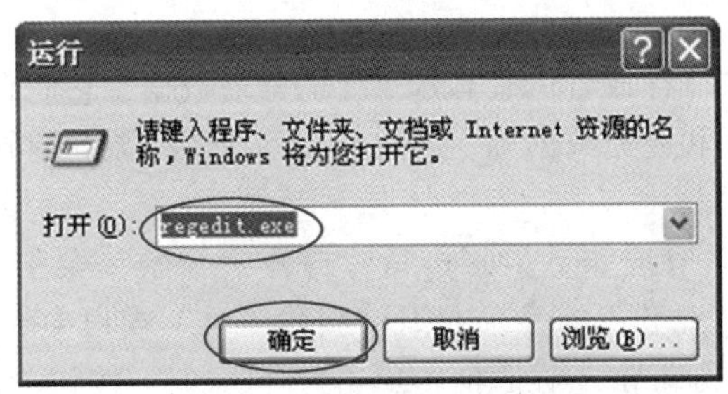

图 19-11　打开注册表编辑器

如果要备份整个注册表，请选择好根目录（"我的电脑"节点），然后在菜单中选择"导出"命令，打开"导出注册表文件"对话框，在"文件名"文本框中输入新的名称，选择好具体路径，单击“保存”按钮即可。如图19-12所示为导出备份注册表。

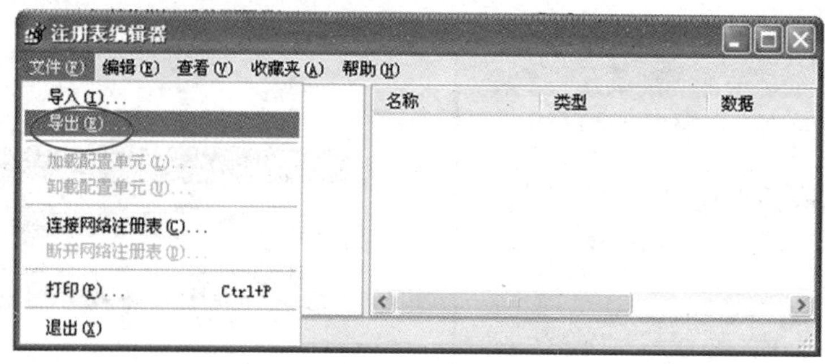

图19-12　导出备份注册表

注册表的恢复与备份是一个相反的过程，方法是在“注册表编辑器”窗口中，选择“文件”菜单中的“导入”选项，如图19-13所示，然后按照提示一步步做就可以了。

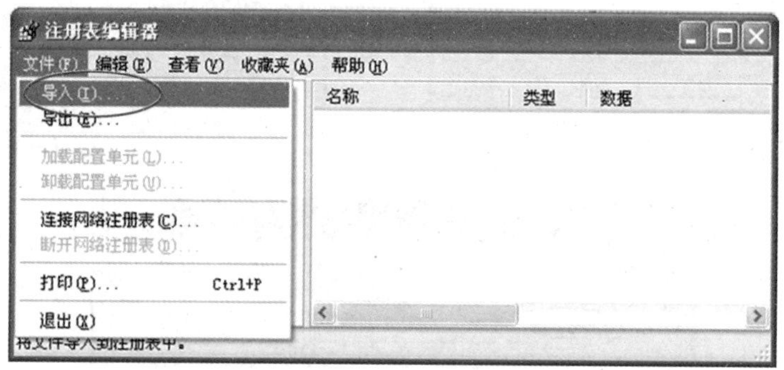

图19-13　注册表的恢复

19.2.4　制作系统的启动盘

对于不能从光盘引导启动的计算机，为了防止系统出现故障而无法引导，还应该制作用来引导计算机的启动盘，当系统不能启动时，用启动盘引导启动计算机后，可以使用“恢复控制台”“紧急修复磁盘”和“自动系统恢复”等功能来恢复系统。

19.2.5　备份整个系统

在计算机系统中，往往存放着一些非常重要的常规数据，它们有的甚至比系统数据都重要，比如公司的财务数据和业务数据等。因此，在备份系统数据的同时，还应该注意备份一些重要的常规数据。

要备份整个系统数据请按如下步骤进行：打开“开始”菜单，选择“程序”→“附件”→“系统工具”→“备份”命令，打开“备份工具”窗口中的“欢迎”选项卡，单击“备份”按钮，打开“备份向导”对话框，单击“下一步”按钮，系统将打开“要备份的内容”对话框，如图19-14所示。在“要备份什么”选项区域中选择“这台计算机上的所有信息”单选按钮，然后单击“下一步”按钮继续即可。

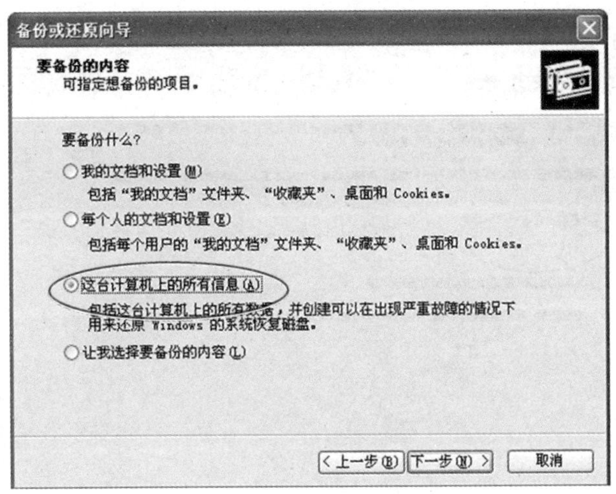

图 19-14　备份整个系统

19.2.6　创建系统还原点

"系统还原"是 Windows XP 的组件之一，用以在出现问题时将计算机还原到过去的状态，但同时并不丢失个人数据文件（如 Microsoft Word 文档、浏览历史记录、图片、收藏夹或电子邮件）。"系统还原"可以监视对系统和一些应用程序文件的更改，并自动创建容易识别的还原点。这些还原点允许用户将系统还原到过去某一时刻的状态。

方法如下：打开"开始"菜单，选择"程序"→"附件"→"系统工具"→"系统还原"命令，打开系统还原向导，选择"创建一个还原点"，如图 19-15 所示。

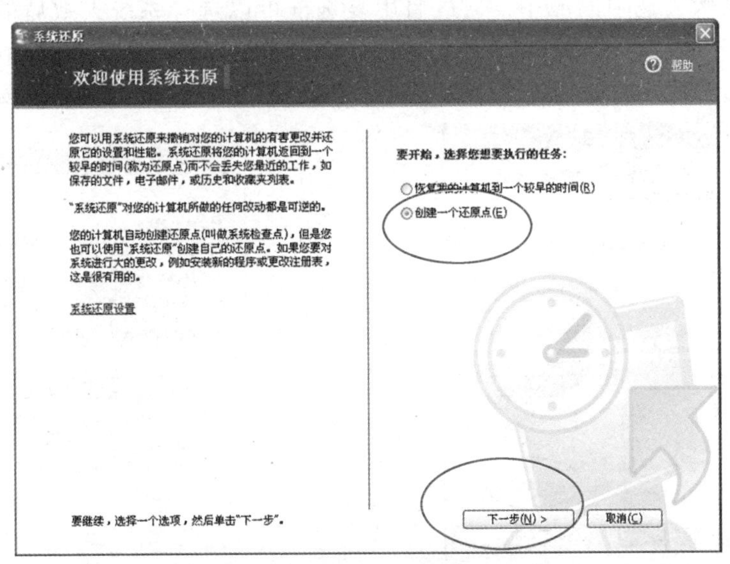

图 19-15　创建一个还原点 1

单击"下一步"按钮，为还原点命名后，单击"创建"按钮即可创建还原点，如图 19-16 所示。

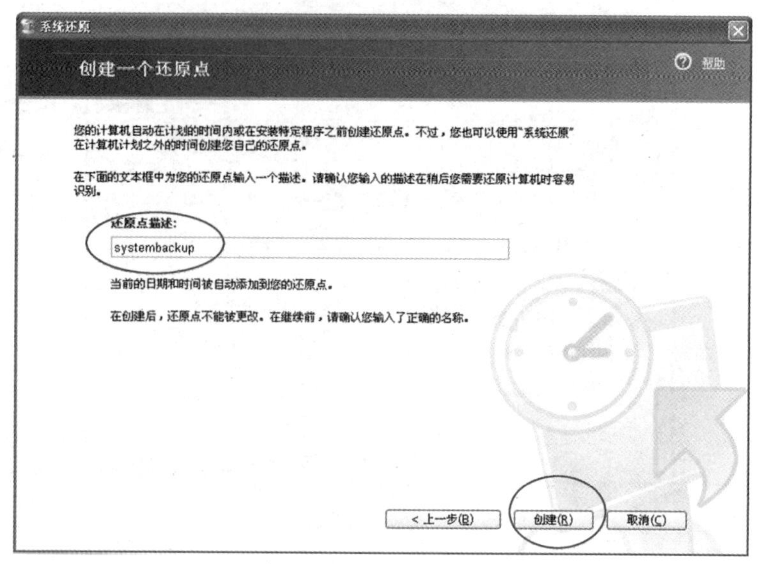

图 19-16　创建一个还原点 2

19.2.7　设定系统异常停止时 Windows XP 的对应策略

还可以在系统正常时，设定当系统出现异常停止时 Windows XP 的反应措施，比如可以指定计算机自动重新启动，步骤如下。

鼠标右键单击“我的电脑”，在弹出的快捷菜单中选择“属性”，打开“系统属性”设置对话框，选择“高级”标签，打开“高级”选项卡，如图 19-17 所示。

在“启动和故障恢复”选项区域中单击“设置”按钮，打开“启动和故障恢复”对话框，在“系统失败”选项区域中，通过启用复选框可以选择系统失败后的应对策略，在“写入调试信息”选项区域中可以设置写入系统调试信息时的处理方法，如图 19-18 所示。设置完毕，单击“确定”按钮返回“系统属性”对话框，再单击“确定”按钮。

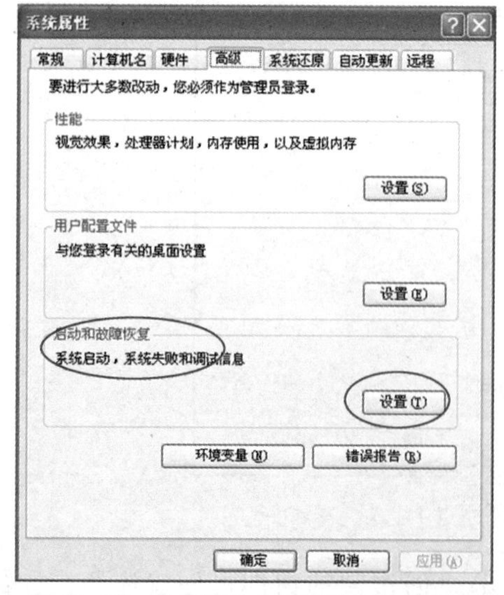

图 19-17　系统属性中的启动和故障恢复

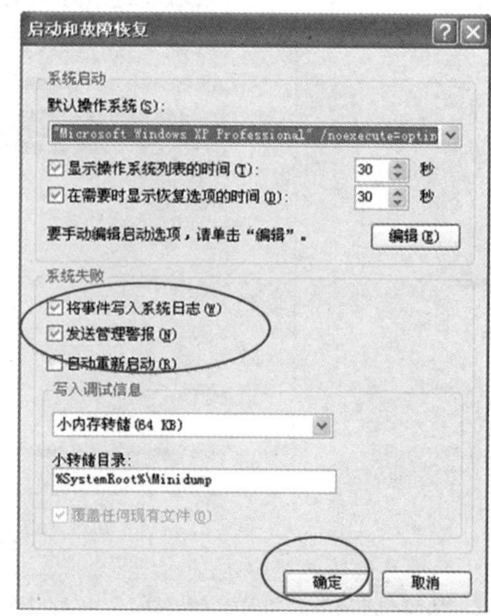

图 19-18　系统启动和故障恢复

19.3　Windows XP 中的数据恢复

容灾备份与恢复

Windows XP 提供了许多恢复系统的方法，包括上面提到的“系统还原”、使用紧急恢复盘及备份功能等，当然还有熟悉的“安全模式”等方法。

19.3.1　系统还原法

上面提到了系统还原的作用和创建系统还原点的方法，当系统出现问题时可以使用系统还原将系统还原到以前没有问题时的状态，方法如下。

打开“开始”菜单，选择“程序”→“附件”→“系统工具”→“系统还原”命令，打开系统还原向导，然后选择“恢复我的电脑到一个较早的时间”，单击“下一步”按钮，选择好系统还原点，单击“下一步”按钮即可进行系统还原，如图 19-19 所示。

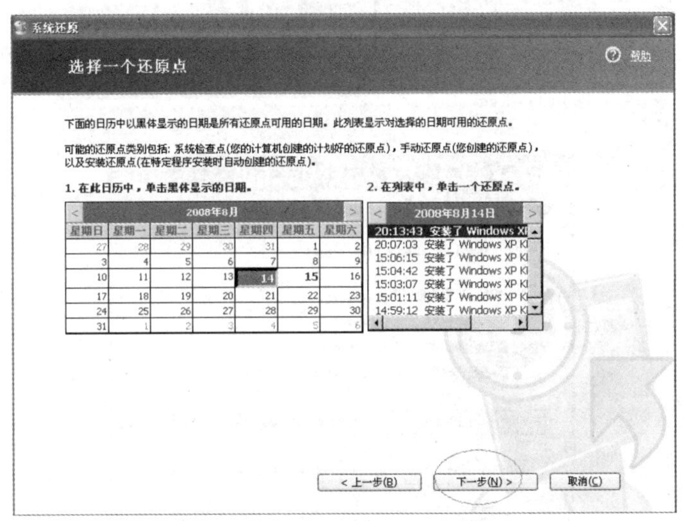

图 19-19　系统还原

注意：虽然系统还原支持在“安全模式”下使用，但是计算机运行在安全模式下时，“系统还原”不创建任何还原点。因此，当计算机运行在安全模式下时，无法撤销所执行的还原操作。

19.3.2　还原驱动程序

如果在安装或者更新了驱动程序后，发现硬件不能正常工作了，可以使用驱动程序的还原功能。方法如下。

选择“我的电脑”→“系统属性”→“硬件”→“设备管理器”，如图 19-20 所示。

单击“设备管理器”按钮，在设备管理器中，选择要恢复驱动程序的硬件，如图 19-21 所示。

双击它打开“Standard floppy disk controller 属性”窗口，选择“驱动程序”标签，如图 19-22 所示，然后单击“返回驱动程序”按钮。

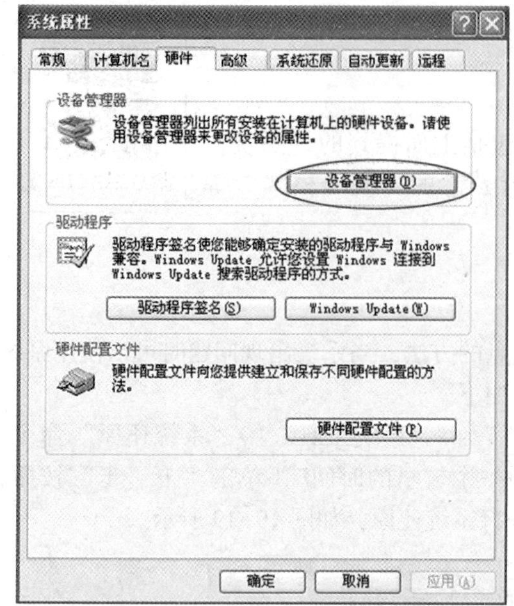

图 19-20　选择“设备管理器”

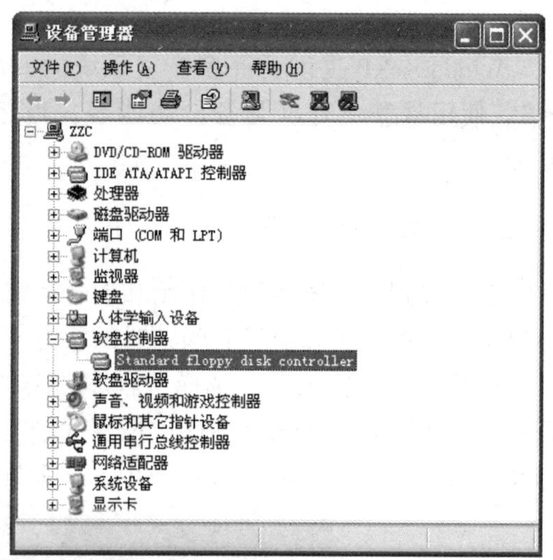

图 19-21　“设备管理器”窗口

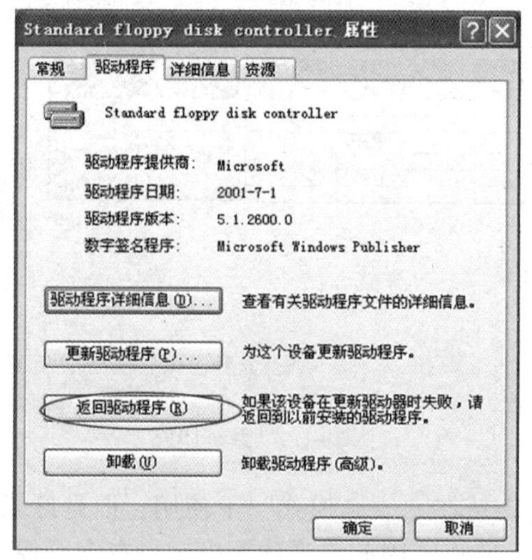

图 19-22　还原驱动程序

19.3.3　使用“安全模式”

如果计算机不能正常启动，可以使用“安全模式”或者其他启动选项来启动计算机，成功后就可以更改一些配置来排除系统故障，比如可以使用上面所说的“系统还原”“返回驱动程序”及使用备份文件来恢复系统。

用户要使用“安全模式”或者其他启动选项启动计算机，可以在启动菜单出现时按〈F8〉键，然后使用方向键选择要使用的启动选项后按〈Enter〉键。下面列出了 Windows XP 的高级启动选项的说明。

1）基本安全模式：仅使用最基本的系统模块和驱动程序启动 Windows XP，不加载网络支持，加载的驱动程序和模块用于鼠标、监视器、键盘、存储器、基本的视频和默认的系统服务，在安全模式下也可以启用启动日志。

2）带网络连接的安全模式：仅使用基本的系统模块和驱动程序启动 Windows XP，并且加载了网络支持，但不支持 PCMCIA 网络，带网络连接的安全模式也可以启用启动日志。

3）启用启动日志模式：生成正在加载的驱动程序和服务的启动日志文件，该日志文件命名为 Ntbtlog. txt，被保存在系统的根目录下。

4）启用 VGA 模式：使用基本的 VGA（视频）驱动程序启动 Windows XP，如果导致 Windows XP 不能正常启动的原因是安装了新的视频卡驱动程序，那么使用该模式非常有用，其他的安全模式也只使用基本的视频驱动程序。

5）最后一次正确的配置：使用 Windows XP 在最后一次关机时保存的设置（注册信息）来启动 Windows XP，仅在配置错误时使用，不能解决由于驱动程序或文件破坏及丢失而引起的问题，当用户选择“最后一次正确的配置”选项后，则在最后一次正确的配置之后所做的修改和系统配置将丢失。

6）目录服务恢复模式：恢复域控制器的活动目录信息，该选项只用于 Windows XP 域控制器，不能用于 Windows XP Professional 或者成员服务器。

7）调试模式：启动 Windows XP 时，通过串行电缆将调试信息发送到另一台计算机上，以便用户解决问题。

19. 3. 4　计算机“死机”的紧急恢复

在使用计算机的时候，经常会出现系统“死机”现象，俗称计算机变成一块“砖”了，而且开机按〈F8〉键也没有用，进不了安全模式。这时通常的做法是重装操作系统。但是重装操作系统后，原来系统桌面和“我的文档”里的文件都丢失了，这是不愿意看到的情况。

针对这种情况，可以考虑使用故障恢复控制台，要使用恢复控制台，可使用 CD 驱动程序中操作系统的安装 CD 重新启动计算机。当在文本模式设置过程中出现提示时，按〈R〉键启动恢复控制台，按〈C〉键选择“恢复控制台”选项，如果系统安装了多操作系统，选择要恢复的那个系统，然后根据提示，输入管理员密码，并在系统提示符后输入系统所支持的操作命令，从恢复控制台中，可以访问计算机上的驱动程序，然后可以进行以下更改，以便启动计算机：启动或禁用设备驱动程序或服务；从操作系统的安装 CD 中复制文件，或从其他可移动媒体中复制文件，例如，可以复制已经删除的重要文件；创建新的引导扇区和新的主引导记录（MBR），如果从现有扇区启动存在问题，则可能需要执行此操作。故障恢复控制台可用于 Windows XP 的所有版本。

还可以使用安装 CD 在安装操作系统最后一步的时候，选择“修复系统”，而不是重装系统，这样的话，通常也可以解决“死机”现象。

如果上面的方法都解决不了问题的话，最后再选择重新安装操作系统的方法。

19. 3. 5　自动系统故障恢复

常规情况下应该创建自动系统恢复（ASR）集（就是上面所说的通过创建紧急恢复盘来备份的系统文件），作为系统出现故障时整个系统恢复方案的一部分。ASR 应该是系统恢复的最后手段，只在已经用尽其他选项（如安全模式启动和最后一次正确的配置）之后才使用，当在设置文本模式部分中出现提示时，可以通过按〈F2〉键访问还原部分。ASR 将读取其创建的文件中的磁盘配置，并将还原启动计算机所需的全部磁盘签名、卷和最少量的磁盘分区（ASR 将试图还原全部磁盘配置，但在某些情况下，ASR 不可能还原全部磁盘配置），然后，ASR 安装 Windows 简装版，并使用 ASR 向导创建的备份自动启动还原。

19.3.6　还原常规数据

当 Windows XP 出现数据破坏时，用户可以使用“备份”工具的还原向导，还原整个系统或还原被破坏的数据。要还原常规数据，可以打开“备份”工具窗口的“欢迎”标签，然后单击“还原”按钮，进入“备份或还原向导”对话框，如图 19-23 所示。

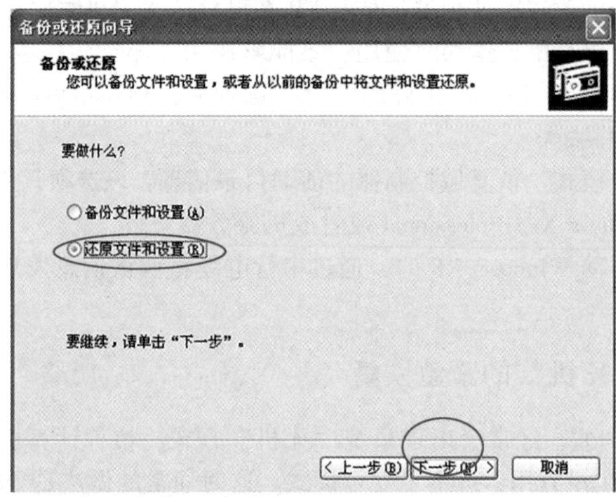

图 19-23　“备份或还原向导”对话框

选择“还原文件和设置”选项，然后单击“下一步”按钮，出现如图 19-24 所示的界面。

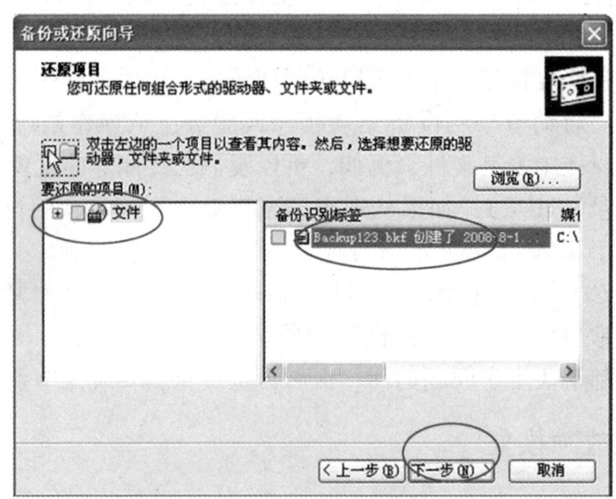

图 19-24　数据还原界面

单击“下一步”按钮继续向导即可。如果用完上述的方法后，系统还是不能恢复正常，选择重装系统的方法。

19.4　数据恢复软件 EasyRecovery 的使用

据国外的一个专业数据修复公司调查，数据损坏以后很大程度上是可以恢复的，之所以有很多不能恢复的实例存在，90%以上是由于用户在后来的恢复过程中有误操作，从而造成了更大的破坏。所以要牢记以下两点。

1）在硬盘数据出现丢失后，请立即关机，不要再对硬盘进行任何写操作，那样会增大修复的难度，也影响到修复的成功率。

2）每一步操作都应该是可逆的（就像 Norton Disk Doctor 中的 Undo 功能）或者对故障硬盘是只读的（EasyRecovery 和 Lost&Found 都是基于这种工作原理）。

在恢复软件中一个著名的软件是 EasyRecovery。该软件功能强大，可以恢复被误删除的文件、丢失的硬盘分区等。EasyRecovery 是世界著名数据恢复公司 Ontrack 的技术杰作，它是一个威力非常强大的硬盘数据恢复工具。其主界面如图 19-25 所示。

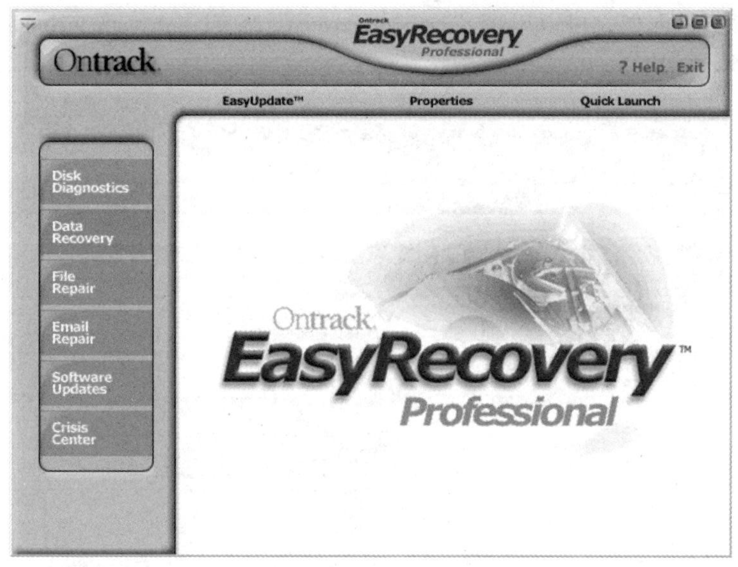

图 19-25　EasyRecovery 主界面

EasyRecovery 能够帮助恢复丢失的数据以及重建文件系统。EasyRecovery 不会向原始驱动器写入任何东西，它主要是在内存中重建文件分区表使数据能够安全地传输到其他驱动器中。EasyRecovery 可以从被病毒破坏或是已经格式化的硬盘中恢复数据。该软件可以恢复大于 8.4 GB 的硬盘，支持长文件名。被破坏的硬盘中像丢失的引导记录、BIOS 参数数据块、分区表、FAT 表、引导区都可以由它来进行恢复。使用新的数据恢复引擎，并且能够对 ZIP 文件以及微软的 Office 系列文档进行修复。Professional（专业）版更是囊括了磁盘诊断、数据恢复、文件修复、E-mail 修复 4 大类目 19 个项目的各种数据文件修复和磁盘诊断方案，所以功能强大。EasyRecovery 的高级恢复界面如图 19-26 所示。

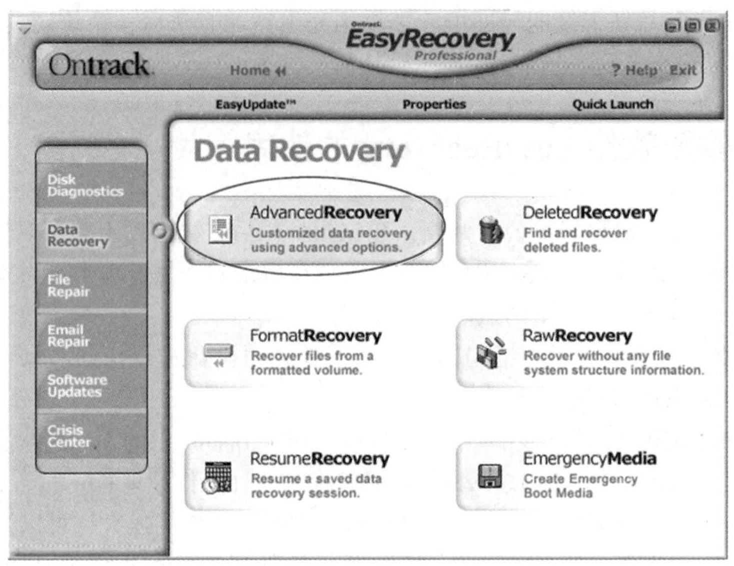

图 19-26　高级恢复界面

当要恢复数据的时候，可以单击“Data Recovery”中的“AdvancedRecovery”按钮，出现如图 19-27 所示的窗口。

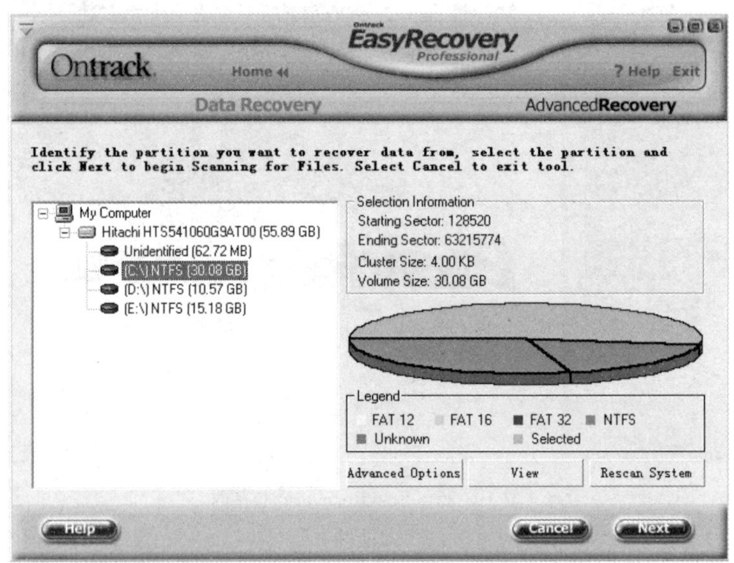

图 19-27　选择要恢复的磁盘

选择要恢复数据的磁盘，单击“Next”按钮，出现如图 19-28 所示的窗口。

这个窗口表示正在查找“丢失”的数据。等查找完后，出现如图 19-29 所示的窗口。

选中要恢复的数据文件，选择“Next”按钮，出现如图 19-30 所示的窗口。

这个窗口是要选择恢复地点的。这里注意恢复数据的地点要与原地点不同。本例中原数据在 C 盘，所以选择 E 盘存放恢复后的数据。单击“确定”按钮后，出现如图 19-31 所示的窗口。

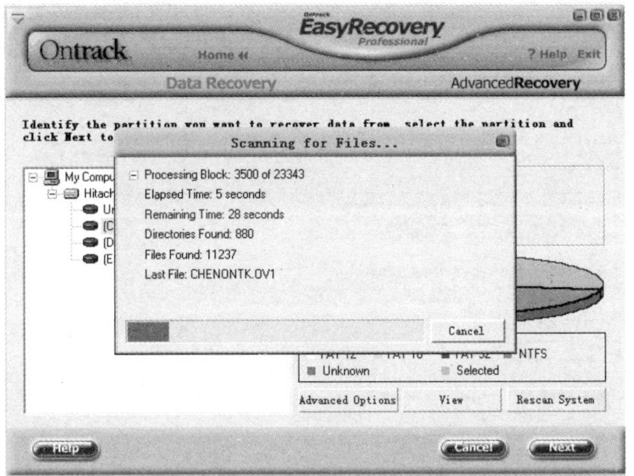

图 19-28　正在查找数据窗口

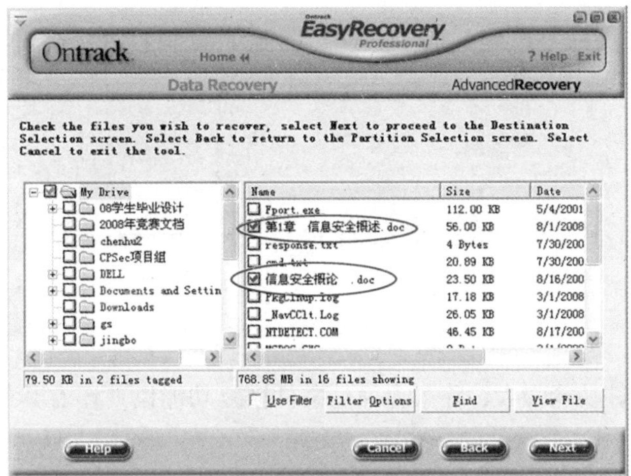

图 19-29　显示找到的“丢失”数据

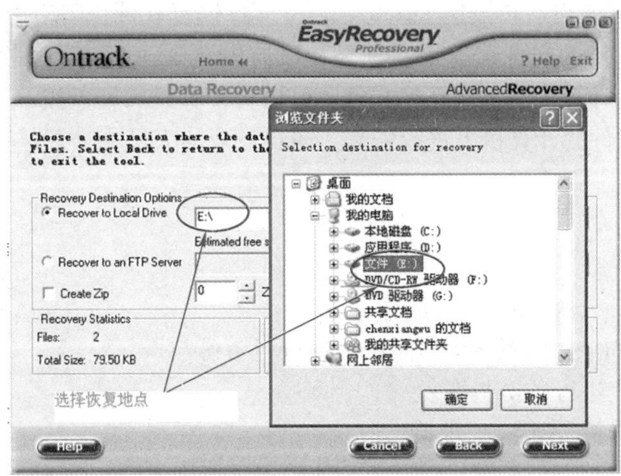

图 19-30　选择恢复地点

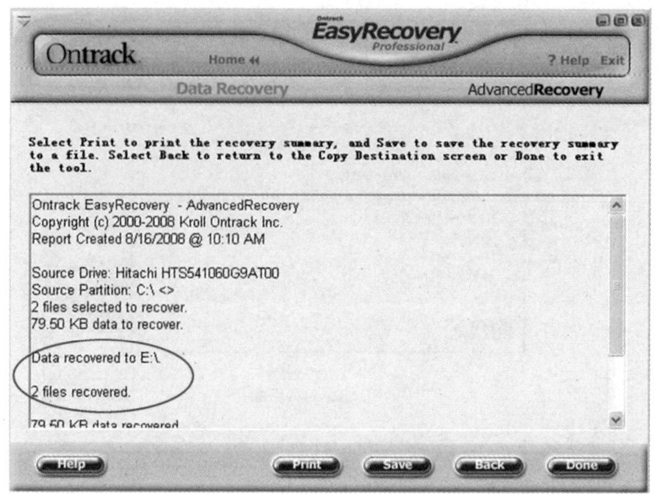

图 19-31　恢复完成窗口

这个窗口表示数据恢复已经完成了。这时回到 E 盘根目录，会看到已经恢复的数据，如图 19-32 所示。

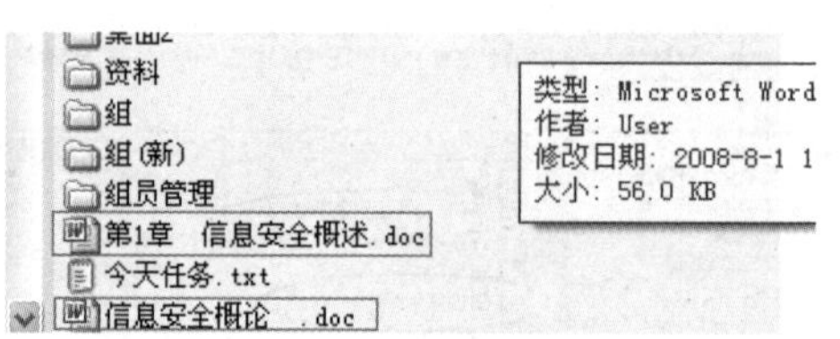

图 19-32　恢复的数据文件

EasyRecovery 软件功能强大，除了上面的文件恢复功能以外还有其他功能。这里就不再讲述了。下面介绍使用这个软件的一些注意事项。

1）最好在重新安装计算机操作系统后，就把 EasyRecovery 软件安装上，这样一旦计算机有文件丢失现象就可以使用 EasyRecovery 软件进行恢复了。

2）不能在文件丢失以后再安装 EasyRecovery 文件恢复软件，因为这样的话 EasyRecovery 软件极有可能将要恢复的文件覆盖了。万一在没有安装 EasyRecovery 软件的情况下文件丢失，这时最好不要给计算机里复制任何文件。可以将计算机的硬盘拔下来，放到其他已经安装有 EasyRecovery 软件的计算机上进行恢复，或找专业的人员来处理。

19.5　习题

1. 说明数据备份与恢复的重要性。
2. 如何在 Windows 操作系统中对系统数据进行备份与恢复？
3. 如何对注册表进行备份与恢复？
4. 如何应对计算机“死机”现象？
5. 如何使用 EasyRecovery 软件对误删除的数据进行恢复？

参考文献

[1] 闵海钊，李合鹏，刘学伟，等．网络安全攻防技术实战［M］．北京：电子工业出版社，2020.

[2] 苗春雨，曹雅斌，尤其，等．网络安全渗透测试［M］．北京：电子工业出版社，2021.

[3] 翟立东．白话网络安全［M］．北京：人民邮电出版社，2021.

[4] 网络安全技术联盟．网络安全与攻防入门很轻松［M］．北京：清华大学出版社，2023.

[5] 刘化君，郭丽红．网络安全与管理［M］．北京：电子工业出版社，2019.

[6] 李劲，张再武，陈佳阳．网络安全等级保护 2.0［M］．北京：人民邮电出版社，2021.

[7] 奇安信安服团队．红蓝攻防：构建实战化网络安全防御体系［M］．北京：机械工业出版社，2022.

[8] 陈伟，李频．网络安全原理与实践［M］．2 版．北京：清华大学出版社，2023.

[9] 李剑．信息安全导论［M］．北京：北京邮电大学出版社，2007.

[10] 李剑．信息安全产品与方案［M］．北京：北京邮电大学出版社，2008.

[11] 宫涛，孙莉婧，吴自容．黑客攻防案例 100%［M］．济南：山东电子音像出版社，2005.

[12] 张涛，阴东锋，谢魏，等．网络安全管理技术专家门诊［M］．北京：清华大学出版社，2005.